"十二五"职业教育国家规划教材
经全国职业教育教材审定委员会审定

高等职业院校教学改革创新示范教材·软件开发系列

Java Web 应用开发项目教程

第2版

主　编　聂　明　王俊松
副主编　徐绕山　韩金华　李建林

电子工业出版社
Publishing House of Electronics Industry
北京·BEIJING

内 容 简 介

本书以一个Web应用系统——E-STORE（电子商城）项目开发为主线，从实际项目开发的角度出发，采用"项目和任务驱动"教学法，系统、全面地介绍如何应用Java Web的基本技术开发Web应用系统。重点介绍E-STORE的商品信息浏览、商品信息查询、用户注册、用户登录、购物车、购物结算与订单查询，以及后台管理等模块的设计与实现，将Java Web的基本技术合理地分解到各个模块中介绍，每一个模块的设计和实现按照"功能说明→分析设计→编程详解→知识拓展"的顺序进行介绍，符合高职学生的认知规律和职业技能的形成规律。

本书将专业知识讲解、职业技能训练、综合能力提高进行有机的结合，适用于项目教学或理论、实践一体化教学，融"教、学、练"于一体，强化技能训练，提高实战能力，让读者在反复动手的实践过程中，学会如何应用所学知识解决实际问题。

本书可以作为高职高专计算机应用技术、软件技术、计算机网络技术、计算机信息管理、电子商务等专业的教材，也适用于Web技术开发人员作为参考用书。

未经许可，不得以任何方式复制或抄袭本书之部分或全部内容。
版权所有，侵权必究。

图书在版编目（CIP）数据

Java Web 应用开发项目教程 / 聂明，王俊松主编. —2 版. —北京：电子工业出版社，2014.8
"十二五"职业教育国家规划教材

ISBN 978-7-121-23540-5

Ⅰ．①J… Ⅱ．①聂… ②王… Ⅲ．①JAVA 语言—程序设计—职业教育—教材 Ⅳ．①TP312

中国版本图书馆 CIP 数据核字（2014）第 128996 号

策划编辑：程超群
责任编辑：郝黎明
印　　刷：涿州市京南印刷厂
装　　订：涿州市京南印刷厂
出版发行：电子工业出版社
　　　　　北京市海淀区万寿路 173 信箱　邮编 100036
开　　本：787×1 092　1/16　印张：19.75　字数：481 千字
版　　次：2009 年 9 月第 1 版
　　　　　2014 年 8 月第 2 版
印　　次：2017 年 1 月第 3 次印刷
定　　价：39.90 元

凡所购买电子工业出版社图书有缺损问题，请向购买书店调换。若书店售缺，请与本社发行部联系，联系及邮购电话：（010）88254888，88258888。
质量投诉请发邮件至 zlts@phei.com.cn，盗版侵权举报请发邮件至 dbqq@phei.com.cn。
本书咨询联系方式：（010）88254577，ccq@phei.com.cn。

PREFACE 前言

本书是江苏省教育厅重点教研课题的研究成果教材，是教育部示范性（骨干）院校重点建设专业（软件技术专业）的特色教材，是开展项目化课程教学改革、教学方法创新、实践技能提升的强化教材。

随着 Internet 的普及和推广，Web 开发技术得到了迅速发展，对 Web 应用程序开发人员的需求也越来越多。自从 Sun 推出 Java 技术之后，经过了十几年的不断完善，越来越多的 IT 厂商纷纷对 Java 技术提供支持，基于 JavaEE（Java Enterprise Edition）的企业级解决方案已经成为目前一个事实上的标准。在 JavaEE 体系中，Java Web 技术占据了非常重要的位置，为 Web 应用开发提供有力的支持。由于 Java 先天具备的跨平台性、安全性、超强的网络功能，Java Web 技术已成为 Web 应用开发的主流技术之一。

本书以一个 Web 应用系统——E-STORE 电子商城开发为主线，采用"项目和任务驱动"教学法探讨如何应用 Java Web 技术开发 Web 应用系统。重点介绍 E-STORE 电子商城的商品信息浏览、商品信息查询、用户注册、用户登录、购物车、购物结算与订单查询，以及后台管理等模块的设计与实现，将 Java Web 的基本技术合理地分解到各个模块，读者在实现这个项目的同时，也掌握了 Java Web 基本技术的具体应用。系统实现始终以功能实现为任务驱动，对系统的不同模块分别采用不同的开发模式给出相应的实现，每一开发过程和技术都做了详细的介绍。

本书将专业知识讲解、职业技能训练、综合能力提高进行有机的结合。每一个模块教学内容和教材结构的设计按照"功能说明→设计实现→编程实战→知识拓展"的顺序进行介绍，符合高职学生的认知规律和职业技能的形成规律，适用于项目化教学或理论、实践一体化教学，融"教、学、练"于一体，强化技能训练，提高实战能力，让读者在反复动手的实践过程中，学会如何应用所学知识解决实际问题。

本书按照 E-STORE 电子商城的不同功能模块的开发顺序，分别采用 JSP、JSP+JavaBean、JSP+JavaBean+Servlet 及基于 Struts 框架等技术的顺序来组织内容，全书共分 11 章。全书贯穿技术和应用两条主线，功能模块与开发技术的对应关系如下图所示。

第 1 章：Java Web 应用开发基础，介绍常用的 Web 编程技术，静态网页和动态网页，动态网页技术 CGI /ASP/ PHP/JSP，JSP 的常用开发模式及 Java Web 开发环境的安装和配置。

  第 2 章：E-STORE 电子商城项目概述，介绍 E-STORE 需求和总体设计，包括系统架构设计、功能结构划分、业务流程设计，开发环境搭建及 E-STORE 项目的创建。

  第 3 章：商品展示模块，介绍商品展示功能的实现，JSP 访问数据库，前台商品展示功能的优化、网站页面风格统一及商品检索功能的实现。本章对 JSP 基本语法进行了详细阐述。

  第 4 章：商城会员管理，介绍用户登录模块功能的实现，用户密码找回功能的实现，前台会员注册功能的实现及前台会员信息修改功能的实现，介绍了 JSP 中如何使用 JavaBean 的方法。

  第 5 章：购物车模块，介绍显示商品详细信息功能的实现，购物车功能的实现及 JSP 的错误处理。

  第 6 章：基于 MVC 模式的订单模块，介绍前台用户的订单生成功能的实现，前台订单查询，后台订单出货、删除等操作功能的实现，Servlet 及 MVC 开发模式。

  第 7 章：使用过滤器实现用户授权验证，介绍 Servlet 过滤器，用户授权验证功能的实现。

  第 8 章：使用监听器实现在线人数统计，介绍 Servlet 监听器，在线人数统计功能的实现。

  第 9 章：基于 Struts 框架的应用开发，介绍了 Struts2 框架、Struts2 核心组件，使用 MyEclipse 开发 Struts 应用的流程，管理员登录功能的实现。

  第 10 章：后台用户管理模块，介绍后台管理总体设计，后台用户管理实现。

  第 11 章：后台商品管理模块，介绍后台商品管理的实现，商品类别管理的实现。

  本书由南京信息职业技术学院计算机与软件学院聂明博士、王俊松老师担任主编，徐绕山、韩金华、李建林担任副主编，全书由王俊松统稿。南京信息职业技术学院王玉娟、王崟、邵向前、刘新娥等参与了本书的部分工作。上海伯俊科技软件公司的陈雨露、徐光飞等工程师在教材编写过程中给予了大力支持。书中整个项目的全部源代码都经过精心调试，在 Windows XP/Windows 7 操作系统下全部调试通过，能够正常运行。

为了方便教师教学，本书还配有完备的电子教学资源，包括：

1. 电子教学课件
2. 教学视频
3. 配套源代码
4. 配套软件开发工具包
5. 练习题参考答案
6. 课程标准
7. 授课计划
8. 教学设计

请有此需要的教师登录华信教育资源网（www.hxedu.com.cn）免费注册后再进行下载，若有问题请在网站留言板留言或与电子工业出版社联系（E-mail：hxedu@phei.com.cn）。

由于编者水平有限，加之时间仓促，书中难免有不妥和疏漏之处，敬请各位读者提出宝贵意见。

编　者

CONTENTS 目录

第1章 Java Web 应用开发基础 ………… 1
- 1.1 Java Web 应用成功案例 …………… 1
- 1.2 程序开发体系结构 …………………… 4
  - 1.2.1 C/S 结构 …………………… 4
  - 1.2.2 B/S 结构 …………………… 5
  - 1.2.3 C/S 和 B/S 的比较 ………… 6
- 1.3 Web 应用基础 ……………………… 7
  - 1.3.1 静态网页 …………………… 8
  - 1.3.2 动态网页 …………………… 9
  - 1.3.3 Web 应用运行环境 ………… 9
  - 1.3.4 Web 客户端技术 …………… 10
- 1.4 动态网页技术 CGI/ASP/PHP/JSP …… 13
  - 1.4.1 CGI …………………………… 13
  - 1.4.2 ASP …………………………… 13
  - 1.4.3 PHP …………………………… 13
  - 1.4.4 JSP …………………………… 14
- 1.5 JSP 的开发模式 ……………………… 15
  - 1.5.1 纯粹 JSP 实现 ……………… 15
  - 1.5.2 JSP+JavaBean 实现 ………… 15
  - 1.5.3 JSP+JavaBean+Servlet 实现 … 15
- 1.6 Java Web 应用的运行环境 ………… 16
  - 1.6.1 安装和配置 JDK …………… 17
  - 1.6.2 安装和配置 Tomcat 服务器 … 20
  - 1.6.3 测试安装是否成功 ………… 21
- 1.7 测试一个 JSP 程序 ………………… 22
- 练习题 …………………………………… 23

第2章 E-STORE 电子商城项目概述 … 25
- 2.1 系统分析与总体设计 ……………… 25
  - 2.1.1 功能需求分析 ……………… 25
  - 2.1.2 系统目标 …………………… 28
  - 2.1.3 系统功能结构 ……………… 28
  - 2.1.4 网站业务流程图 …………… 29
  - 2.1.5 系统预览 …………………… 30
- 2.2 系统架构设计与搭建 ……………… 31
  - 2.2.1 系统架构设计 ……………… 32
  - 2.2.2 业务实体设计 ……………… 32
  - 2.2.3 业务逻辑设计 ……………… 33
  - 2.2.4 开发环境 …………………… 33
  - 2.2.5 创建项目 …………………… 35
- 2.3 网站欢迎页面 ……………………… 38
  - 2.3.1 功能说明 …………………… 38
  - 2.3.2 实现步骤 …………………… 39
- 2.4 JSP 页面基本语法 ………………… 41
  - 2.4.1 指令 ………………………… 42
  - 2.4.2 注释 ………………………… 45
  - 2.4.3 脚本 ………………………… 46
  - 2.4.4 动作 ………………………… 47
  - 2.4.5 内置对象 …………………… 47
- 练习题 …………………………………… 48

第3章 商品展示模块 ………………… 50
- 3.1 商品展示页面设计 ………………… 50

3.1.1 功能说明 ………………………… 50
3.1.2 流程分析与设计 ………………… 51
3.1.3 编程详解 ………………………… 56
3.1.4 JSP 访问数据库 ………………… 63
3.2 优化商品展示页面 ………………………… 67
3.2.1 功能分析及设计 ………………… 67
3.2.2 优化设计 ………………………… 67
3.2.3 编程详解 ………………………… 67
3.3 统一网站页面风格 ………………………… 74
3.3.1 分析与设计 ……………………… 74
3.3.2 编程详解 ………………………… 75
3.3.3 JSP 的 include 动作 …………… 78
3.4 新品及特价商品展示 ……………………… 79
3.4.1 功能说明 ………………………… 79
3.4.2 流程分析与设计 ………………… 80
3.4.3 编程详解 ………………………… 80
3.4.4 特价商品展示 …………………… 85
3.4.5 JSP 内置对象 request 和 response … 86
3.5 商品检索 …………………………………… 92
3.5.1 功能说明 ………………………… 92
3.5.2 流程分析与设计 ………………… 92
3.5.3 编程详解 ………………………… 92
3.5.4 表单提交与中文处理 …………… 95
练习题 ……………………………………………… 97

第 4 章 商城会员管理 ………………………… 99

4.1 会员登录模块 ……………………………… 99
4.1.1 功能说明 ………………………… 99
4.1.2 流程分析与设计 ………………… 99
4.1.3 编程详解 ………………………… 102
4.1.4 会话机制与 session 对象 ……… 107
4.2 用户密码找回 ……………………………… 109
4.2.1 功能说明 ………………………… 109
4.2.2 流程分析与设计 ………………… 109
4.2.3 编程详解 ………………………… 111
4.3 会员注册 …………………………………… 115
4.3.1 功能说明 ………………………… 115
4.3.2 流程分析与在设计 ……………… 116
4.3.3 编程详解 ………………………… 117

4.3.4 使用<jsp:forward>转发请求 … 124
4.3.5 在 JSP 页面中使用 JavaBean … 125
4.4 会员信息修改 ……………………………… 129
4.4.1 功能说明 ………………………… 129
4.4.2 流程分析与设计 ………………… 130
4.4.3 编程详解 ………………………… 131
4.5 Ajax 简介 …………………………………… 133
练习题 ……………………………………………… 136

第 5 章 购物车模块 …………………………… 138

5.1 商品详细信息展示 ………………………… 138
5.1.1 功能说明 ………………………… 138
5.1.2 流程分析与设计 ………………… 139
5.1.3 编程详解 ………………………… 139
5.2 添加商品到购物车 ………………………… 143
5.2.1 功能说明 ………………………… 143
5.2.2 流程分析与设计 ………………… 143
5.2.3 编程详解 ………………………… 144
5.3 显示购物车 ………………………………… 146
5.3.1 功能说明 ………………………… 146
5.3.2 流程分析与设计 ………………… 146
5.3.3 编程详解 ………………………… 148
5.3.4 <useBean>与生成实例的关系 … 152
5.4 修改及清空购物车 ………………………… 152
5.4.1 功能说明及页面流程 …………… 152
5.4.2 编程详解 ………………………… 153
5.4.3 JSP 的错误处理 ………………… 154
5.5 生成订单 …………………………………… 155
5.5.1 功能说明 ………………………… 155
5.5.2 流程设计 ………………………… 156
5.5.3 编程详解 ………………………… 158
练习题 ……………………………………………… 165

第 6 章 基于 MVC 模式的订单模块 … 167

6.1 会员订单查询子模块 ……………………… 167
6.1.1 功能说明 ………………………… 167
6.1.2 流程分析与设计 ………………… 168
6.1.3 编程详解 ………………………… 168
6.1.4 Servlet 与 Jsp 的关系 ………… 173
6.2 会员查看订单详细信息 …………………… 176

	6.2.1	功能说明 ················176
	6.2.2	流程分析与设计 ··········176
	6.2.3	编程详解 ················177
	6.2.4	MVC 与订单模块 ··········180
6.3	会员查看已出货和未出货订单信息 ······181
	6.3.1	功能说明 ················181
	6.3.2	流程分析与设计 ··········182
	6.2.3	编程详解 ················182
	6.3.4	Servlet 技术特性分析 ······185
6.4	管理员查看所有订单及详细信息 ········186
	6.4.1	功能说明 ················186
	6.4.2	流程分析与设计 ··········186
	6.4.3	编程详解 ················186
6.5	管理员发货 ·······················189
	6.5.1	功能说明 ················189
	6.5.2	流程分析与设计 ··········189
	6.5.3	编程详解 ················190
6.6	管理员删除订单 ···················191
	6.6.1	功能说明 ················191
	6.6.2	流程分析与设计 ··········191
	6.6.3	编程详解 ················191
6.7	Servlet 知识总结 ···················192
	6.7.1	Servlet 的生命周期 ········192
	6.7.2	Java Servlet API ············193
	6.7.3	创建 Servlet 的简单实例 ·····195
	6.7.4	Servlet 的配置 ············197
	6.7.5	调用 Servlet ··············197
	6.7.6	Servlet 调用匹配规则 ·······198
练习题 ·······························199

第 7 章　使用过滤器实现用户授权验证 ·····201

7.1	使用 Servlet 过滤器实现用户授权验证功能 ·······201
	7.1.1	Servlet 过滤器实现用户登录验证功能说明 ·······201
	7.1.2	Servlet 过滤器用户登录验证模块设计 ·······201
	7.1.3	Servlet 过滤器用户登录验证模块实现 ·······202
	7.1.4	Servlet 过滤器技术特性分析 ········206
7.2	Servlet 过滤器知识总结 ·········210
7.3	过滤器典型应用：字符编码过滤器 ······210
练习题 ···································211

第 8 章　使用监听器实现在线人数统计 ·····214

8.1	使用 Servlet 监听器实现在线人数统计 ········214
	8.1.1	在线人数统计功能分析 ······214
	8.1.2	Servlet 监听器模块设计 ······214
	8.1.3	Servlet 监听器编程详解 ······215
	8.1.4	Servlet 监听器技术特性分析 ······218
8.2	Servlet 监听器知识总结 ·········219
8.3	Servlet 监听器的典型应用：在线用户监听器 ········223
练习题 ···································226

第 9 章　基于 Struts 框架的应用开发 ···228

9.1	Struts 基础 ·················228
	9.1.1	什么是 Struts ···········228
	9.1.2	Struts 框架产生的原因 ·······229
9.2	管理员登录功能的开发 ·········229
	9.2.1	功能说明 ················229
	9.2.2	流程分析与设计 ··········230
	9.2.3	编程详解 ················231
9.3	Struts2 知识拓展 ·············236
	9.3.1	Struts2 的工作原理 ········236
	9.3.2	Struts2 的控制器组件 ·······237
	9.3.3	模型组件 ················238
	9.3.4	struts.xml 配置文件 ········238
	9.3.5	表单数据接收 ············240
	9.3.6	访问 request、session、application 对象 ··················241
9.4	小结 ·······················242
练习题 ···································243

第 10 章　后台用户管理模块 ··········245

| 10.1 | E-STORE 后台总体规划 ·······246 |
| 10.2 | 管理员登录 ················246 |

10.2.1　功能说明……………………246
　　10.2.2　流程分析与设计……………247
　　10.2.3　编程详解……………………247
10.3　管理员查询……………………………251
　　10.3.1　功能说明……………………251
　　10.3.2　流程分析与设计……………251
　　10.3.3　编程详解……………………252
　　10.3.4　Struts2 的拦截器……………256
10.4　管理员添加……………………………257
　　10.4.1　功能说明……………………257
　　10.4.2　流程分析与设计……………258
　　10.4.3　编程详解……………………258
　　10.4.4　Action 接口与 ActionSupport 类
　　　　　　……………………………261
10.5　管理员删除……………………………261
　　10.5.1　功能说明……………………261
　　10.5.2　流程分析与设计……………262
　　10.5.3　编程详解……………………263
　　10.5.4　Struts2 异常处理……………263
10.6　管理员密码修改………………………264
　　10.6.1　功能说明……………………264
　　10.6.2　流程分析与设计……………264
　　10.6.3　编程详解……………………265
　　10.6.4　Struts2 标签库………………266
10.7　会员查询………………………………267
　　10.7.1　功能说明……………………267
　　10.7.2　流程分析与设计……………268
　　10.7.3　编程详解……………………269
10.8　会员删除………………………………273
　　10.8.1　功能说明……………………273
　　10.8.2　流程分析与设计……………273
　　10.8.3　编程详解……………………274
　　练习题…………………………………275

第 11 章　后台商品管理模块……………276

11.1　商品查询………………………………276

　　11.1.1　功能说明……………………276
　　11.1.2　流程分析与设计……………277
　　11.1.3　编程详解……………………277
11.2　商品添加………………………………282
　　11.2.1　功能说明……………………282
　　11.2.2　流程分析与设计……………282
　　11.2.3　编程详解……………………283
11.3　商品按条件查询………………………288
　　11.3.1　功能说明……………………288
　　11.3.2　流程分析与设计……………289
　　11.3.3　编程详解……………………290
11.4　商品信息删除…………………………293
　　11.4.1　功能说明……………………293
　　11.4.2　流程分析与设计……………293
　　11.4.3　编程详解……………………293
11.5　类别查询………………………………294
　　11.5.1　功能说明……………………294
　　11.5.2　流程分析与设计……………295
　　11.5.3　编程详解……………………296
11.6　类别添加………………………………297
　　11.6.1　功能说明……………………297
　　11.6.2　流程分析与设计……………298
　　11.6.3　编程详解……………………298
11.7　类别删除………………………………300
　　11.7.1　功能说明……………………300
　　11.7.2　流程分析与设计……………301
　　11.7.3　编程详解……………………301
11.8　SSH 框架技术…………………………302
　　11.8.1　表示层（Struts）……………303
　　11.8.2　持久层（Hibernate）…………303
　　11.8.3　业务层（Spring）……………304
　　练习题…………………………………304

参考文献………………………………………305

第 1 章
Java Web 应用开发基础

Java 从 1995 年发布以来，它刮起的热潮从未消退。这个最初为电视盒等小型设备设计的编程语言，如今已经成为网络应用领域当之无愧的王者。TIOBE 每月发布的世界编程语言排行榜上，Java 总是占据第一的位置，没有半点悬念。

随着网络技术的迅猛发展，国内外的信息化建设已经进入以 Web 应用为核心的阶段，而 Java 语言与平台无关、面向对象、安全性好、多线程等优异的特性很适合进行 Web 开发。也正因为如此，越来越多的程序员和编程爱好者走上了 Java Web 应用开发之路。本章将介绍 Web 应用开发领域的相关基础知识，是为读者进行 Java Web 应用项目开发做好铺垫，读者也可以跳过本章直接从第二章的项目开发进行阅读。

本章要点：

- Java Web 应用成功案例
- 软件常用程序开发体系结构 B/S 与 C/S
- 静态网页和动态网页
- Web 应用和 Web 应用技术
- 动态网页技术 CGI /ASP/ PHP/JSP
- JSP 的常用开发模式
- Java Web 应用的运行环境
- JDK 的下载、安装和配置
- Tomcat 的下载、安装和配置
- 编写简单的 JSP 程序，并能够使之在 Tomcat 等 JSP 服务器上运行

1.1 Java Web 应用成功案例

在我们还没有展开具体的知识学习之前，先来看看目前 Java Web 应用的一些成功案例。Java Web 应用已经渗透在我们实际生活中的各行各业，例如网易的邮件系统、清华大学的本科招生网等。如图 1.1 和图 1.2 所示。

此外，由于 Java 提供了较高的安全性能，在安全级别要求高的领域，Java Web 应用技术得到了广泛的应用。例如在银行金融行业中，中国工商银行、中国农业银行、中国建设银行、中国交通银行、中国邮政储蓄银行、中国光大银的网上银行都采用了 Java Web 技术，其页面的效果如图 1.3～1.8 所示。

图1.1 网易的163邮箱登录界面

图1.2 清华大学本科招生网站首页

图1.3 中国工商银行网上银行首页

第 1 章　Java Web 应用开发基础

图 1.4　中国农业银行网上银行首页

图 1.5　中国建设银行网上银行首页

图 1.6　中国交通银行网上银行首页

图1.7 中国邮政储蓄银行网上银行首页

图1.8 中国光大银行网上银行首页

上面提到的这些案例只是很小的一部分，应用Java Web技术开发的项目还有很多，其成功的案例数不胜数。目前掌握Java Web开发技术的编程人员在软件行业拥有着很强的就业竞争力。

1.2 程序开发体系结构

随着网络技术的不断发展，单机的应用程序已经无法满足网络应用的需要。因此，各种网络体系结构应运而生。其中，运用最多的网络应用程序体系结构可以分为两种，一种是基于浏览器/服务器的B/S结构，另一种是基于客户端/服务器的C/S结构。下面将对这两种结构进行详细介绍，通过B/S和C/S的对比，我们不难发现Java Web应用选择B/S软件体系结构的原因。

1.2.1 C/S结构

C/S结构，即Client/Server（客户机/服务器）结构，是一种软件系统体系结构。它把整个软件系统分成 Client 和 Server 两个部分，Client 和 Server 通常处在不同的计算机上。例如，早期的企业财务系统、仓库管理系统、生成管理系统等都采用这种结构开发。此结构充分利用两端硬件环境的优势，把数据库内容放在远程的服务器上，而在客户机上安装应用软件。传统的 C/S 软件一般采用两层结构，其分布结构如图 1.9 所示。Client 端程序的任务是将用户的请求提交给 Server 端程序，再将 Server 端程序返回的结果以特定的形式显示给用户；Server 端程序的任务是接收客户端提出的服务请求，进行相应的处理，再将结果返回给客户端程序。

图 1.9 客户机/服务器结构

C/S 结构中，常见的软件功能的划分如下：首先，数据库的管理由数据库服务器完成。其次，应用程序的功能，如数据访问规则、业务规则、数据合法性校验等则可能有两种情况：一是全部由客户机来完成，客户机向服务器传送的只是数据查询请求，服务器只负责响应请求、返回查询结果，数据的处理和用户的交互都放在客户端进行，这种结构也称为胖客户机/瘦服务器结构；二是由客户机和服务器共同来承担，程序处理一部分由客户端以程序代码来实现，另一部分在服务器端以数据库中的触发器或存储过程实现，如果业务逻辑都在服务器端运行，而客户端只负责一些简单的用户交互的结构也称为瘦客户机/胖服务器结构。

C/S 结构在技术上很成熟，它的主要优点是人-机交互性强、具有安全的存取模式、网络响应速度快、利于处理大量数据。但是该结构的程序一般是针对性开发，程序变更不够灵活，维护和管理的难度较大。C/S 结构的系统每台客户机都需要安装相应的客户端程序，分布功能弱且兼容性差，不能实现快速部署安装和配置，因此缺少通用性，不利于扩展，通常只局限于小型局域网。C/S 结构的软件需要针对不同的操作系统系统开发不同版本的软件，由于产品的更新换代十分快，较高的维护代价已不能很好地适应工作的需要。随着计算机网络技术的发展，尤其在 Java 跨平台语言出现之后，B/S 结构的软件克服了 C/S 结构的不足，对其形成挑战和威胁。

1.2.2 B/S 结构

B/S 软件体系结构，即 Browser/Server（浏览器/服务器）结构，是随着 Internet 技术的兴起，对 C/S 体系结构的一种变化或者改进的结构。B/S 结构的特点是将整个应用的主要业务逻辑集中在服务器端执行，而客户端只负责简单的数据表示和交互，一般在总体上分为表示层、业务逻辑层和数据存储层三个不同的处理层次，如图 1.10 所示。三个层次是从逻辑上划分的，具体实现可以有多种组合。其中业务逻辑层作为构造 B/S 结构应用系统的核心部分，提供了以下主要功能：负责客户机与服务器、服务器与服务器间的连接和通信；实现应用与数据库的高效连接；实现用户业务逻辑。三层结构中层与层之间相互独立，每一层的改变都不会影响其他层的功能。

在 B/S 体系结构下，客户端软件被 Web 浏览器（Browser）替代，客户机上只要安装一个浏览器就可以完成客户端的所有功能，常用的浏览器有 Internet Explorer、Netscape Navigator 或

Mozilla Firefox 等。数据库服务器端安装 Oracle、Sybase、Informix 或 SQLServer 等数据库。浏览器通过 Web 服务器同数据库进行数据交互，系统功能实现的核心部分集中到应用服务器上，简化了系统的开发、维护和使用。B/S 结构利用不断成熟和普及的浏览器技术实现原来需要复杂专用软件才能实现的强大功能，并节约了开发成本，系统安装、修改和维护都在服务器端解决。

在 B/S 体系结构系统中，用户通过浏览器向分布在网络上的服务器发出请求，服务器对浏览器的请求进行处理，将用户所需信息返回到浏览器。而其余如对数据请求的加工、结果返回、动态网页生成、对数据库的访问和应用程序的执行等工作全部由服务器完成。

图 1.10　浏览器/服务器结构

B/S 结构的主要特点是分布性强、维护方便、开发简单且共享性强、总体拥有成本低。但数据安全性问题、对服务器要求过高、数据传输速度慢、软件的个性化特点明显降低，这些缺点使 B/S 结构软件难以实现传统模式下的特殊功能要求。例如，通过浏览器进行大量的数据输入或进行报表的应答、专用性打印输出都比较困难和不便。

1.2.3　C/S 和 B/S 的比较

1. 软/硬件环境支撑环境

C/S 通常是建立在局域网的基础上的，而 B/S 是建立在广域网的基础上的。C/S 通过专门服务器提供连接和数据交换服务，所处理的用户不仅固定，并且处于相同区域，要求拥有相同的操作系统。B/S 中具有比 C/S 更广的适应范围，一般只要有操作系统和浏览器即可。

2. 安全控制

由于 C/S 采用配对的点对点的结构模式，并采用适用于局域网、安全性比较好的网络协议（如 Windows NT 的 NetBEUI 协议），安全性可得到较好的保证。C/S 一般面向相对固定的用户群，程序更加注重流程，它可以对权限进行多层次校验，提供了更安全的存取模式，对信息安全的控制能力很强。一般高度机密的信息系统采用 C/S 结构适宜。而 B/S 采用浏览器访问的模式，并采用 TCP/IP 这一类运用于 Internet 的开放性协议，其安全性通常依靠服务器上管理密码的数据库来保证，安全控制不及 C/S 结构。

3. 程序结构与处理模式

C/S 程序一般采用两层结构，而 B/S 程序采用三层结构。这两种结构的不同点是：两层结构中客户端参与运算，而三层结构中客户端并不参与运算，只是简单地接收用户的请求，显示最后的结果。由于三层结构中的客户端并不需要参与计算，所以对客户端的计算机配置要求较低，只要装上操作系统、网络协议软件以及浏览器即可，这时的客户机称为瘦客户机，而服务器则集中了所有的应用逻辑。虽然 B/S 采用了逻辑上的三层结构，但在物理上的网络结构仍然是原来的以太网或环形网。这样，第一层与第二层结构之间的通信、第二层与第三层结构之间的通信都需占用网络资源，网络通信量大。而 C/S 只有两层结构，网络通信量只包括 Client 与 Server 之间的通信量，网络通信量低。所以，C/S 处理大量信息的能力是 B/S 无法比拟的。

4. 系统开发与维护

C/S 程序侧重于整体开发，构件的重用性不是很好；B/S 程序一般采用三层或多层结构，要求构件有相对独立的功能，能够相对较好的重用。系统维护是在软件生存周期中开销最大的一部分。C/S 程序由于其本身的整体性，必须整体考察并处理出现的问题。而 B/S 结构中客户端不必安装及维护。B/S 结构在构件组成方面只变更个别构件，开发、维护等工作都集中在服务器端。当需要升级时，只需更新服务器端的软件，而不必更换客户端软件，实现系统的无缝升级，减轻了系统维护与升级的成本和工作量。

5. 交互性

交互性强是 C/S 固有的一个优点。在 C/S 中，客户端有一套完整的应用程序，在出错提示、在线帮助等方面都有强大的功能，并且可以在子程序间自由切换。B/S 虽然由 JavaScript、VBScript 等客户端脚本程序提供了一定的交互能力，但与完整的 C/S 结构的用户交互设计相比显得逊色了许多。

总的来说，B/S 与 C/S 这两种结构各有利弊。C/S 技术是 20 年前的主流开发技术，它主要局限于内部局域网的需要。因而缺乏作为应用平台的一些特性，难以扩展到互联网这样的环境上去，而且要求开发者自己去处理事务管理、消息队列、数据的复制和同步、通信安全等系统级的问题。这对应用开发者提出了较高的要求，而且迫使应用开发者投入很多精力来解决应用程序以外的问题。这使得应用程序的维护、移植和互操作变得复杂，成了 C/S 的一大缺陷。但是，与 B/S 结构相比，C/S 技术发展历史更为"悠久"。从技术成熟度及软件设计、开发人员的掌握水平来看，C/S 技术更成熟、更可靠。在某些情况下，采用 100％的 B/S 方式将造成系统响应速度慢、服务器开销大、通信带宽要求高、安全性差、总投资增加等问题。而且，对于一些复杂的应用，B/S 方式目前尚没有合适方式进行开发。因此，在相当长的一段时间内 B/S 与 C/S 这两种结构的软件将长期共存并相互补充。

1.3 Web 应用基础

从软件工程学来看，Web 应用是在 Internet 或 Intranet 通过 Web 浏览器访问的应用，也可以说是由 Web 浏览器支持的语言（如 HTML，JavaScript，Java 等）开发的应用程序，这些程序运行在 Web 服务器上，可供浏览器访问。

Web 应用程序一般是 B/S 模式，是典型的浏览器/服务器结构的产物。Web 应用程序首先是"应用程序"，和用标准的程序语言如 C、C++等编写出来的程序没有本质上的不同。然而 Web 应用程序又有自己独特的地方，就是它是基于 Web 的，而不是采用传统方法运行的。

对于 Web 应用，我们需要使用 Web 浏览器，通过网络访问在远程服务器上运行的程序。通过浏览器可以访问新浪网、淘宝网、谷歌、微软及 Sun 公司的网站，事实上这些网站中运行的程序就是一个 Web 应用。在上网时对这些网站的访问，也就由这些应用来实现的。

打开浏览器，输入网址或单击链接，网站经过一段时间的处理将网页内容显示在浏览器上。

然后可以在网页上继续进行其他操作。不管是在地址栏输入地址，还是单击超链接或者单击按钮，都需要等待浏览器中内容的更新。等待浏览器内容更新的过程，实际上是浏览器访问 Web 应用的过程。这个过程是使用统一资源标识符（Uniform Resource Locator，URL）请求 Web 应用中的某个文件，请求及响应的工作过程如下：

（1）浏览器根据输入的 URL 找到相应的服务器，这个服务器可以接收浏览器发送的请求，通常称为 Web 服务器。

（2）Web 服务器将请求交给应用服务器，应用服务器上运行着由若干不同的文件构成的 Web 应用。

（3）应用服务器接收到请求之后分析这个请求，判断该请求的文件是否需要处理，若不需要处理，将文件直接返回给浏览器，否则，启动相应的处理程序执行业务逻辑。执行的结果通常是 HTML 文档。

（4）应用服务器执行完业务逻辑后，把执行的结果返回给 Web 服务器，Web 服务器再把这个结果返回给浏览器。

（5）浏览器解析 HTML 文档，然后把解析后的网页显示给用户。

> 提示：Web 服务器、应用服务器是 Web 应用中服务器端程序运行的容器，一般使用目前成熟的产品，不需要 Web 应用程序员开发。

至此，我们对一个 Web 应用的执行过程有了一个大致的了解。Web 应用为了能够实现各种功能，需要包含各种类型的文件，每一种类型的文件都实现其独特的功能。Web 应用中涉及的文件类型通常有以下几种：

（1）网页文件：主要是提供用户访问的页面，包括静态的和动态的网页，这是一个 Web 应用中最重要的部分，如.html、.jsp 等；

（2）网页的格式文件：可以控制网页信息显示的格式、样式，如.css 等；

（3）资源文件：网页中用到的文字、图像、声频、视频文件等；

（4）配置文件：用于声明网页的相关信息、网页之间的关系，以及对所在运行环境的要求等；

（5）处理文件：用于对用户的请求进行处理，如供网页调用、读/写文件或访问数据库等。

1.3.1 静态网页

静态网页是相对于动态网页而言，是指没有后台数据库、不含程序和不可交互的网页。网页的内容是固定的，不会根据浏览者的不同需求而改变。静态网页更新起来相对比较麻烦，适用于更新较少的页面。早期的网站一般都是由静态网页制作的，通常以.htm、.html、.shtml、.xml 等为文件扩展名。静态网页的网址形式如：http://www.163.com/index.html。在 HTML 格式的网页上，也可以出现各种"动态效果"，如 GIF 格式的动画、Flash、滚动字符等，但这些"动态效果"只是视觉上的，与下面将要介绍的动态网页是不同的概念。

静态网页的特点简要归纳如下：

（1）静态网页的每个网页都有一个固定的 URL，且网页 URL 以.htm、.html、.shtml 等常见形式为后缀；

（2）网页内容一经发布到网站服务器上，无论是否有用户访问，每个静态网页的内容都是保存在网站服务器上的，也就是说，静态网页是实实在在保存在服务器上的文件；

（3）静态网页的内容相对稳定，因此容易被搜索引擎检索；

（4）静态网页没有数据库的支持，在网站制作和维护方面工作量较大，因此当网站信息量很大时，完全依靠静态网页制作方式比较困难；

（5）静态网页的交互性较差，在功能方面有较大的限制。

静态网页的设计和开发相对要简单一些，但采用静态网页会导致很大的局限性，由于 HTML 页面构成的 Web 应用程序的内容是不变的，不会对用户的动作做出动态响应。

1.3.2 动态网页

动态网页是与静态网页相对应的，与网页上的各种动画、滚动字幕等视觉上的"动态效果"没有直接关系，动态网页也可以是纯文字内容的，也可以是包含各种动画的内容，这些只是网页具体内容的表现形式，无论网页是否具有动态效果，采用动态网站技术生成的网页都称为动态网页。

动态网页是指在接到用户访问要求后动态生成的页面，页面内容会随着访问时间和请求信息的不同而发生变化。动态网页是在服务器端运行的程序、网页或组件，具有动态性，即使是访问同一个网页，也会随不同客户、不同时间，返回不同内容的网页。动态网页的 URL 的扩展名不是.htm、.html、.shtml、.xml 等静态网页的常见形式，而是以 .asp、.jsp、.php、.perl、.cgi 等形式为扩展名。并且在动态网页的网址中往往有一个标志性的符号——"?"，如一个典型的动态网页 URL 形式：http://www.Webhome.com/ index.jsp?id=1。

动态网页有如下特点：

（1）动态网页以数据库技术为基础，网页内容是动态生成的，可以大大降低网站维护的工作量。

（2）采用动态网页技术的网站可以实现更多的功能，如用户注册、用户登录、在线信息管理、控制等。

（3）动态网页实际上并不是独立存在于服务器上的网页文件，只有当用户请求这个网页时服务器才返回一个完整的网页。

静态网页和动态网页各有特点，网站采用动态网页还是静态网页主要取决于网站的功能需求和网站内容的多少。如果网站功能比较简单，内容更新量不是很大，采用纯静态网页的方式会更简单，反之一般要采用动态网页技术来实现。静态网页是网站建设的基础，静态网页和动态网页之间也并不矛盾，为了网站适应搜索引擎检索的需要和加快页面的访问速度，即使采用动态网页技术，也可以将网页内容转化为静态网页发布。

动态网站也可以采用静动结合的原则，适合采用动态网页的地方采用动态网页，如果有必要使用静态网页，则可以考虑用静态网页的方法来实现。在同一个网站上，动态网页内容和静态网页内容同时存在也是很常见的。

1.3.3 Web 应用运行环境

Web 应用是运行在服务器上的程序。客户端通过网络与服务器相连接，并使用浏览器访问 Web 应用，因而 Web 应用的运行需要涉及客户端环境、服务器端环境和网络环境。

1. 客户端环境

Web 应用的用户通常分布在不同的地方，要访问 Web 应用需要客户端安装相应的程序，

Web 应用的客户端程序为浏览器。现在流行的浏览器包括微软的 IE 浏览器、Netscape 的 Navigator 浏览器和 Mozilla 的 FireFox 浏览器等。

浏览器的主要功能如下：

（1）用户可以通过在浏览器的地址栏中输入地址向服务器发送请求。

（2）建立与服务器的连接，接收从服务器传递回来的信息。

（3）把用户在客户端输入的信息提交到服务器。

（4）解析并显示从服务器返回的内容。

2. 服务器端环境

服务器端程序用于接收客户端发送的请求，根据请求选择服务器上的资源对用户响应，并管理服务器上的程序。Web 服务器主要与客户端进行交互，接收用户请求信息并对用户进行响应；应用服务器是完成具体业务逻辑的地方，例如进行数据库访问、运行业务逻辑代码等。比较著名的 Web 服务器有微软的 IIS 服务器和 Apache 基金会的 Apache 服务器。对于使用不同语言编写的 Web 应用来说，应用服务器是不同的，同一种语言编写的多个 Web 应用可以使用同一个应用服务器，常见的应用服务器有 Weblogic、Websphere、Tomcat 等。为了管理 Web 应用中的数据，网站在服务器环境中还需要数据库服务器。

3. 网络环境

Web 应用必须有网络的支持，用户通过客户端浏览器访问，客户端和服务器之间必须有网络连接。

> 提示：在学习过程中如果只使用一台计算机来开发和运行 Web 应用，这台计算机既作为服务器又作为客户端来使用，这台机器在逻辑上分为两台计算机。

1.3.4 Web 客户端技术

在进行 Web 应用开发时，离不开 Web 应用技术的支持，这里的技术即包括客户端技术也包括了服务器端技术。客户端技术包含有 HTML、CSS、Flash 和 JavaScript、VBScript、动态 HTML、Java Applet 等。当然，Web 应用程序是建立在 HTTP 协议基础之上的。

1. HTTP 协议

Internet 的基本协议是 TCP/IP 协议，而 TCP/IP 模型的应用层（Application Layer）又包含了文件传输协议 FTP、电子邮件传输协议 SMTP、域名服务 DNS、网络新闻传输协议 NNTP 和 HTTP 协议等。HTTP 协议是 Web 应用的基础，对 HTTP 协议细节的理解是编写 Web 应用程序的开发人员所必须要掌握的。

HTTP 协议（Hyper Text Transfer Protocol，超文本传输协议）是用于从 WWW 服务器传输超文本到本地浏览器的传送协议。它可以使浏览器更加高效，减小网络传输。它不仅保证计算机正确快速地传输超文本文件，还确定传输文件中的哪一部分，以及哪部分内容首先显示（如文本先于图形）等。这就是为什么在浏览器中经常看到文本先于图片显示的原因。对网页的访问通常以 http://作为起始字符。

在学习 Web 程序设计技术之前有必要理解 HTTP 访问的流程，一次 HTTP 访问称为一个请求和响应过程，可分为以下 4 个步骤：

（1）客户端与服务器建立连接。例如在客户端浏览器上单击某个超级链接，HTTP 的工作就开始了。

(2) 建立连接后，客户端浏览器发送一个请求给服务器，请求方式的格式为：统一资源标识符 (URL)、协议版本号，后边是 MIME 信息，包括请求修饰符、客户机信息和可能的内容。

(3) 服务器接到请求后，给予相应的响应信息，其格式为一个状态行，包括信息的协议版本号、一个成功或错误的代码，后边是 MIME 信息，包括服务器信息、实体信息和可能的内容。

(4) 客户端接收服务器所返回的信息，通过浏览器显示在用户的显示屏上，客户机与服务器断开连接。

其中，MIME（Multipurpose Internet Mail Extensions 多功能 Internet 邮件扩充服务），是一种多用途网际邮件扩充协议，在 1992 年最早应用于电子邮件系统，但后来也应用到浏览器。服务器会将它们发送的多媒体数据的类型告诉浏览器，而使用的方法就是说明该多媒体数据的 MIME 类型，即通过将 MIME 标识符放入传送的数据中来告诉浏览器文件类型，常用的 MIME 类型及所代表的媒体类型的文件扩展名如表 1.1 所示。

表 1.1 MIME 类型及所代表的媒体类型的文件扩展名

MIME 类型/子类型	文件扩展名
application/msword	.doc
application/vnd.ms-excel	.xls
application/pdf	.pdf
audio/x-wav	.wav
audi/x-mid	.mid, .midi
image/gif	.gif
image/jpeg	.jpg, .jpeg, .jpe
text/html	.html, .htm
text/css	.css
video/mpeg	.mpeg, .mpg, .mpe
video/x-msvideo	.avi

> 提示：访问一个网页构成了一次请求及相应的过程，但客户端每次访问某个网站时与服务器的交互可能涉及一个或多个请求和响应的过程。

2. 动态 HTML

动态 HTML（DHTML）支持 JavaScript 和 Java 等多项技术，但其重要的特性是层叠样式表（Cascading Style Sheets，CSS）。动态 HTML（DHTML）文档对象模型（Document Object Model，DOM）使网页制作者可以直接以可编程的方式访问 Web 文档上每个独立的部分，而不论被访问的是元素还是容器。这种访问方式包括了事件模型。事件模型使浏览器可对用户输入做出反应，通过执行脚本，无须从服务器下载一个新的页面就可以根据用户输入显示新的内容。动态 HTML 文档对象模型（DHTML DOM）以一种便捷的方式为广大普通网页制作者提供了丰富的网页交互性。

3. CSS

CSS 是动态 HTML 技术的一个部分，可以和 HTML 结合使用。CSS 简洁的语法可以容易地控制 HTML 标记，最大的特点是可以帮助页面开发人员将显示元素从内容（HTML）与格式分开处理（以.css 为后缀存储成一个独立的文件）。CSS 利用各种样式来支持颜色、字体规范、显示图层和页边空白这样的页面元素特征，辅助开发 HTML 网页。例如，统一页面的布局和页面元素控制就可以使用 CSS，易于网页的维护和改版。

4．JavaScript

JavaScript 是用于浏览器的第一种具有通用目的、动态的客户端脚本语言。Netscape 于 1995 年首先提出了 JavaScript，但当时将其称为 LiveScript。后来 Netscape 迅速地将 LiveScript 改名为 JavaScript。一个 JavaScript 程序其实是一个文档，一个文本文件。它是嵌入到 HTML 文档中的。所以，任何可以编写 HTML 文档的软件都可以用来开发 JavaScript。常用的网页开发工具都能编辑 JavaScript。

JavaScript 是适应动态网页制作的需要而诞生的一种新的编程语言，如今越来越广泛地使用于 Internet 网页制作上。JavaScript 是一种脚本语言（Scripting Language），或者称为描述语言。在 HTML 基础上，使用 JavaScript 可以开发交互式 Web 网页。JavaScript 的出现使得网页和用户之间实现了一种实时性的、动态的、交互性的关系，使网页包含更多活跃的元素和更加精彩的内容。运用 JavaScript 编写的程序需要能支持 JavaScript 语言的浏览器。Netscape 公司 Navigator 3.0 以上版本的浏览器都能支持 JavaScript 程序，微软公司 Internet Explorer 3.0 以上版本的浏览器基本上支持 JavaScript。另外，微软公司自己开发的 JavaScript，称为 JScript。JavaScript 和 JScript 基本上是相同的，只是在一些细节上有出入。JavaScript 短小精悍，又是在客户机上解释和执行的，大大提高了网页的浏览速度和交互能力。同时它又是专门为制作 Web 网页而量身定做的一种简单的编程语言。

很多人看到 Java Applet 和 JavaScript，事实上，Java Applet 与 JavaScript 是完全不同的。首先 Java Applet 是运行于客户端的，是嵌在网页中而又有自己独立的运行窗口的小程序。Java Applet 是预先编译好的一个二进制文件（.class），不能直接使用 Notepad 等软件打开阅读。Java Applet 的功能很强大，可以访问 http、ftp 等协议，甚至可以在计算机上种植病毒。相比之下，JavaScript 的能力就比较小。JavaScript 是一种"脚本"（Script）程序，它直接把代码写到 HTML 文档中，浏览器读取它们时才进行编译、执行，所以能查看 HTML 源文件就能查看 JavaScript 源代码。JavaScript 没有独立的运行窗口，浏览器当前窗口就是它的运行窗口。

5．VBScript

VBScript 是 Visual Basic Script 的简称，即 Visual Basic 脚本语言，有时也被缩写为 VBS。是 ASP 动态网页默认的编程语言，Microsoft 在发布 JScript 的同时，开发了 VBScript 作为其 Visual Basic 程序设计语言的解释子集，用于在 Microsoft 的 Internet Explorer 上编写动态网页脚本程序。像 JavaScript 一样，VBScript 需要在浏览器中有解释器支持。Microsoft 将 VBScript 定位于 JavaScript 的一种变化形式，以供已经掌握了 Visual Basic 的程序员使用。Microsoft 的浏览器和 Microsoft 的 Web 服务器 IIS（Internet Information Server，Internet 信息服务）支持 VBScript。

6．Java Applet（Java 小应用程序）

Java Applet 就是用 Java 语言编写的一些小应用程序，它们可以直接嵌入到网页中，并能够产生特殊的效果。当用户访问这样的网页时，Applet 被下载到用户的计算机上执行，但前提是用户使用的是支持 Java 的浏览器。由于 Applet 是在用户的计算机上执行的，因此它的执行速度不受网络带宽的限制。

在 Java Applet 中，可以实现图形绘制、字体和颜色控制、动画和声音的插入、人-机交互及网络交流等功能。Applet 还提供了名为抽象窗口工具箱（Abstract Window Toolkit，AWT）的窗口环境开发工具，但 AWT 的设计是存在缺陷的，取而代之的 Swing 技术为 Java GUI 编程提供了强大丰富的 API 和灵活的结构设计，并在 AWT 基础上，提供了替代 AWT 重量组件的轻量组件。它们利用用户计算机的 GUI 元素，可以建立标准的图形用户界面，如窗口、按钮、滚动条等。目前，在网络上有非常多的 Applet 范例来生动地展现这些功能，实现许多动态的效果。

1.4 动态网页技术 CGI/ASP/PHP/JSP

1.4.1 CGI

CGI（Common Gateway Interface，通用网关接口）是早期的 Web 服务器端开发技术，是能在 Web 服务器上运行的一个程序，并由访问者的输入触发。在 Web 服务器上，CGI-BIN 目录是存放 CGI 脚本的地方。这些脚本使 WWW 服务器和浏览器能运行外部程序。CGI 能够让浏览者与服务器进行交互，比如我们曾经遇到过在网络上填表或者进行搜索，可能就是用 CGI 实现的。

CGI 应用程序可以由大多数的编程语言编写，如 Perl（Practical Extraction and Report Language）、C\C++、Java 和 Visual Basic 等。

CGI 应用程序可以动态产生网页，其工作过程如下：

（1）浏览器通过 HTML 表单或超链接请求指上一个 CGI 应用程序的 URL。
（2）服务器收发到请求，执行指定的 CGI 应用程序。
（3）CGI 应用程序执行所需要的操作，通常是基于浏览器输入的内容。
（4）CGI 应用程序把结果格式化为 Web 服务器和浏览器能够理解的文档（通常是 HTML 网页）。
（5）Web 服务器把结果返回到浏览器中。

CGI 应用程序的优点是可以独立运行，易于使用，但是当大量用户同时访问同一网页时会同时使用一个 CGI 应用程序，响应会变慢，Web 服务器速度也会受到很大影响。更严重的是，CGI 应用程序运行在浏览器可以请求的服务器系统上，执行时需要占用服务器 CPU 时间和内存。如果有成千上万的这种程序同时运行，则会对服务器系统提出极高的要求，目前 CGI 技术已经被下述的 JSP、ASP、PHP 等技术所替代。

1.4.2 ASP

ASP（Active Server Pages，活动服务器页面）是由 Microsoft 公司开发的可以产生动态网页内容的技术。ASP 向用户提供动态网页的功能和 CGI 应用程序非常相似。它可以在 HTML 程序代码中内嵌一些脚本语言（Scripting Language），如 JavaScript 和 VBScript。只要服务器端安装了适当的编译程序引擎，服务器便可以调用此编译程序来执行脚本语言，然后将结果传送到客户端的浏览器上。

ASP 虽然功能非常优越，但目前只能在微软公司的 Windows NT 平台的 IIS 服务器上执行，限制了 ASP 的应用。

> 提示：现在也有第三方插件使 ASP 可以在 Linux 上运行，但效果并不是很好。

1.4.3 PHP

PHP 是一种 HTML 内嵌式的语言，PHP 与微软的 ASP 颇有几分相似，都是一种在服务器端执行的嵌入 HTML 文档的脚本语言，语言的风格有点类似于 C 语言，现在被很多的网站编程人员广泛运用。PHP 独特的语法混合了 C、Java、Perl 及 PHP 自创新的语法。它可以比 CGI 或者 Perl 更快速执行动态网页。PHP 是将程序嵌入到 HTML 文档中去执行，执行效率比完全生成 HTML 标记的 CGI 要高许多，与同样是嵌入 HTML 文档的脚本语言 JavaScript 相比，PHP 在服务器端执行，充分利用了服务器的性能。PHP 执行引擎还会将用户经常访问的 PHP 程序驻留在内存中，其他用户再一次访问这个程序时就不需要重新编译程序了，只要直接执行内存中的代码就可以了，这也是 PHP 高效率的体现之一。PHP 具有非常强大的功能，所有的 CGI 或者 JavaScript 的功能 PHP 都能实现，而且支持几乎所有流行的数据库以及操作系统。

PHP 原先是 Hypertext Preprocessor（超级文本预处理语言）的缩写，在 1995 年以 Personal Home Page Tools（PHP Tools）开始对外发表第一个版本，可以应用于 Linux 的服务端脚本语言。PHP 通常在以 MySQL 数据库为后台数据库的小型动态网站的开发上得到了较广泛的应用。

1.4.4 JSP

JSP（Java Server Page）是 Sun 公司推出的新一代动态网站开发技术，使用 JSP 标识或者小脚本来生成页面上的动态内容，完全解决了目前 ASP 和 PHP 的脚本级执行的缺点。JSP 可以在 Servlet 和 JavaBean 的支持下，完成功能强大的动态网站程序的开发。JSP 的主要技术特点包括以下内容。

1. 将内容的生成和显示进行分离

使用 JSP 技术，Web 页面开发人员可以使用 HTML 或者 XML 标签来设计和格式化最终页面。生成内容的逻辑被封装在标识和 JavaBean 组件中，并且捆绑在小脚本中，所有的脚本在服务器端运行。如果核心逻辑被封装在标签和 JavaBean 中，那么其他人，如 Web 管理人员和页面设计者，能够编辑和使用 JSP 页面，而不影响页面内容的生成。

在服务器端，JSP 引擎解释 JSP 标签和小脚本，生成所请求的内容（例如，通过访问 JavaBean 组件，使用 JDBC 技术访问数据库，或者包含文件），并且将结果以 HTML（或者 XML）页面的形式发送回浏览器。这有助于作者保护自己的代码，同时保证任何基于 HTML 的 Web 浏览器的完全可用性。

2. 强调可重用的组件

绝大多数 JSP 页面依赖于可重用的、跨平台的组件（JavaBean 或者 Enterprise JavaBean 组件）来执行应用程序所要求的更为复杂的处理。开发人员能够共享和交换执行普通操作的组件，或者使得这些组件能为更多的使用者或者客户团体所使用。基于组件的方法加速了总体开发过程，优化了程序的结构。

3. 采用标识简化页面开发

JSP 技术封装了许多功能，这些功能是在易用的、与 JSP 相关的 XML 标签中进行动态内容生成所需要的。标准的 JSP 标签能够访问和实例化 JavaBean 组件、设置或者检索组件属性、实现页面之间的跳转，以及执行用其他方法更难于编码和耗时的功能。

通过开发定制标签库，JSP 技术是可以扩展的。第三方开发人员和其他人员为常用功能创建自己的标签库，这使得 Web 页面开发人员能够使用如普通的页面标签一样的组件来工作，执行特定功能，简化开发过程。

JSP 技术很容易整合到多种应用体系结构中，以利用现存的工具和技巧，并且扩展到能够支持企业级的分布式应用。作为采用 Java 技术家族的一部分，以及 Java 2（企业版体系结构）的一个组成部分，JSP 技术能够支持高度复杂的基于 Web 的应用。

由于 JSP 页面的内置脚本语言是基于 Java 编程语言的，而且所有的 JSP 页面都被编译成为 Java Servlet，所以 JSP 页面就具有 Java 技术的所有优点，包括健壮的存储管理和安全性。作为 Java 平台的一部分，JSP 拥有 Java 编程语言"一次编写，各处运行"的特点。随着越来越多的供应商将 JSP 支持添加到自己的产品中，用户可以使用自己所选择的服务器和工具，更改工具或服务器并不影响当前的应用。

JSP 同 PHP 类似，几乎可以运行于所有平台，如 Windows NT、Linux、UNIX。Windows NT 下的 IIS 通过一个插件，如 JRUN 或者 ServletExec 就能支持 JSP。著名的 Web 服务器 Apache 已经能够支持 JSP。由于 Apache 广泛应用在 Windows NT、UNIX 和 Linux 上，因而 JSP 有更广泛的运行平台。虽然现在 Windows NT 操作系统占了很大的市场份额，但是在服务器方面 UNIX 的优势仍然很大，而新崛起的 Linux 更是来势不小。从一个平台移植到另外一个平台，JSP 和 JavaBean 甚至不用重新编译，因为 Java 字节码都是标准的、与平台无关。

从性能、开发效率、支持平台等各角度综合考虑，我们可以认为 JSP 是未来 Web 程序开发的主要技术。

1.5 JSP 的开发模式

JSP 自产生到现在，应用越来越广泛，其相关技术也越来越多，各种技术的整合也越来越成熟。从技术发展的演变来看，应用 JSP 及相关技术进行 Web 应用开发经历了从简单 JSP 到框架技术的应用，具体包括纯粹 JSP 技术实现、JSP+JavaBean 实现、JSP+JavaBean+Servlet 实现、J2EE 实现等。最常用的开发模式是基于 MVC 的 JSP+JavaBean+Servlet 组合。

1.5.1 纯粹 JSP 实现

使用纯粹 JSP 技术实现动态网站开发，是 JSP 初学者经常使用的技术，这种实现方式的优点是简单，它屏蔽掉 Java Web 应用开发中各种复杂的配置和技术细节，让初学者迅速学会使用 JSP 编程。JSP 页面中包含所有完成页面功能的元素，如 HTML 标记、CSS 标记、JavaScript 标记、逻辑处理、数据库处理代码等。当使用 JSP 实现一个比较复杂的功能时，由于 HTML 标记和 Java 代码混在在一起，容易出现错误，出现错误后不容易查找和调试。因此在实际应用中，一般不会将所有页面全部采用纯粹的 JSP 实现。

1.5.2 JSP+JavaBean 实现

JSP+JavaBean 技术的组合，很好地使页面静态部分和动态部分相互分离。在这种模式中，JSP 使用 HTML、CSS 等可以构建数据显示页面，而对于数据处理，可以交给 JavaBean 处理。执行业务功能的代码被封装到 JavaBean 中，起到了代码重用的目的。例如可以编写一个 JavaBean 来显示当前时间，这个 JavaBean 不仅可以用在当前页面，还可以用在其他页面。由于实现了页面显示与业务处理的分离，JSP+JavaBean 相对纯粹 JSP 实现方式，其结构上更加清晰。

1.5.3 JSP+JavaBean+Servlet 实现

JSP+JavaBean+Servlet 技术的组合，很好地实现了 MVC 模式，MVC（Model-View-

Controller），中文翻译为"模型-视图-控制器"。Event（事件）导致 Controller 改变了 Model 或 View，或者同时改变两者。只要 Controller 改变了 Model 的数据或者属性，所有依赖的 View 都会自动更新。类似的，只要 Controller 改变了 View，View 会从潜在的 Model 中获取数据来刷新自己。MVC 模式最早是 Smalltalk 语言研究团提出的，应用于用户交互应用程序。MVC 三个部分的形式如图 1.11 所示。

图 1.11　MVC 三个部分的形式

视图（View）组件代表用户交互界面。在 MVC 中视图组件通常只用来完成用户交互和数据显示，不会在视图中完成业务逻辑处理。例如，在一个有关订单操作的 Web 应用中，视图组件（JSP）可以用来完成显示订单信息和提供订单信息的提交界面。

模型（Model）组件用来完成具体的业务逻辑处理。业务流程的处理过程对其他层来说是黑箱操作，控制器组件接受视图组件传递的数据并调用模型组件完成业务功能，模型组件将处理结果返回给控制器，由控制器将负责跳转至某个视图组件显示处理结果。按照 MVC 设计模式的要求，业务逻辑操作应该被抽取出来封装在模型组件中。Model 常由 JavaBean 或 EJB 实现。

控制器（Controller）组件控制整个业务处理的流程，控制器相当于一个分发器，它根据用户请求，调研模型组件完成用户请求的处理，并转向 JSP 页面显示处理的结果。

模型、视图与控制器的分离，简化了 Web 应用程序开发的复杂性，提高了程序的复用性。MVC 开发模式是目前 Java Web 应用开发的主流开发模式，目前已经有多种框架技术实现了这种模式，其中 Struts、Spring、Hibernate 组合是目前应用最为广泛也是最为成熟的开发模式。

1.6　Java Web 应用的运行环境

Java Web 应用的运行需要特定环境的支持，包括 Web 服务器和应用服务器。

Web 服务器的主要功能是接收客户端的 Web 请求，把请求提交给应用服务器，再把应用服务器执行的结果返回给用户。而应用服务器的作用是根据用户的请求选择合适的文件加载执行。然后把执行的结果返回给 Web 服务器。对于 Java Web 应用来说，应用服务器的主要作用就是加载 Java Web 组件，并执行 Java Web 组件。当然 Java Web 组件的执行离不开 JVM（Java Virtual Machine，Jave 虚拟机），因而 Java Web 应用的运行也离不开 JVM。

对于 Java Web 应用和 Java Application 应用来说，Java 虚拟机是相同的，都是加载 Java 类文件，并解释执行字节码。应用服务器主要为应用程序提供运行环境，为组件提供服务。Java 的应用服务器有很多，包括 Tomcat、Weblogic、Websphere、Application Server 和 JBoss 等。其中 Weblogic 等企业级的应用服务器除了支持 JSP 和 Servlet，还包括对 EJB 的支持。

本书在 E-STORE 电子商城中采用 Tomcat 作为服务器，它既即充当了 Web 服务器，同时也拥有应用服务器的功能。Tomcat 内置了一个轻量级的 Web 服务器，用来转发 HTML 请求。但是同时 Tomcat 又是 Servlet/JSP 服务器，用来管理对 Servlet 和 JSP 的访问处理。Tomcat 的运行需要 JDK 的支持，下面将依次介绍 JDK 和 Tomcat 的安装及配置。

1.6.1 安装和配置 JDK

JDK 中包括 Java 编译器（javac）、打包工具（jar）、文档生成器（javadoc）、查错工具（jdb），以及完整的 JRE（Java Runtime Environment，Java 运行环境，也被称为 Private Runtime。并包括了用于产品环境的各种类库，以及给开发人员使用的补充库，如国际化的库、IDL 库。JDK 中还包括各种例子程序，用以展示 Java API 中的各部分。

从初学者的角度来看，采用 JDK 开发 Java 程序能够很快地理解程序中各部分代码之间的关系，有利于理解 Java 面向对象的设计思想。JDK 的是随着 Java（J2EE、J2SE 及 J2ME）版本的升级而升级。

JDK 的三种版本的详细信息如表 1.2 所示。

表 1.2 JDK 版本

名 称	说 明
SE（J2SE）	Standard Edition，标准版，主要用于开发 Java 桌面应用程序
EE（J2EE）	Enterprise Edition，企业版，开发 J2EE 应用程序，用于 Web 方面
ME（J2ME）	Micro Edition，微型版，用于移动设备、嵌入式设备上的 Java 应用程序

1. JDK 的下载和安装

获取 JDK 开发工具包非常简单，可以直接在 JDK 官方网站下载。这里演示在官方网站上来获取 JDK 开发工具包，JDK 开发工具包的官方网站的网址为 http://www.oracle.com/ index.html，在地址栏中输入该网址，单击"转到"按钮，会显示如图 1.12 所示的页面。

单击"Downloads"链接，会显示如图 1.13 所示的页面。

在页面中选择"Java"菜单项，并单击"JavaSE"，会显示如图 1.14 所示的页面。

图 1.12 Oracle 官方网站

图 1.13 Oracle 下载页面

图 1.14 JavaSE 下载页面

在本页面中，选择 JDK DOWNLOAD，显示的是不同平台下的 JDK 安装包，如 Windows、Linux、Solaris。在页面中找到适合于自己计算机平台的 JDK 版本，64 位操作系统的 JDK 下载页面：

Windows x64　　　　　　　　125.31 MB　⬇ jdk-7u45-windows-x64.exe

如果是 32 位操作系统，选择的版本是：

Windows x86　　　　　　　　123.49 MB　⬇ jdk-7u45-windows-i586.exe

需要注意的是，在下载 JDK7 工具包之前，需要选接受协议，如图 1.15 所示。

图 1.15　选择合适的 JDK 版本

下载后的文件名称为 jdk-7u45-windows-i586-p.exe，双击该文件即可开始安装。具体安装步骤如下：

（1）双击 jdk-7u45-windows-i586-p.exe 文件，在弹出的对话框中，单击"接受"按钮，接受许可证协议。

（2）在弹出的"自定义安装"对话框中，单击"更改"按钮更改安装路径，其他保留默认设置，如图 1.16 所示。

（3）单击"下一步"按钮，开始安装。

（4）在安装的过程中，会弹出另一个"Java 安装-自定义"对话框，提示用户选择 Java 运行时环境的安装路径。单击"更改"按钮更改安装路径，其他保留默认设置，如图 1.17 所示。

（5）单击"下一步"按钮继续安装。

（6）单击"完成"按钮完成安装。

2. 配置 JDK

JDK 安装完成后，还并不能够使用，需要进行配置。以 Windows XP 为例，其配置过程如下。

（1）使用鼠标右键单击"我的电脑"图标，在打开的快捷菜单中，执行"属性"命令，会弹出一个"系统属性"对话框，如图 1.18 所示。

（2）单击"高级"选项卡，再单击该选项卡中的"环境变量"按钮，会显示如图 1.19 所示的"环境变量"对话框。

图 1.16　选择 JDK 安装路径

图 1.17　选择 JRE 安装路径

图 1.18　"系统属性"对话框

图 1.19　"环境变量"对话框

（3）在系统变量中选中 PATH 变量，单击"编辑"按钮，会显示如图 1.20 所示的"编辑系统变量"对话框。

在 path 变量值中添加 JDK 安装路径下 bin 文件夹的所在路径，如"C:\Program Files\Java\jdk1.7.0_45\bin"，注意用";"分隔不同的路径。这样，当要使用 Java 编译器和解释器时，系统会在"C:\Program Files\Java\jdk1.7.0_45\bin"目录下查找相应的执行文件。

（4）上述操作完成后，单击"确定"按钮，完成 JDK 的配置。如果要检测安装是否成功，可执行"开始"→"运行"命令，在弹出对话框中输入"cmd"，启动命令行窗口，接着在命令行中输入"javac –version"命令，如果输出 JDK 开发工具包的版本，则表示安装成功，如图 1.21 所示，否则安装失败。

图 1.20　"编辑系统变量"对话框

图 1.21　JDK 安装测试

到此为止，JDK 安装和配置就已经完成了。

> 提示：此处为读者展示的是在没有使用开发工具的情况下需要进行手动的配置，当使用工具开发时，如 Myeclipse 或者 Jbuilder 时，一般可以通过开发工具自身的配置工具直接配置，而无须手动配置 JDK 环境。

1.6.2 安装和配置 Tomcat 服务器

JSP 可以在很多服务器上运行，如 Tomcat、Jboss、Resin、WebLogic 等。每个服务器都有自己的特点，其适用的场合也不相同。其中 Tomcat 服务器在中、小型的 Web 应用中被广泛采用，具有和 JSP 技术结合紧密等特点。

1. Tomcat 简介

自从 JSP 发布之后，推出了各式各样的 JSP 引擎。Apache Group 在完成 GNUJSP 1.0 的开发以后，开始考虑在 Sun 的 JSWDK 基础上开发一个可以直接提供 Web 服务的 JSP 服务器，当然同时也支持 Servlet，这样 Tomcat 就诞生了。Tomcat 是 Jakarta 项目中的一个重要的子项目，其被 Java World 杂志的编辑评选为 2001 年度最具创新的 Java 产品，同时它又是 Sun 公司官方推荐的 Servlet 和 JSP 容器，因此其越来越多地受到软件公司和开发人员的喜爱。Servlet 和 JSP 的最新规范都可以在 Tomcat 的新版本中得到实现。其次，Tomcat 是完全免费的软件，任何人都可以从互联网上自由下载。

Tomcat 和 IIS、Apache 等 Web 服务器一样，具有处理 HTML 页面的功能，另外它还是一个 Servlet 和 JSP 容器，独立的 Servlet 容器是 Tomcat 的默认模式。不过，Tomcat 处理静态 HTML 的能力不如 Apache。

2. 下载 Tomcat

获取 Tomcat 非常容易，可以直接在网络上搜索或者从 Tomcat 官方网站获取。打开 IE 浏览器，在地址栏中输入"http://tomcat.apache.org/"，单击"转到"按钮，会显示如图 1.22 所示的页面。

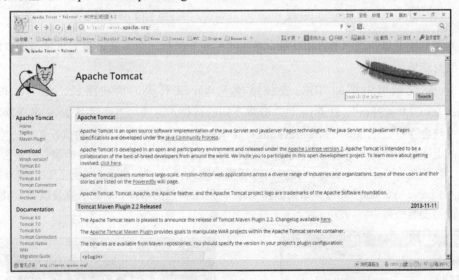

图 1.22 Tomcat 官方网站

单击页面左侧的"Tomcat 7.x"超级链接，会显示如图 1.23 所示的 Tomcat 下载页面。

在如图 1.23 所示的页面中，有不同的 Tomcat 版本，用来适应不同的操作系统平台，这里选择 Windows 操作系统平台，单击"32-bit Windows zip (pgp, md5)"超级链接下载。

第 1 章　Java Web 应用开发基础

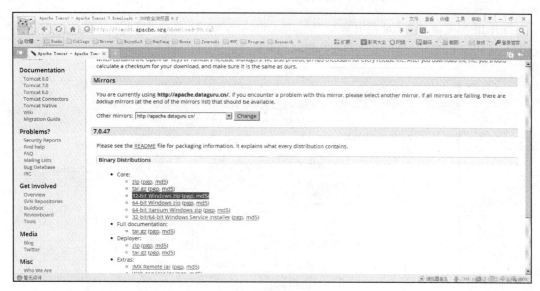

图 1.23　Tomcat 下载页面

3. 安装 Tomcat

Tomcat 7 直接解压即可使用。在测试服务器之前首先要设置 java_home，从而让服务器可以找到 JDK 资源。

4. 配置 java_home

java_home 的配置过程与 path 的配置类似，如图 1.18 和 1.19 所示，打开环境变量的配置窗口，单击"新建"按钮创建一个配置项，变量名为"java_home"，变量的值为 JDK 的安装路径，配置如图 1.24 所示。

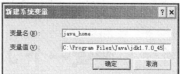

图 1.24　环境变量 java_home 配置

1.6.3　测试安装是否成功

安装完成后接着检验是否安装成功。找到 "Tomcat 的安装主路径"下的 "bin"文件夹，在该文件夹下找到 startup.bat 文件，双击启动 Tomcat 服务器。启动成功界面如下：

当服务器启动成功后将出现"Server startup in ***ms"的输出字符。当服务器成功启动后可以通过浏览器对对服务器进行访问。如图 1.25 所示。

图 1.25　Tomcat 服务器运行界面

打开 IE 浏览器，在地址栏中输入"http://localhost:8080/"，单击"转到"按钮，会弹出一个如图 1.26 所示的页面，这时就表明服务器已经安装成功了。

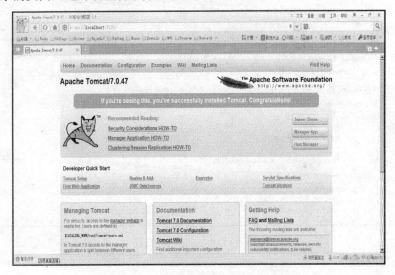

图 1.26　Tomcat 服务器主页访问页面

Tomcat 安装完成后，就可以进行实例开发了。

1.7　测试一个 JSP 程序

在安装成功后打开 Tomcat 安装目录，可以看到几个文件夹。其中，Tomcat 将由 JSP 文件编译后的 Java 源文件和 class 文件存放在 work 文件夹下，bin 为 Tomcat 执行脚本目录，conf 文件夹下存放有 Tomcat 的配置文件，lib 文件夹为 Tomcat 运行时需要的库文件，Tomcat 执行时的日志文件存放在 logs 文件夹下，webapps 为 Tomcat 的 Web 发布目录。

按照下面的操作过程创建和运行第一个 JSP 程序：

（1）在 Tomcat 安装目录下的 webapps 目录中，可以看到 ROOT、examples、manager、tomcat-docs 之类 Tomcat 自带的 Web 应用范例。

（2）在 webapps 目录下新建一个名称为 HelloJsp 的文件夹。

（3）在 HelloJsp 文件夹下新建一个文件夹 WEB-INF。注意，目录名称是区分大小写的。

（4）在 WEB-INF 文件夹下新建一个文件 web.xml，该文件为 Tomcat 的部署文件，并在其中添加如下代码：

```xml
<?xml version="1.0" encoding="UTF-8"?>
<web-app xmlns="http://java.sun.com/xml/ns/javaee"
  xmlns:xsi="http://www.w3.org/2001/XMLSchema-instance"
  xsi:schemaLocation="http://java.sun.com/xml/ns/javaee
            http://java.sun.com/xml/ns/javaee/web-app_3_0.xsd"
  version="3.0"
  metadata-complete="true">
  <display-name>Welcome to Tomcat</display-name>
  <description>
     Welcome to Tomcat
  </description>
</web-app>
```

（5）在 HelloJsp 文件夹下创建文本文件，并为其指定文件名为 Test.jsp。注意 JSP 页面的扩展名必须为.jsp。然后在该文本文件中输入如下代码：

```
<%@ page contentType="text/html; charset=gb2312" %>
<html>
<head>
<title>
第一个 JSP 程序
</title>
</head>
<body>
<h2 align="center">
<%=new java.util.Date()%>
</h2>
</body>
</html>
```

下面对这个程序做一个简要说明：所有的 JSP 脚本程序都必须用"<%"和"%>"括起来。为了获取系统的当前日期，使用了 java.util 包中的 Date 类，Data 类可以获取系统的当前时间和日期。

（6）找到"Tomcat 的安装主路径"下的"bin"文件夹，在该文件夹下找到 shutdown.bat 文件，双击该文件执行关闭服务器操作，再双击执行 startup.bat 文件重新启动服务器。当 Tomcat 重新启动时会自动部署 webapps 下的所有 Web 应用。

（7）打开浏览器，输入 http://localhost:8080/HelloJsp/Test.jsp，这时可以看到浏览器显示当前系统时间页面，如图 1.27 所示。

打开 Tomcat 目录下的 work\Catalina\localhost\HelloJsp\org\apache\jsp 目录，就会看到一个.java 文件和.class 文件。这就是 Tomcat 服务器解释和编译 JSP 程序后的相关文件。

图 1.27 显示当前系统时间

练习题

一、选择题

1. 以下选项中，属于浏览器功能的是（   ）。
   - A．编辑 HTML 文档
   - B．解析并运行 JSP 代码
   - C．解析并运行 JavaScript 代码
   - D．发送 HTTP 请求，接收 HTTP 响应
   - E．解析并展示 HTML 文档
   - F．编译 Java 源程序代码

2. 以下选项中，属于 Web 服务器功能的是（   ）。
   - A．接收 HTTP 请求，发送 HTTP 响应
   - B．编译 Java 程序源代码
   - C．动态加载并执行程序代码
   - D．运行网页中的 JavaScript 脚本和 Applet
   - E．展示网页中的图片
   - F．解析 HTML 文档

3. 以下选项中，属于 Web 服务器端编程技术的是（   ）。
   - A．ASP
   - B．Flash
   - C．JSP/Servlet
   - D．HTML
   - E．JavaScript
   - F．CGI
   - G．PHP

4. 以下对静态网页的描述中正确的是（   ）。
   A. 就是指事先存放在 Web 服务器端文件系统中的 HTML 文档
   B. 就是不允许包含声音、动画等的 HTML 文档
   C. Web 服务器动态执行程序代码，由此产生的 HTML 文档就是静态 HTML 文档
   D. 不允许修改的 HTML 文档
5. 当 Tomcat 作为独立 Servlet 容器运行时，有哪些特点？（   ）
   A. Tomcat 在一个 Java 虚拟机进程中独立运行
   B. Tomcat 是一个独立的 Web 服务器，直接与客户端通信，负责接收客户请求和发送响应结果
   C. Tomcat 和 Servlet 分别运行在不同的 Java 虚拟机进程中
   D. 无须启动任何 Java 虚拟机进程，就能直接运行 Tomcat 服务器程序
6. 为什么安装 Tomcat 时要先安装 JDK？（   ）
   A. Tomcat 作为 Java 程序，它的运行离不开 JDK 提供的 Java 虚拟机
   B. Tomcat 6.x 以下的版本在运行时利用 JDK 提供的 Java 编译器来动态编译 JSP 代码
   C. Tomcat 利用 JDK 来接收 HTTP 请求
   D. Tomcat 利用 JDK 来发送 HTTP 响应
7. 一个用户安装了 Tomcat，但无法启动 Tomcat，可能是由于下列哪些原因引起的？（   ）
   A. 没有安装 JDK
   B. Tomcat 与 JDK 的版本不匹配，例如 Tomcat 6.x 要求使用 JDK1.5 或以上的版本
   C. 没有设置 JAVA_HOME 系统环境变量
   D. 没有设置 CATALINE_HOME 系统环境变量
   E. 没有安装浏览器
8. 以下对 HTML 和浏览器的描述中正确的是（   ）。
   A. 浏览器是 HTML 文档的编辑器，可以用浏览器来编写 HTML 页面
   B. 浏览器是 HTML 的解析器，能够解析 HTML 文件，并可以在窗口中展示网页
   C. 浏览器是 HTML 的编译器和运行器，能够把 HTML 文件编译成可执行文件，然后执行它
9. 关于 HTTP 协议，以下选项中描述正确的是（   ）。
   A. HTTP 响应的正文部分必须为 HTML 文档
   B. HTTP 响应的正文部分可以是任意格式的数据，如 HTML，JPG，ZIP，MP3，XML，EXE 数据等
   C. HTTP 协议规定服务器端在默认情况下监听 TCP80 端口
   D. HTTP 协议规定了 HTML 语法
   E. HTTP 协议是由 Microsoft 公司制定的
   F. HTTP 协议规定了 HTML 语法
   G. HTTP 是"Hypertext Transfer Protocol"的缩写

二、简答题

1. 简述 HTTP 协议和一次 HTTP 请求与响应的过程。
2. 试阐述 JSP 服务器端运行环境的安装与配置。

三、操作题

试编写一个简单的 JSP 程序，并能够使之在 Tomcat 服务器上运行。

第 2 章

E-STORE 电子商城项目概述

本章要点：

- E-STORE 电子商城需求
- E-STORE 电子商城总体设计，包括系统架构设计、功能结构划分、业务流程设计
- Java Web 应用开发环境的创建
- 创建 E-STORE 电子商城项目
- Java Web 应用程序组成及结构
- 网站欢迎页面的实现
- JSP 基本语法

  Internet 改变了人们的生活习惯，同时也改变了企业的经营行为和竞争规则。近十年来，电子商务已经悄悄兴起，甚至呈现取代传统商业模式的趋势。电子商务受到人们越来越多的关注，改变着社会经济的各个方面。因此电子商务网站成为 Java Web 应用开发的热门领域，为了让读者尽快掌握 Web 应用开发技术，本书将带来大家 STEP BY STEP 完成一个简单的电子商城的开发。该系统是基于 Internet 网络平台，利用 Web 技术、数据库技术、Java 技术、面向对象技术等开发的 Web 应用系统。系统不同权限的用户分别可以进行商城的管理和网上购物等操作。

  本书完整阐述了 E-STORE 电子商城系统的全部设计与实现过程，使读者在项目实现的过程中，逐步深入、理解 Java Web 应用开发的知识，掌握 Java Web 应用的开发技术。E-STORE 系统采用任务驱动的开发模式，在系统实现过程中逐步采用 JSP+Bean、JSP+Bean+Servlet 及基于 Struts 框架的开发模式，使读者能在实现项目的过程中循序渐进地掌握基于 Java 的 Web 应用系统的开发技能。

2.1 系统分析与总体设计

2.1.1 功能需求分析

  需求分析是以正确、可行、必要等标准对 E-STORE 系统做一个完整的功能需求说明。需求分析要求每个需求的功能必须描述清楚，确保在当前的开发能力和系统环境下可以实现。并且每个需求的功能是否必须交付、是否可以推迟实现、是否可以在削减开支情况发生时进行删减也必须描述清楚。

  E-STORE 系统对电子商城系统运行各组成要素提供综合管理功能。主要有：会员注册与登录、商品信息管理（包括商品的类别）、购物管理、订单管理、商城信息管理和会员、用户管理等功能模块。

1. 用户管理

E-STORE 电子商城系统包括四类用户：浏览用户（又称为游客）、注册会员、管理用户和系统管理员。游客只可以浏览商城开放的业务和信息，不可以进行网上交易，也不为该类用户提供个性化服务，该类用户无须注册。注册用户可以使用电子商城网站前台提供的所有功能，包括浏览商城开放的业务和信息、进行网上交易和查看订单等，也可享受商城提供的个性化服务以及优惠服务等。本书在不致混淆的情况下将商城注册用户也称作"会员"。管理用户主要是针对商城的后台管理而设计的，主要操作是在 E-STORE 系统的后台页面对商城的会员、商品、订单等所有信息进行维护。系统管理员负责对管理用户的维护，可以添加、删除管理用户。

用户管理模块主要提供以下功能：

（1）会员登录、注册。商城的注册会员在进行购物、查看订单等操作时，系统需要会员的登录信息，会员可以在登录时，如果会员名、密码错误，系统会提示错误。

前台会员注册提供会员注册功能，会员填写必要信息后成为 E-STORE 电子商城的会员，只有注册会员才可以登录系统，进行购物及相关操作，非注册会员只能浏览商品资料。会员注册时系统会对注册信息进行验证，以确保注册信息的正确性。

（2）会员信息的查询。管理用户在系统后台页面上可以查看注册会员的信息。

（3）会员信息的删除。管理用户在系统后台页面上可以查看注册会员的信息，并能将会员注册的信息删除。

（4）会员信息的修改。注册会员在登录后可以修改自己的注册信息，单击"会员修改"链接时系统会判断会员是否登录，如果未登录，提示未登录不能修改信息，否则转入会员修改页面，在修改页面显示该会员目前的信息，提供信息的修改输入。

（5）会员密码的找回。当注册会员忘记自己的登录密码时，E-STORE 电子商城提供会员的密码找回功能，在会员遗忘登录密码时可使用该功能重新设置登录密码。在用户登录页面上设有"找回密码"的链接，会员根据页面提示，逐步填写找回密码的信息完成该操作。

（6）系统管理员操作。系统管理员专门用来维护管理用户的信息。具体包括管理用户基本信息增加、删除、修改和查询等操作。

2. 商品管理（包括商品的类别）

E-STORE 电子商城的商品管理分为两部分，一部分在前台实现，主要是商品（包括新品、特价商品及销售排行等）的显示，以供用户浏览和购物；一部分在后台实现，主要由系统管理用户对商品基本信息进行维护，例如对商品信息的增删改操作。

（1）商品信息及类别维护。E-STORE 电子商城前台可以展示各类商品，为了能够方便用户对商品进行分类查询，后台商品管理模块除了能够对商品的基本信息进行管理外，还要能够对商品的类别信息进行管理和维护。商品信息管理包括商品查询、商品添加、特价商品设置、商品删除；商品类别管理包括大类别查询、商品小类别查询、两种类别的添加和删除。

（2）商品特价信息维护。在 E-STORE 电子商城后台，管理员可以将商城中的部分商品设置为"特价商品"，这些商品就会在前台特价商品模块中展示。

（3）商品前台展示。会员在购买商品前可以先浏览商品展示，系统从后台数据库中读出所有商品的信息在前台显示，商品的展示里有所有商品的介绍，比如商品的名称、产地、价格等。用户访问商品展示页面无须登录，但用户在挑选好自己想要购买的商品时，需要登录系统才能购买，如果用户没有注册，则需要先进行注册，成为商城的会员。

（4）特价商品展示。E-STORE 电子商城提供有新品与特价商品的展示，将价格有折扣的商品设定为特价商品，否则为新品。用户登录前可浏览新品和特价商品，登录后可以购买。商品展示的风格与其他页面保持一致，并在页面上实现分页效果。

（5）商品销售排行。按商品销售的数量排序。

（6）商品检索。通过商品检索功能为用户提供快速找到所需商品的快捷方法，即提供商品搜索引擎。E-STORE 电子商城在正式投入运行后，商城中的商品种类将会很多，商品检索可以帮助用户根据商品全部或部分名称快速找到最想要的商品信息。

3．购物管理

购物管理主要是针对会员购物车的一组操作，购物车为注册会员购买商品时的存放区域，购买过程中的商品暂存于购物车内，可以对购物车内的商品进行添加、修改数量、删除商品等操作，用户最后通过查看购物车确认自己所购买的商品。

（1）购物流程控制管理。会员在成功登录系统后，可以进行购物直至生成订单的一系列操作，主要包括：会员将选购的商品放入系统所提供的购物车里，此时会员可以继续选购另外的商品，或者删除原先购买的商品，并可对商品进行数量上的修改和添加，查看现有购物车中的商品。系统在购物车商品列表页面设有"继续购物"的链接，单击"继续购物"链接，重复以上进行的购买活动。会员购物结束后，单击"提交"按钮，生成本次购物的订单，完成购物。

（2）商品详细信息浏览。会员的购物操作是针对电子商城中的单个商品，从所有商品展示页面、特价商品展示页面和商品搜索结果页面都可以进行购物操作。一般用户在购物之前都需要先浏览该商品的详细信息，因此要求系统能够显示商品的详细信息，并在该页面上实现"放入购物车"功能。

（3）购物车管理。购物车管理是会员在购物过程中最重要的功能，会员在商品详细信息页面上单击"放入购物车"功能，开始该商品的购买流程。此时系统需要判断会员本次购物是否已有购物车，如果没有，产生新的购物车，并将会员所选择的商品直接加入购物车；否则，系统将商品加入到先前为此会员产生的购物车中。犹如在超市购物时要看顾客手中有没有提购物篮一样。

系统需要提供会员查看购物车和对购物车中的商品进行维护的功能。点击主页中"购物车"链接，系统判断会员是否登录，因为系统不会为未登录的会员生成购物车。如果会员没有登录，系统显示请用户先登录的提示页面；否则显示该会员的购物车页面。在购物车页面中列表显示所有已选商品的信息，包括各个商品的单价，当前商品总金额等。如果没有商品，系统显示"您还没有购物"提示。此外，在购物车页面上需要为会员提供继续购物、去收银台结账、清空购物车和修改某件购物车中商品的数量等功能。

（4）支付信息。会员在购物结束时，在生成本次购物的订单之前，需要填写结账支付信息，如会员真实信息、送货地址、联系电话、付款方式、送货方式等信息。如有备注信息，在下方的"备注信息"中留言。个人身份信息的填写是为了方便会员所购买的货物能准确及时送达。

4．订单管理

订单管理是为注册会员提供订单查询功能；为商城管理员提供订单查看、维护等功能。

（1）订单生成。会员在购物车显示页面确认商品及数量后，单击"去收银台结账"链接，系统页面跳转到结账信息填写页面，在该页面会员需要对结账的信息进行详细填写，而所有这些信息也将保存到系统数据库中，确认无误后单击"提交"按钮，生成新订单并显示订单编号。在后续的操作中会员可进入"查看订单"页面查看订单详细信息。

（2）订单查询。会员在前台登录网上商城后，可以查看自己所有的订单（包括已经出货和尚未出货的订单），既可以单独查看自己已经出货的订单，也可以单独查看自己尚未出货的订单，并对每个订单的详细信息进行查询。

（3）订单状态和维护。商城管理员在登录网上商城后台后，可以查看商城所有的订单，既可以单独查看所有已经出货的订单，也可以单独查看所有尚未出货的订单；同时还可以对每个订单进行详细信息的查询、出货标记的更改和删除等操作。

5. 商城信息管理

系统在后台须实现商城信息的增加、删除、修改和查询等管理操作。E-STORE 商城的各种通知或公告的增删改均位于此模块中。主要内容包括有关客户订单的相关说明和注意事项；购物中心的基本信息；以及在一定时间内的促销活动。

2.1.2 系统目标

根据需求分析以及与网上购物客户体验，E-STORE 电子商城网站需要达到以下目标。
（1）界面设计友好、美观；
（2）具有易维护性和易操作性；
（3）在首页中提供电子商城商品信息的功能，并且能进行主要功能的分类操作；
（4）用户能够方便地查看商品的所有信息和单件商品的详细内容；
（5）能够实现商品信息搜索；
（6）对用户输入的数据，能够进行合法性的数据检验，并给予信息提示；
（7）具有操作方便、功能完善的后台管理功能。

2.1.3 系统功能结构

E-STORE 电子商城网站分为前、后台两部分设计，前台主要实现会员管理、商品信息展示、购物车管理功能。其中会员管理包括新会员注册、注册会员登录、密码找回功能；商品信息展示包括列表显示与详细信息显示，列表显示又分为所有商品列表显示、新品、特价商品列表显示和商品搜索结果列表显示；购物车管理主要包括生成购物车、购物车维护、生成订单功能。后台主要实现的功能为管理员用户管理、商品信息维护、订单管理和商城信息管理。

E-STORE 电子商城网站前台功能结构如图 2.1 所示。

图 2.1　E-STORE 电子商城网站前台功能结构

E-STORE 电子商城网站后台功能结构如图 2.2 所示。

第 2 章　E-STORE 电子商城项目概述

图 2.2　E-STORE 电子商城网站后台功能结构

2.1.4　网站业务流程图

E-STORE 电子商城网站前台业务流程图如图 2.3 所示。

图 2.3　E-STORE 电子商城网站前台业务流程图

E-STORE 电子商城网站后台业务流程图如图 2.4 所示。

图 2.4　E-STORE 电子商城网站后台业务流程图

2.1.5 系统预览

E-STORE 电子商城网站中有很多页面，下面先让我们预览几个典型页面，其他页面可以通过运行系统源程序进行查看。E-STORE 电子商城网站的前台首页如图 2.5 所示，在该页面中将列表显示商品信息和会员注册登录信息等；通过页面导航栏中的超链接，可以查看所有商品、特价商品等。如图 2.6 所示为商品详细信息显示页面，会员可在此页面将商品添加到购物车中。

图 2.5　前台首页

图 2.6　商品详细信息显示页面

购物车查看页面如图 2.7 所示，会员可通过此页面浏览购物车中该会员的购物信息，会员可以修改、删除购物车中的商品，该页面并设有"继续购物"、"结账"等链接。

后台订单信息显示页面如图 2.8 所示，在该页面中，管理员可查看订单列表、删除订单和修改订单状态等操作，并可通过单击"详细信息"超链接进入订单详细信息页面。

图 2.7　购物车查看页面

图 2.8　后台订单信息显示页面

E-STORE 电子商城网站的后台商品添加页面如图 2.9 所示,管理员可通过此页面添加商品。

图 2.9 后台商品添加页面

后台用户管理页面如图 2.10 所示,在该页面中,管理员可查看会员列表、删除会员和通过单击"详细信息"超链接进入会员详细信息页面。

图 2.10 后台用户管理页面

总体设计阶段提出了 E-STORE 电子商城网站功能需求和总体业务流程,系统开发过程中还需要对各功能需求进行详细的设计。详细设计主要是针对程序开发部分设计出程序的详细规格说明。E-STORE 电子商城网站各个模块的功能与详细的实现代码将在后续章节中进行介绍。

2.2 系统架构设计与搭建

在对系统的需求进行了分析以后,接下来开始对系统的整体架构进行设计。本节的重点是讲述如何进行总体设计和开发环境的搭建,而不涉及具体的模块设计。系统架构的分析目的是为了使读者更容易理解整个系统。

2.2.1 系统架构设计

E-STORE 电子商城网站系统在实现上是从简单分层开始，逐步优化，对系统的不同模块，根据模块的自身特点和 Java Web 应用开发学习的路径，从纯粹 JSP 实现开始过渡到采用 JSP+JavaBean 实现、再到采用 JSP+JavaBean+Servlet 实现和使用 Struts 框架实现。最终实现的系统遵循多层次的架构模式，从上到下依次为视图层、控制器层、模型层、数据库操作层和数据库层，如图 2.11 所示。前面三层其实就是 Struts 框架的基本层次。数据库操作层则是由自定义 Java 类来实现。

其中，层与层之间的关系是上层依赖下一层，而下一层对上一层的依赖很少，如同网络的 ISO 七层模型。各层次间的依赖关系应该是自顶向下的，即上层可以依赖下层，而下层应该尽量减小对上层的依赖。

图 2.11　E-STORE 电子商城系统架构

2.2.2 业务实体设计

E-STORE 电子商城网站系统的业务实体在内存中表现为实体域对象，在数据库中表现为关系数据，业务实体主要包括关系数据模型设计和与之对应的实体对象模型设计两个方面。在 E-STORE 中主要有以下的业务实体：会员、商品信息、商品类别、购物车、购物车中具体的商品、订单和订单明细等。下面对这些业务实体作一个简单的介绍，后面章节会有详细的设计和实现。

（1）会员（Customer）。代表一个会员实体，主要包括会员的详细信息，如会员名、密码、地址等。

（2）商品信息（Product）。代表每一个具体的商品信息，主要包括商品名称、类别、产地、价格等。

（3）商品类别（Type）。代表商品类别信息，主要包括商品所属类别名称等。其中商品类别又分为大类别和小类别，大类别和小类别是一对多的关系。

（4）购物车（Cart）。代表会员一次购物时商品暂时存放的地方，在生成订单后便不再需要。

（5）购物车中的具体商品（CartItem）。代表购物车中每一个具体商品的购买情况，包含购买价格、数量等。

（6）订单（Order）。代表会员的订单，主要包括订单号、会员信息、订单的具体内容。

（7）订单明细（OrderDetail）。代表订单中具体项，一个订单应包括一个或多个商品的购买情况。

这些实体之间的关系如图 2.12 所示。以下介绍各实体之间的对应关系。

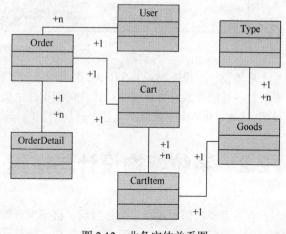

图 2.12　业务实体关系图

（1）会员和订单。一个会员可以拥有多个订单，而一个订单只能属于一个会员。会员和订单之间的关系是一对多的关系。在数据库表中是表现为订单表中有一个会员表的外键。

（2）订单与订单明细。一个订单中可以有多个订单明细项，而一个订单明细项只对应一个订单。订单与订单明细项的关系在数据库表中是表现为订单明细表中有一个订单表的外键。

（3）订单与购物车。一个订单对应一个购物车。

（4）购物车与购物商品。会员的购物车中可以有多个购物商品，购物车与购物商品都是会员购物过程中的临时实体，是为生成订单服务，购物车与购物商品是一对多关系。

（5）购物车中的具体商品与商品。购物车中的具体商品是某件商品的购买情况，它们之间是一对一的关系。

（6）商品类别与商品。一个商品类别有多个商品，一个商品只能属于一个商品类别。商品信息表中有商品类别表的外键。

2.2.3 业务逻辑设计

在 E-STORE 电子商城网站系统中，使用了 DAO 设计模式实现对数据层的访问。DAO 设计模式是 Java Web 应用开发中的一种常用模式，其主要的思想是在业务处理部分和数据库之间再增加一层数据库操作层，用这一层来连接业务处理和数据源，这样就实现了业务处理核心逻辑和具体数据源之间的功能独立和分离。

因为具体的数据库或数据源可能是多种多样的，可能是关系数据库或者是 XML。在具体的关系数据库中，也可能是不同的产品，如 SQL Server、Oracle 或者 MySQL。通过使用 DAO 模式，业务处理部分就不用关心数据层是如何实现对数据库的操作的，而只关心自己的业务逻辑，对数据库的操作全部留给了 DAO，由 DAO 执行具体的数据库操作，并将结果返回给业务逻辑，如图 2.13 所示。

图 2.13 DAO 模式

2.2.4 开发环境

在正式开发之前，要构建好系统的开发环境。目前主流的 Java Web 应用集成开发环境（Integrated Development Enviroment，IDE）包括 Eclipse、NetBean 和 JBuilder 等。

1. Eclipse 与 MyEclipse

Eclipse 是一个开放源代码、基于 Java 的可扩展 IDE。就其本身而言，它只是一个框架和一组服务，用于通过插件组件构建开发环境。Eclipse 附带了一个标准的插件集，包括 Java 开发工具（Java Development Tools，JDT）。Eclipse 最初是由 IBM 公司开发的替代商业软件 Visual Age for Java 的下一代 IDE 开发环境，2001 年 11 月 IBM 公司将价值 4000 万美元的源代码贡献给开源社区，现在它由非营利软件供应商联盟 Eclipse 基金会（Eclipse Foundation）管理，并由该联盟负责这种工具的后续开发。2003 年，Eclipse 3.0 选择 OSGi 服务平台规范为运行时架构。2007 年 6 月，稳定版 3.3 发布，2008 年 6 月发布代号为 Ganymede 的 3.4 版。Eclipse 最初主要用来 Java 语言开发，但是目前也有人通过插件使其作为其他计算机语言，比如 C++的开发工具。Eclipse 本身只是一个框架平台，但是众多插件的支持使得 Eclipse 拥有其他功能相对固定的 IDE 软件很难具有的灵活性。许多软件开发商以 Eclipse 为框架开发自己的 IDE。

目前，有 150 多家软件公司参与到 Eclipse 项目中，其中包括 Borland、Rational Software、Red Hat 及 Sybase 等。

Eclipse 是一个开放源代码的软件开发项目，专注于为高度集成的工具开发，提供一个全功能的、具有商业品质的工业平台。它主要由 Eclipse 项目、Eclipse 工具项目和 Eclipse 技术项目三个项目组成，具体包括四个部分——Eclipse Platform、JDT、CDT 和 PDE。JDT 支持 Java 语言开发、CDT 支持 C 语言开发、PDE 用来支持插件开发，Eclipse Platform 则是一个开放的可扩展 IDE，提供了一个通用的开发平台。它提供构造块和构造并运行集成软件开发工具的基础。Eclipse Platform 允许工具建造者独立开发与他人工具无缝集成的工具，从而无须分辨一个工具功能在哪里结束，而另一个工具功能在哪里开始。

Eclipse 的最大特点是它能接受由 Java 开发者自己编写的开放源代码插件，这类似于微软公司的 Visual Studio 和 Sun 公司的 NetBeans 平台。Eclipse 为工具开发商提供了更好的灵活性，使他们能更好地控制自己的软件技术。Eclipse 是一款非常受欢迎的 Java 开发工具，国内的用户也越来越多，其缺点是学习和使用比较复杂，让初学者理解起来比较困难。

简单地说，MyEclipse 是 Eclipse 的插件，MyEclipse 企业级工作平台（MyEclipse Enterprise Workbench，MyEclipse）是对 Eclipse IDE 的扩展，利用它我们可以在数据库和 J2EE 的开发、发布，以及应用程序服务器的整合方面极大地提高工作效率。它是功能丰富的 J2EE 集成开发环境，包括了完备的编码、配置、调试、测试和发布功能，MyEclipse 对 J2EE 的完整支持是通过一系列插件来实现的。MyEclipse 结构上的这种模块化，可以让我们在不影响其他模块的情况下，对任一模块进行单独的扩展和升级。

2．NetBeans

NetBeans 是一个全功能的开放源码 Java IDE，可以帮助开发人员编写、编译、调试和部署 Java 应用，并将版本控制和 XML 编辑融入其众多功能之中。NetBeans 可支持 Java 2 平台标准版（J2SE）应用的创建、采用 JSP 和 Servlet 的二层 Web 应用的创建，以及用于二层 Web 应用的 API 及软件的创建。此外，NetBeans 最新版还预装了两个 Web 服务器，即 Tomcat 和 GlassFish，从而免除了烦琐的配置和安装过程。所有这些都为 Java 开发人员创造了一个可扩展的开源多平台的 Java IDE，以支持它们在各自所选择的环境中从事开发工作，如 Solaris、Linux、Windows 或 Macintosh。

NetBeans 是一个为软件开发者而设计的自由、开放的 IDE（集成开发环境），应用开发者可以在这里获得许多需要的工具，包括建立桌面应用、企业级应用、Web 开发和 Java 移动应用程序开发、C/C++，甚至 Ruby。NetBeans 可以非常方便地安装于多种操作系统平台，包括 Windows、Linux，Mac OS 和 Solaris 等操作系统

NetBeans 的最新版本 NetBeans IDE 6.1 提供了几种新功能和一些功能的增强，并提供了强大的 JavaScript 编辑功能，支持使用 Spring 的 Web 框架，并加强了与 MySQL 的整合，使 NetBeans 比较方便地使用 MySQL 数据库。此外 NetBeans IDE 6.1 在性能方面也得到增强，在建立较大的工程时，有着较低的内存消耗和更快的响应速度。NetBeans 的市场份额也在不断地增加。

3．JBuilder

JBuilder 是 Borland 公司开发的针对 Java 的开发工具，使用 JBuilder 将可以快速、有效地开发各类 Java 应用，它使用的 JDK 与 Sun 公司标准的 JDK 不同，它经过了较多的修改，以便开发人员能够像开发 Delphi 应用那样开发 Java 应用。JBuilder 曾经在 Java IDE 中占有绝对主导地位，但是随着开源并且免费的 Eclipse 和 NetBeans 的出现，JBuilder 的市场份额迅速下降。

JBuilder 支持最新的 Java 技术，包括 Applets、JSP/Servlets、JavaBean 及 EJB（Enterprise

JavaBean）的应用。用户可以自动地生成基于后端数据库表的 EJB Java 类，Jbuilder 同时还简化了 EJB 的自动部署功能。此外它还支持 CORBA，相应的向导程序有助于用户全面地管理 IDL（Interface Definition Language，分布应用程序所必需的接口定义语言）和控制远程对象。JBuilder 支持多种应用服务器，并与 Inprise Application Server 紧密集成，同时支持 WebLogic Server，支持 EJB 1.1 和 EJB 2.0，可以快速开发 J2EE 的电子商务应用。

JBuilder 拥有专业化的图形调试界面，支持远程调试和多线程调试，调试器支持各种 JDK 版本，包括 J2ME/J2SE/J2EE。JBuilder 环境开发程序方便，它是纯 Java 开发环境，适合企业的 J2EE 开发；其缺点是往往一开始难于把握整个程序各部分之间的关系，对机器的硬件要求较高，内存消耗比较大，运行速度显得较慢。

在开发 E-STORE 电子商城网站时，需要具备以下开发环境。

服务器端：
- 操作系统：Windows 7/Windows XP
- Web 服务器：Tomcat 7.0
- Web 开发框架：Struts 2.0
- Java 开发包：JDK 1.7
- 集成开发环境：MyEclipse 10
- 数据库：SQL Server 2005
- 浏览器：IE 6.0 及以上版本
- 分辨率：最佳效果为 1024×768 像素

其中 Web 服务器除了自己安装的 Tomcat 7.0 外，MyEclipse 10 集成开发环境也自带了 Web 服务器 MyEclipse Tomcat 6，可以将开发的 Java Web 应用直接部署在这个服务器上运行。另外，Struts 2.0、Java 开发包在安装 MyEclipse 10 集成开发环境时都已具备。

客户端：
- 浏览器：IE 6.0 及以上版本
- 分辨率：最佳效果为 1024×768 像素

2.2.5 创建项目

安装好 MyEclipse 10 集成开发环境后，启动过程中出现 IDE 的 Logo 和选择工作空间对话框，分别如图 2.14 和图 2.15 所示。

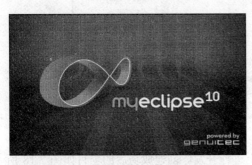

图 2.14　MyEclipse 10 启动界面

图 2.15　设定工作空间

在 MyEclipse 中，提供了 Web Project 这种工程类型，生成 Web 工程后，会自动创建一个有效的 Web 应用目录，默认根目录名为 WebRoot。Web 应用应具备的一些基本目录和文件都会自动生成。具体操作步骤如下：

（1）执行"File"→"New"→"Web Project"菜单命令，如图 2.17 所示，创建项目。

（2）在 Project Name 文本框中输入工程名"E-STORE"，其他选项保持默认设置，单击"Finish"按钮，Web 工程就创建结束，如图 2.17 所示。

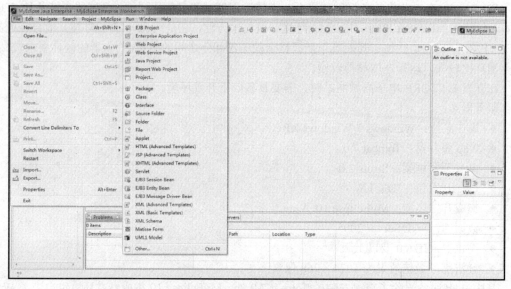

图 2.16 在 MyEclipse 中创建项目

图 2.17 命名项目

MyEclipse 在创建 E-STORE 结束后会自动生成 Java Web 项目默认的一些文件和文件夹，并且在工程中引入基础的 jar 包，我们可以在此基础上进行开发。创建成功后的项目如图 2.18 所示，Web 工程中的 WebRoot 目录即为 Web 应用的根目录，Web 工程中的 src 目录用于存放 Java 源文件，其中的 Java 源程序在编译后会生成相应的 class 文件，这些 class 文件会根据其类所在的包的位置，在/WebRoot/WEB-INF/classes 目录下对应生成子目录。

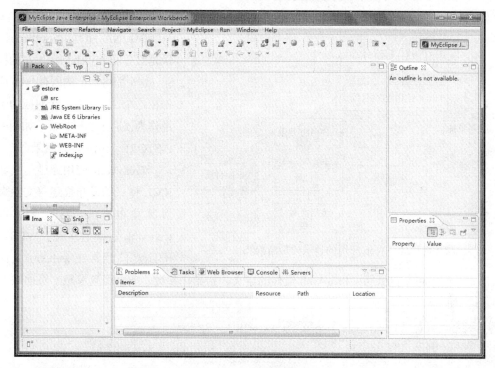

图 2.18　项目创建完成

值得注意的是，Web 工程中的 src 目录下存放 Web 应用开发时所创建的 Java 源文件，由 IDE 编译后生成的 class 文件作为 Web 应用的一部分发布，而 src 目录下的源文件并不会发布，只是在 IDE 环境中将其加入在工程中以便于代码编写和调试。

Java Web 应用由一组静态 HTML 页、Servlet、JSP、配置文件、资源文件和其他相关的 class 组成。每种组件在 Web 应用中都有固定的存放目录。Web 应用的配置信息存放在 web.xml 文件中。在发布某些组件（如 Servlet）时，必须在 web.xml 文件中添加相应的配置信息。Java Web 应用具有固定的目录结构，见表 2.1。

表 2.1　Web 应用的目录结构

目　录	描　述
/WebRoot	Web 应用的根目录，所有的 JSP、HTML 文件、CSS 文件、资源文件都存放于此目录下，可在此目录下创建其他目录，以便于文件的管理
/WebRoot/WEB-INF	存放 Web 应用的发布描述文件 web.xml 等
/WebRoot/WEB-INF/classes	存放各种 class 文件，Java Web 组件 Servlet 类文件也放于此目录下
/WebRoot/WEB-INF/lib	存放 Web 应用所需的各种 jar 文件，如可以存放 JDBC 驱动程序的 jar 文件

提示：目前创建的目录结构中因为尚未开发 Java 的 class 文件，因而还没有创建 /WebRoot/WEB-INF/classes 子目录。

从表 2.1 中我们看到，在 classes 及 lib 子目录下，都可以存放 Java 类文件。在运行过程中，Tomcat 的类装载器先装载 classes 目录下的类，再装载 lib 目录下的类。因此，如果两个目录下存在同名的类，classes 目录下的类具有优先权。

如果将一个 Java Web 应用的目录用树形结构表示出来，则如图 2.19 所示。其中 <CATALINA_HOME>/webapps 目录是服务器上 Web 应用发布的根目录，这个服务器上的所有 Web 应用都在这个目录下有一个对应的子目录作为该应用的根目录。如图中的 E-STORE 应用程序根目录。

图 2.19　Java Web 应用的目录树形结构

Java Web 应用通过一个基于 XML 格式的发布描述符文件来配置其发布信息，这个文件名为 web.xml，它固定存放于 WEB-INF 子目录下。通常在 web.xml 文件中可包含如下描述和配置信息：Java Web 组件的定义、初始化参数、安全配置参数、页面映射、网站欢迎页面等。

```xml
<?xml version="1.0" encoding="UTF-8"?>
<web-app version="3.0"
  xmlns="http://java.sun.com/xml/ns/javaee"
  xmlns:xsi="http://www.w3.org/2001/XMLSchema-instance"
  xsi:schemaLocation="http://java.sun.com/xml/ns/javaee
  http://java.sun.com/xml/ns/javaee/web-app_3_0.xsd">
  <display-name></display-name>
  <welcome-file-list>
    <welcome-file>index.jsp</welcome-file>
  </welcome-file-list>
</web-app>
```

以上是默认创建的 web.xml 文件（根据开发工具的不同，web.xml 配置文件生成的内容可能会有所不同），文件的第一行指定了 XML 的版本和字符编码，第二行 DOCTYPE 指定文档类型，接下来声明了一个 web-app 元素，所有关于这个 Web 应用的配置元素都将加入到这个元素中，比如目前声明了网站的一个欢迎页面是 index.jsp，当用户访问这个 Web 应用时，如果不指定访问的资源，则会以这里配置的欢迎页面 index.jsp 作为默认页面，这也正是在图 1.24 中可以直接访问 HelloJsp 应用的原因，访问路径为 http://localhost:8080/HelloJsp/。

2.3　网站欢迎页面

2.3.1　功能说明

设计 E-STORE 电子商城的第一个页面，作为用户欢迎页面，页面上显示简单的欢迎信息，实际上在商用网站的欢迎页面上一般会设计有优美的宣传图片或公司的 Logo 等内容。E-STORE 电子商城欢迎页面如图 2.20 所示。

第 2 章　E-STORE 电子商城项目概述

图 2.20　E-STORE 电子商城欢迎页面

2.3.2　实现步骤

1. 编写页面代码

在 2.3 节用 MyEclipse 创建的 E-STORE 项目中，有默认的一个 JSP 页面 index.jsp，一般作为访问网站的默认页面，所以可以对该页面进行修改。双击 index.jsp 打开页面代码，可以发现其中开发环境已经生成了一些代码，这些代码是 MyEclipse 根据 JSP 默认模板创建，设计比较复杂的内容，我们将在后续的章节中逐步展开，先将这些代码修改成以下代码。

```
<%@ page language="java" pageEncoding=" gb2312"%>
<html>
  <head>
    <meta http-equiv="Content-Type" content="text/html; charset=gb2312">
    <title>Welcome to estore!!!</title>
  </head>

  <body>
      欢迎访问 estore!!! <br>
      <a href="main.jsp">进入</a>
  </body>
</html>
```

保存 index.jsp 后，就可以将该 Web 应用部署到服务器上供浏览器访问了，在 MyEclipse 中已经集成了 Tomcat 服务器，并随 MyEclipse 一起安装到计算机上，我们可以直接在开发环境中指定服务器并部署应用。

2. 指定部署应用的服务器

使用鼠标右键单击 Package 视图中的 E-STORE 工程的根目录，在打开的快捷菜单中执行"MyEclipse"→"Add and Remove Projects Deployments…"命令，确保 Projects 为 E-STORE，单击"Add"按钮，在弹出的"New Deploy"对话框的 Server 中选择"MyEclipse Tomcat"服务器，指定部署应用的服务器。Deploy type 的两个单选项：Exploded Archive 和 Packaged Archive 分别是目录方式部属和包方式部属，此时使用默认的目录部署（开发模式）方式，暂时不用打包，其他设置保持不变，单击"Finish"按钮回到上一个页面，如图 2.21 所示。

3. 部署应用

指定了服务器以后，下面将部署应用程序。在如图 2.21 所示的对话框中选中服务器列表中的 MyEclipse Tomcat 项，此时图 2.22 中原来灰色显示的不可用按钮变为可用，其中"Remove"按钮是移除部署和重新部署；"Redeploy"按钮用于重新部署服务器。至此，Web 应用已经部署完成了，下面将运行调试。

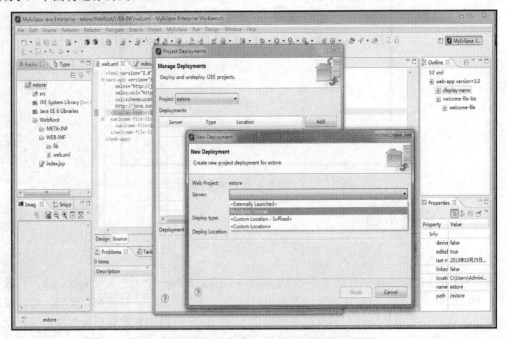

图 2.21　指定部署应用的服务器

> 提示：这里是将应用程序部署到 MyEclipse 自带的服务器 MyEclipse Tomcat 上，如果需要部署到单独安装的 Tomcat 服务器上，可以在 MyEclipse 系统菜单中的"Window"→"Preference"→"MyEclipse"→"Servers"→"Tomcat"中进行配置，完成 Tomcat 的配置后，在 MyEclipse 中就相当于添加了另一个 Tomcat 服务器供 Web 应用的部署。

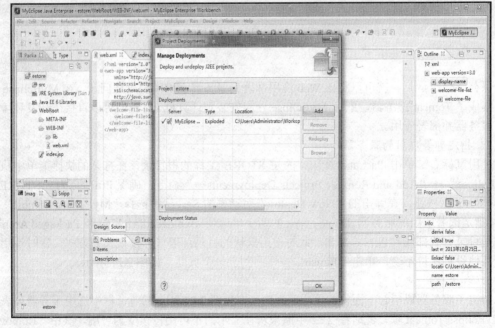

图 2.22　部署应用程序

第 2 章　E-STORE 电子商城项目概述

4. 启动服务器，运行 Web 应用程序

在图形菜单栏找到"Run/Stop/Restart MyEclipse servers"按钮，单击该按钮，在子菜单 MyEclipse Tomcat 的右侧单击"Start"按钮，启动服务器，如图 2.23 所示。等待 Consol 窗口中提示 Tomcat 启动成功，就可以运行我们的程序了。

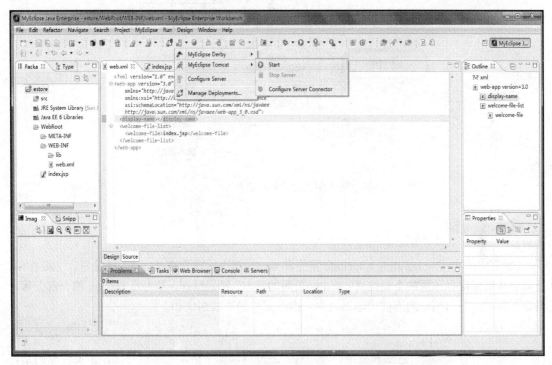

图 2.23　启动服务器

5. 访问 Web 应用程序

当应用在服务器上部署成功，服务器启动后，就可以在客户端使用浏览器访问这个应用的资源了。打开一个 IE 浏览器窗口，输入 http://localhost:8080/E-STORE，访问 E-STORE 应用的欢迎页面，浏览器中显示如图 2.20 所示的 E-STORE 电子商城欢迎页面。

2.4　JSP 页面基本语法

从 E-STORE 的欢迎页面 index.jsp 可以看出，在 HTML 文件内直接加入 JSP 元素可以将静态 Web 页面升级为动态 Web 页面，开发 JSP 页面时，可以先编写 HTML，然后用特殊的标签来附上动态部分的代码，这个特殊标签一般都是以"<%"开头，以"%>"结尾的。一般情况下 JSP 文件以.jsp 为扩展名，并放在一般的 Web 应用中页面存放的地方。

在 JSP 页面中，除了普通的 HTML 外，还有五种主要类型的 JSP 元素加入到页面中，主要有：指令（Directives）、注释（Comment）、脚本（Script）、动作（Actions）和内置对象，如图 2.24 所示。本章我们先介绍指令、注释和脚本，动作和内置对象将在后续章节中介绍。

图 2.24 JSP 元素

2.4.1 指令

JSP 的指令包括 page 指令、include 指令和 taglib 指令，包含在<%@%>标签里，主要作用是向 JSP 引擎提供该页的全局信息。例如，页面的状态，错误处理，是否是 session 的一部分等。指令不会产生任何输出到当前的输出流中。指令元素的语法格式如下：

```
<%@ directive { attr="value"}* %>
```

在起始符号"%@"之后和结束符号"%"之前可以加空格，也可以不加。需要注意的是，在起始符号中的"<"和"%"之间、"%"和"@"之间，以及结束符号中的"%"和">"之间不能有任何空格。

1. page 指令

E-STORE 的 index.jsp 页面代码的第一行为：

```
<%@ page language="java" pageEncoding="gb2312"%>
```

这是一条 page 指令，其中 language 和 pageEncoding 都是 page 指令的属性。该条指令向 JSP 引擎指明该 JSP 页面中将采用 Java 语言，并且为了让 JSP 编译器能正确地解码含有中文字符的 JSP 文件，指定该 JSP 源文件的编码格式是"gb2312"编码格式。

在一个 JSP 页面中 page 指令可以出现多次，但是该指令中的同一属性指令只能出现一次，重复的属性设置将覆盖先前的设置（import 属性除外）。

除了上述 language 和 pageEncoding 属性外，page 指令还有一些常用属性，例如指定在页面中引入其他的 Java 类：

```
<%@ page import="java.util.Date"%>
```

当本页面在执行过程中发生异常时，把异常信息传送到 errorPage.jsp 统一处理：

```
<%@ page errorPage="errorPage.jsp"%>
```

以及设置 JSP 文件执行后返回给浏览器的文件类型和字符编码方式，默认为：

```
<%@ page ContentType = "text/html; charset=ISO-8859-1" %>
```

指明返回给浏览器的文件是普通 HTML 类型的文本文件，字符编码方式是 ISO-8859-1。

> 提示：返回给浏览器的定义网页文档类型（如编码方式为 gb2312，网页内容类型为 TXT 或 HTML 格式）也可在 JSP 页面的 HTML 部分说明，如在 index.jsp 中：
> ```
> <head>
> <meta http-equiv="Content-Type" content="text/html; charset=gb2312">
>   <title>Welcome to Estore!!!</title>
> </head>
> ```

page 指令的基本语法格式如下：

```
<%@ page attr1="value1" attr2="value2" … %>
```

page 指令的属性见表 2.2。

表 2.2　page 指令的属性

属性名和可选值	说　　明
language = "scriptingLanguage"	声明脚本语言的种类，暂时只能用"java"
extends="package.class"	标明 JSP 编译时需要加入的 Java class 的全名，要慎重使用，因为它会限制 JSP 的编译能力
import="{package.class|package.* }, ..."	在页面上需要导入的 Java 类的列表，可一次导入多个 Java 类
session="true | false"	设定页面是否 是某个 session 的一部分。如果为"false"，则在本页面中不能使用 session 对象，默认值是"true"
buffer="none | 8kb | sizekb"	buffer 被页面输出对象用于处理执行后的 JSP 对客户浏览器的输出缓存，默认的大小是 8Kb
autoFlush="true | false"	设置如果 buffer 溢出，是否需要强制输出，如果其值被定义为"true"（默认值），输出正常，如果它被设置为"false"，若这个 buffer 溢出，就会导致一个异常的发生。如果把 buffer 设置为"none"，则不能把 autoFlush 设置为"false"
isThreadSafe="true | false"	设置 JSP 文件是否能多线程使用。默认值是"true"，即 JSP 能够同时处理多个用户的请求，如果设置为"false"，一个 JSP 只能一次处理一个请求
info="text"	JSP 页面的文本信息，可以使用 Servlet.getServletInfo 方法获取
errorPage="relativeURL"	设置处理本页面发生异常时的其他资源文件
isErrorPage="true | false"	设置此页面是否为异常处理页面，如果被设置为"true"，可以使用 exception 对象处理异常
contentType="mimeType [;charset=characterSet]" | "text/html; charset= ISO-8859-1"	设置页面响应的 MIME 类型。默认类型是 text/html，默认字符集为 ISO-8859-1

2. include 指令

◆ include 的 JSP 语法如下：

```
<%@include file=" relativeURL "%>
```

其中，relativeURL 一般是被包含文件的相对路径。

◆ include 语法描述

在 JSP 页面中使用<%@include %>指令时，将会在 JSP 编译时在该指令出现的地方插入一个包含文本或代码的文件，这个包含的过程是静态的。静态包含是指在编译时就能确定被包含文件的内容，并将内容直接插入到 JSP 文件中。被包含的文件可以是 HTML 文件、文本文件或一段 Java 代码。

◆ include 指令简例

主页面 include.jsp：

```
<%@ page language="java" pageEncoding="gb2312"%>
<html>
  <head>
    <title>文件包含</title>
  </head>
  <body bgcolor="white">
    <h1>   文件包含  </h1>
    <font color="blue"> 欢迎你在 <%@include file="date.jsp"%>
         来到我的主页！
    </font>
  </body>
</html>
```

被包含文件 date.jsp：

```
<%@page import="java.util.*"%>
<%=(new java.util.Date()).toLocaleString()%>
```

该程序执行后的结果如图 2.25 所示。

图 2.25 用 include 指令包含文件

说明：

（1）如果某个包含文件被改变，包含此文件的 JSP 文件也需要重新编译，否则不能反映包含文件的修改效果。

（2）file="relativeURL"这个包含文件的路径名一般来说是指相对路径，必须在编译时就能确定，而不能使用变量代替。

（3）不可以在 file 所指定的文件后接任何参数 g，如：<%@ include file = "login.jsp?name =browser"%>是不允许的。

3. taglib 指令

taglib 指令用来定义一个标签库以及其自定义标签的前缀。taglib 指令的语法格式如下：

```
<%@ taglib uri="URIToTagLibrary" prefix="tagPrefix" %>
```

<%@taglib%>指令声明此 JSP 文件使用了自定义的标签，同时引用标签库，也指定了标签库的标签前缀。这里自定义的标签含有标签和元素之分。标签是一个在意义上被抬高了点的标记，是 JSP 元素的一部分。JSP 元素是 JSP 语法的一部分，和 XML 一样有开始标记和结束标记。元素也可以包含其他文本、标记和元素

必须在使用自定义标签之前使用<%@taglib%>指令，而且可以在一个页面中多次使用，但是前缀只能使用一次。自定义标签的内容在本书中不作详细介绍，有兴趣的读者可以查阅资料进行了解。

2.4.2 注释

在 JSP 规范中，可以使用两种格式的注释：一种是输出注释；另一种是隐藏注释。这两种注释在语法规则和产生结果上略有不同。

1. 输出注释

输出注释是指会在客户端（浏览器）显示的注释。这种注释的语法和 HTML 中的注释相同（<!--注释内容-->）。可以通过 IE "查看"菜单中的"查看源文件"命令查看。

输出注释的语法格式如下：

```
<!-- comment[<%= expression %>]-->
```

如果在 JSP 文件中包含以下代码：

```
<!-- Messages To Client -->
```

客户端 HTML 源文件中就会显示：

```
<!-- Messages To Client -->
```

和 HTML 中的注释不同的是：输出注释除了可以输出静态内容外，还可以输出表达式的结果，如输出当前时间等。

如果在 JSP 文件中包括以下代码：

```
<!-- Page was loaded on <%= (new java.util.Date()).toLocaleString()%> -->
```

客户端的 HTML 源文件内容为：

```
<!-- Page was loaded on 2013-10-26 21:51:22 - >
```

2. 隐藏注释

隐藏注释是指注释虽然写在 JSP 程序中，但是不会发送给客户端。

```
<%-- 隐藏注释不会在客户端显示 --%>
```

下面我们通过例子比较两种注释的不同之处。

创建 Web 工程 commentDemo，将 index.jsp 页面代码修改如下：

```
<%@ page language="java" pageEncoding="gb2312"%>
<html>
  <!--This message will be seen by user-->
  <head>
     <title>Comment Demo</title>
  </head>
  <body>
     <h1> Comment Demo</h1>
     <%--This comment will not be visible in the page source --%>
     <!--The line above will not be seen by user -->
  </body>
</html>
```

为 commentDemo 部署服务器，并运行。在浏览器中显示"Comment Demo"，同时，在 IE 中选择"查看"→"源"菜单项后，显示该页面对应的源文件，从文件中可以看到隐藏注释的内容并没有显示出来。如图 2.26 所示。

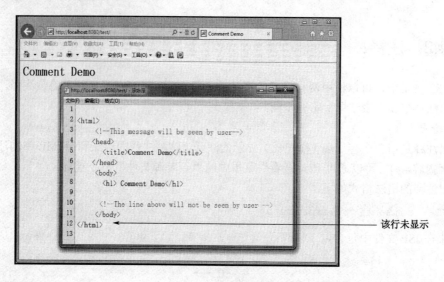

图 2.26　使用注释

实际上，由于在 JSP 的"脚本代码"部分中，也就是后面会提到的"Scriptlet"直接使用"<% ……%>"包含起来的部分中可以使用 Java 的语法，所以下面形式的注释也可以使用：

```
<% /*这是一个Scriptlet中的注释*/ %>
<% /**这也是一个Scriptlet中的注释,可以用javadoc从生成的Java文件中提取出注释*/ %>
```

2.4.3 脚本

在 JSP 中，动态程序部分主要是脚本元素，其中包括三个部分：声明（Declaration）、表达式（Expression）和脚本程序（Scriptlet）。所有的脚本元素都以"<%"标记开始，以"%>"标记结束。从功能上讲，声明用于声明一个或多个变量，表达式是一个完整的语言表达式，而脚本程序就是一些程序片断。

1. 声明

JSP 中的声明用于声明一个或多个变量和方法，这些声明不会被输出到浏览器。在声明元素中声明的变量和方法将在 JSP 页面初始化时初始化，其语法结构如下：

```
<%! Declaration %>
```

举例如下：

```
<%! int i = 0; %>
<%!
   public String f(int i) {
      if (i<3) return("...");
      ...
   }
%>
```

上述声明变量 i 和方法 f()在本 JSP 页面中可用。

2. 表达式

JSP 中的表达式可以被看做是一种简单的输出形式，需要注意的是，表达式一定要有一个可以输出的值才行，其语法结构如下：

```
<%= expression %>
```

举例如下:

```
<%= (new java.util.Date()).toLocaleString() %>
```

在页面上输出当前日期的值。

3. 脚本代码

脚本代码是 JSP 中的代码部分,在这个部分中可以使用任何 Java 的语法,其语法结构如下:

```
<% scriptlet %>
```

举例如下,将 1.6 节 Test.jsp 代码修改如下:

```
<%@ page language="java" import="java.util.*"%>
<%
  if (Calendar.getInstance().get(Calendar.AM_PM) == Calendar.AM) {
%>
Good Morning, now is:<%= (new java.util.Date()).toLocaleString() %>
<%
  } else {
%>
Good Afternoon, now is:<%= (new java.util.Date()).toLocaleString() %>
<%
  }
%>
```

其中,<%和%>之间的部分是脚本段,其他的是页面原有数据,该页面实现根据系统的时间分别在页面上输出 Good Morning 和 Good Afternoon,并输出服务器当前日期和时间,如图 2.27 所示。

图 2.27 脚本代码示例

2.4.4 动作

JSP 动作利用 XML 语法格式的标记来控制 JSP 引擎的行为。利用 JSP 动作可以动态地实现插入文件、重用 JavaBean 组件、把用户重定向到另外的页面、为 Java 插件生成 HTML 代码等功能。常用的 JSP 动作包括:

(1) jsp:include:在页面被请求时引入另一个文件。
(2) jsp:useBean:寻找或者实例化一个 JavaBean。
(3) jsp:setProperty:设置 JavaBean 的属性。
(4) jsp:getProperty:输出某个 JavaBean 的属性。
(5) jsp:forward:把请求转发到一个新的页面。
(6) jsp:plugin:根据浏览器类型为 Java 插件生成 OBJECT 或 EMBED 标记。

各个 JSP 动作的语法和详细介绍,将在 E-STORE 项目实现的过程中逐步展开,这里暂不详解。

2.4.5 内置对象

JSP 的内置对象是不需要声明,直接可以在 JSP 中使用的对象。有以下几种常用内置对象:
(1) request:request 是 HttpServletRequest 类的对象。该对象封装了用户提交的信息,通过

调用该对象相应的方法可以获得用户通过浏览器提交的请求及相关 cookie、header、session 等信息。

（2）response：response 是 HttpServletResponse 类的对象，表示对客户的请求返回的动态响应。Response 对象提供了用于设置送回浏览器响应的方法（如 cookies、header 信息等）。

（3）out：out 对象是 javax.jsp.JspWriter 的一个实例，提供了将 response 对象向浏览器输出结果的方法。

（4）pageContext：pageContext 表示一个 javax.servlet.jsp.PageContext 对象。它是用于方便存取各种范围的名字空间、servlet 相关对象的 API，并且包装了通用的 servlet 相关功能的方法。

（5）session：session 表示一个请求的 javax.servlet.http.HttpSession 对象。session 对象在某个客户（浏览器）对网站的第一个 JSP 页面访问时自动创建，并可以存储用户的状态信息，一个 session 对象存储一个用户的会话信息，完成对该用户的会话管理。从一个客户打开浏览器并连接到服务器开始，到客户关闭浏览器离开这个服务器结束，被称为一个会话。当一个客户访问一个服务器时，可能会在这个服务器的几个页面之间反复连接，反复刷新一个页面，服务器应当通过某种办法知道这是同一个客户，这就需要用到 session 对象。

（6）application：application 对象是 javax.servle.ServletContext 类的实例对象。当 Web 服务器启动后，对应与部署在这个服务器上的每一个 Web 应用都会产生一个 application 对象，当客户在所访问的某个网站的各个页面之间浏览时，这个 application 对象都是同一个，直到服务器关闭。与 session 不同的是，对于同一个 Web 应用来说，所有客户的 application 对象都是同一个，即所有客户共享这个内置的 application 对象。

（7）page：page 对象表示该 JSP 页面本身，在后续章节的学习中可以知道 page 对象其实是 JSP 页面在被 JSP 引擎编译后产生的一个 Servlet 实例。

各种内置对象的具体应用情况，将在 E-STORE 项目实现的过程中逐步展开，这里暂不详解。

练习题

一、选择题

1. 下面说法中正确的是（　　）。
   A. web.xml 文件的根元素为<Context>元素
   B. Servlet 规范规定 JavaWeb 应用的配置文件为 web.xml
   C. Servlet 规范规定 JavaWeb 应用的配置文件为 server.xml
   D. server.xml 文件和 Web.xml 文件都是 xml 格式的配置文件
2. 关于 JavaWeb 应用的目录结构，以下说法中正确的是（　　）。
   A. JavaWeb 应用的目录结构完全由开发人员自行决定
   B. JavaWeb 应用中的 JSP 文件只能存放在 Web 应用的根目录下
   C. web.xml 文件存放在 WEB-INF 目录下
   D. JavaWeb 应用中的 Class 文件存放在 WEB-INF/classes 目录或其子目录下
3. 一个 JSP 文件需要引入 java.io.File 类和 java.util.Date 类，以下选项中的语法正确的是（　　）。
   A. <%@ page import="java.io.File,java.util.Date " %>
   B. import java.io.File;
      Import java.util.Date ;
   C. <%@ page import="java.io.File" %>
      <%@ page import="java.util.Date" %>

D．<%@ page import="java.io.File ; java.util.Date ; " %>

4．下列关于 page 指令中 contentType 属性和 pageEncoding 属性的说法中，正确的是（　　）。
   A．没有区别
   B．前者用于设置 JSP 页面响应结果的 MINE 类型和编码方式
   C．后者用于设置 JSP 页面的编码方式
   D．如果没有指定 pageEncoding，页面编码将由 contentTyp 决定，如果也没有指定 contentType，页面的编码方式将是 ISO-8859-1

5．下面选项中的注释不是合法的 JSP 注释的是（　　）。
   A．<!--comment-->
   B．<%--comment--%>
   C．/*comment*/
   D．<%--/**comment **/--%>

6．下列选项中，哪些 JSP 注释是客户端看不到的注释（　　）。
   A．<!--comment-->
   B．<%--comment--%>
   C．<!--<%out.println("comment");%>-->
   D．<%--/**comment **/--%>

7．关于 page 指令，下列说法中正确的是（　　）。
   A．一个 JSP 文件可以包含多个 page 指令
   B．page 指令元素以<%! Page 开头，以 %>结束
   C．page 指令的 language 属性的默认值为 Java
   D．page 指令的属性可以重复指定

8．在<%! %>中可以包含哪些 Java 语句（　　）。
   A．int i;
   B．int j = 2+3;
   C．System.out.println("hi");
   D．String getName(){ return ""; }

9．在<% %>中可以包含哪些 Java 语句（　　）。
   A．int i;
   B．int j = 2+3;
   C．System.out.println("hi");
   D．String getName(){ return ""; }

10．假设在 helloapp 应用中有一个 hello.jsp，它的文件路径如下：
    %CATALINA_HOME%/webapps/helloapp/hello/hello.jsp
    那么在浏览器端访问 hello.jsp 的 URL 是（　　）。
    A．http://localhost:8080/hello.jsp
    B．http://localhost:8080/helloapp/hello.jsp
    C．http://localhost:8080/helloapp/hello/hello.jsp
    D．http://localhost:8080/hello/hello.jsp

11．已知 Tomcat 的安装目录为"D:\Tomcat406\"。MyFirstWeb.war 是一个打包好的 Java Web 应用程序。为了将其部署到该 Tomcat 服务器，应该将该 WAR 文件复制到（　　）。
    A．D:\Tomcat406\bin
    B．D:\Tomcat406\server
    C．D:\Tomcat406\webapps
    D．D:\Tomcat406\common
    E．D:\Tomcat406\war

二、简答题

1．阐述 JSP 页面的主要元素有哪些？分别有什么作用？
2．JSP 页面常用的内置对象有哪些？如何使用？

三、操作题

试在 MyEclipse 中创建一个 Java Web 项目，并在 MyEclipse 自带的 Web 服务器和独立的 Tomcat 6 服务器上部署和运行。

第 3 章
商品展示模块

本章要点：

- 商品展示功能的详细设计和具体实现
- JSP 访问数据库
- 优化商品展示功能
- 统一网站页面风格
- 新品、特价商品展示的详细设计和具体实现
- 使用分页显示技术
- 商品检索功能详细设计和具体实现
- JSP 隐含对象 request、response
- JSP 的 include 动作
- 表单提交方法 POST 和 GET

在会员购买商品之前，系统应该能够向会员展示所有的商品信息，以供会员浏览挑选。本章主要完成商品基本信息、特价商品、新品的展示以及商品的检索等功能。在功能实现时，从最简单的纯 JSP 实现开始（即所有功能操作集中在一个 JSP 页面中完成），然后过渡到 JSP+JavaBean 的形式，创建商品实体、创建数据库访问类，实现将数据库访问和页面元素显示功能分离。此外，为了统一网站页面风格，本章还为 E-STORE 工程设计了统一的页面框架布局。

3.1 商品展示页面设计

3.1.1 功能说明

商品展示页面是 E-STORE 电子商城的典型页面。系统从数据库中读出所有商品的信息并在页面上展示出来。用户在购买商品前可以先浏览所有商品的基本信息，例如商品的单价，商品的基本描述等。如果是会员，在登录后还可以通过单击"查看详细内容"超链接进一步查看商品详细信息，并进行购买。商品展示页面如图 3.1 所示。

第 3 章 商品展示模块

图 3.1 商品展示页面

3.1.2 流程分析与设计

1. 设计数据库

（1）数据表的概念设计。

◆ 商品信息实体

E-STORE 电子商城的商品信息实体包括商品编号、所属大类、所属小类、商品名称、商品产地、商品介绍、商品添加日期、商品原价、商品现价、商品销售数量、商品图片和商品折扣标志属性。其中商品折扣标志属性分别用来标识商品是否有折扣（即特价），1 表示"是"，0 表示"否"。商品信息实体如图 3.2 所示。

图 3.2 商品信息实体图

◆ 商品大类实体

商品大类实体包括商品大类编号、大类名称和大类添加日期属性。商品大类实体如图 3.3 所示。

◆ 商品小类实体

商品小类实体包括商品小类编号、所属大类、小类名称和小类添加日期属性。商品小类实体如图 3.4 所示。

图 3.3 商品大类实体图

图 3.4 商品小类实体图

(2) 数据表的逻辑结构。

根据数据库概念设计，需要创建与商品信息实体、商品大类实体和商品小类实体对应的数据表，数据表与其他数据表之间的相互关联在后面章节中进行讨论。

◆ 商品信息表结构

商品信息表用来保存 E-STORE 中所有商品的信息，数据表命名为 dbo.tb_product，该表的结构如表 3.1 所示。

表 3.1 dbo.tb_product 表的结构

字 段 名	数据类型	是否为空	是否为主键	默 认 值	描 述
id	int	No	Yes		ID（自动编号）
category_main_id	int	No		0	所属大类
category_branch_id	int	No		0	所属小类
name	varchar(50)	Yes		NULL	商品名称
producing_area	varchar(50)	Yes		NULL	商品产地
description	text	Yes		NULL	商品介绍
create_time	smalldatetime(4)	Yes		NULL	商品添加日期
market_price	money	Yes		0	商品原价
sell_price	money	Yes		0	商品现价
product_amount	int	Yes		0	商品销售数量
picture	varchar(50)	Yes		NULL	商品图片
discount	bit	Yes		0	商品折扣标志

其中 category_main_id 字段表示商品所属大类，它与 tb_category_main 表中的 id 字段相关联。category_branch_id 字段表示商品所属小类，它与 tb_category_branch 表中的 id 字段相关联。discount 字段用来表示商品折扣标志，取值为"1"表示"商品有折扣"或"特价商品"，取值为"0"表示"商品没有折扣"或"新品"。

◆ 商品大类表结构

商品大类表用来保存商品所属的大类，数据表命名为 dbo.tb_category_main，该表的结构如表 3.2 所示。

表 3.2　dbo.tb_category_main 表的结构

字 段 名	数据类型	是否为空	是否为主键	默认值	描 述
id	int	No	Yes		ID（自动编号）
name	varchar(50)	Yes		NULL	大类名称
create_time	smalldatetime	Yes		NULL	大类添加日期

◆ 商品小类表结构

商品小类表用来保存商品所属的小类，数据表命名为 dbo.tb_category_branch，该表的结构如表 3.3 所示。

表 3.3　dbo.tb_category_branch 表的结构

字 段 名	数据类型	是否为空	是否为主键	默认值	描 述
id	int	No	Yes		ID（自动编号）
category_main_id	int	No			所属大类编号
name	varchar(50)	Yes		NULL	小类名称
create_time	smalldatetime	Yes		NULL	小类添加日期

（3）数据表之间的关系。

数据表之间的关系如图 3.5 所示，该关系实际上反映了系统中商品信息、商品大类、商品小类三个实体之间的关系。设置了该关系后，可以保证商品信息中一定有商品大小类的信息；另外，还可以保证在更新 dbo.tb_category_main 和 dbo.tb_category_branch 数据表中的类别信息后，系统会自动检查 dbo.tb_product 数据表中对应字段的内容，也可避免商品大小类别的误删除操作。

（4）创建数据库及数据表。

本节介绍如何在 SQL Server 2005 的 SQL Server Management Studio 中创建数据库及数据表。

图 3.5　商品及类别数据表之间的关系

◆ 创建数据库

① 确认是否安装了 SQL Server 2005 数据库管理系统，若没有安装则需进行安装该软件。

② 安装好 SQL Server 2005 后，执行"开始"→"所有程序"→"Microsoft SQL Server 2005"→"SQL Server Management Studio"菜单命令，启动 SQL Server Management Studio，并展开数据库服务器的根目录，使用鼠标右键单击"数据库"节点，执行"新建数据库"菜单命令，系统显示"新建数据库"对话框，如图 3.6 所示。

③ 输入数据库名称"estoredb"，其他选项保持默认设置。

④ 单击"确定"按钮完成数据库 estoredb 的创建。

◆ 创建数据表

数据库创建成功后，展开 SQL Server Management Studio 的对象资源管理器，就会看到刚刚建好的 estoredb 数据库，如图 3.7 所示。下面以创建 tb_product 数据表为例介绍创建数据表的步骤。

① 在如图 3.7 所示的 SQL Server Management Studio 对象资源管理器视图中展开 estoredb

数据库，使用鼠标右键单击"表"节点，在弹出的快捷菜单中执行"新建表"命令，将弹出用来创建表的对话框。

图 3.6 "新建数据库"对话框

图 3.7 创建表 tb_product

② 根据表 3.1 中 dbo.tb_product 数据表的结构设置各字段属性，如图 3.8 所示。其中 id 字段被设置为主键。其创建方法为：在 id 行中单击鼠标右键，在弹出的快捷菜单中执行"设置主键"命令，即可完成主键的创建。若"设置主键"命令已被选中，同样单击"移除主键"命令可取消主键的设置。

第 3 章 商品展示模块

图 3.8 设置 dbo.tb_product 表结构

③ 表结构设置完成后,单击左上角的"保存"按钮,在弹出的对话框中输入数据表名称"dbo.tb_product",然后单击"确定"按钮保存数据表。

④ 数据表创建成功后,将在 SQL Server Management Studio 的对象资源管理器视图中显示。

⑤ 为方便编程时进行调试,预先在表中添加一些数据,如图 3.9 所示,待整个项目完成后,就可以从后台管理系统中进行商品的添加。

图 3.9 为表 tb_product 预先输入一些数据

表中 picture 列数据是商品图片的相对路径,E-STORE 电子商城系统中是在 WebRoot 目录下新建 productImages 子目录,并将商品图片(如.jpg 文件)放入其中。

按照以上步骤创建商品大类表和商品小类表，并向表中加入一些数据。

2. 页面实现流程设计

（1）在页面中引入数据库操作类；

（2）加载数据库驱动；

（3）创建数据库连接；

（4）查询商品信息；

（5）展示商品信息；

（6）关闭数据库连接，释放资源。

前台页面功能流程图如图 3.10 所示。

图 3.10　前台页面功能流程图

3.1.3　编程详解

由于整个 E-STORE 项目包含很多页面，为了使项目的目录结构清晰，我们对这些页面按其所属功能模块进行了分类保存。打开第 2 章所创建的 E-STORE 项目，在"WebRoot"目录上右击执行"New"→"Folder"菜单命令，创建一个新目录 pages，用于存放项目中所有 jsp 页面，然后按同样的方法在 pages 目录下按功能模块创建对应的子目录。例如为商品展示模块中的所有页面创建一个 product 子目录，创建结果如图 3.11 所示。

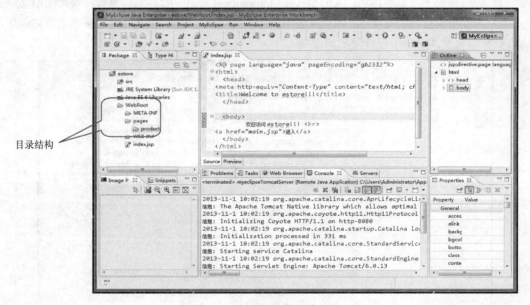

图 3.11　为页面创建存放目录

1. 生成 main.jsp 页面框架

根据 index.jsp 页面的链接<a href="main.jsp">进入</a>可知，第一个要实现的页面是 main.jsp，即商品展示页面。

在 product 目录上右击执行"New"→"JSP(Advanced Templates)"命令，如图 3.12 所示。然后在弹出的窗口中将 JSP 页面的"File Name"修改为"main.jsp"，其他保持默认设置，如图 3.13 所示。页面创建完成后要将 index.jsp 页面中指向 main.jsp 的链接路径修改为：<a

href="pages/product/main.jsp">进入</a>。

图 3.12　在 product 目录下创建 JSP

图 3.13　将页面名称改为 main.jsp

2. 在页面中引入数据库包 java.sql 并声明数据库操作对象

数据库包 java.sql 中包含了使用 Java 语言操纵关系数据库的所有类和接口，因此要在 JSP 页面上实现对数据库的访问和操作，必须引入 java.sql 包，并声明相关的数据库操作对象。具体实现代码如下：

```
<%@page import="java.sql.*"%>
<%
 ...
 Connection conn = null;      //声明连接对象
 Statement st = null;         //声明数据库操作的语句对象
 ResultSet rs = null;         //声明数据库查询结果集对象
 ...
%>
```

3. 加载数据库驱动

在 JDBC 连接到数据库之前，必须要加载数据库驱动程序：

```
<%
    ...
/*加载数据库驱动程序*/
    Class.forName("com.microsoft.sqlserver.jdbc.SQLServerDriver").newInstance();
    ...
%>
```

Class.forName(xxx.xx.xx)方法用于加载指定的类。这里使用该方法加载数据库驱动程序类 com.microsoft.sqlserver.jdbc.SQLServerDriver，并调用 newInstance()方法创建该驱动程序的一个实例。

> 提示：使用 JDBC 连接 SQL Server 2005 数据库需要下载 SQL Server 2005 JDBC 驱动程序，可以到微软官方网站 http://www.microsoft.com/downloads 下载，下载后安装或者解压，取得 sqljdbc.jar 文件，该文件即为 JDBC 驱动。要想在 Web 应用工程使用该驱动程序，将 sqljdbc.jar 添加到工程的 E-STORE/WebRoot/WEB-INF/lib 即可。

如果在把 SQL Server 2005 JDBC 驱动程序加载到项目之前，进行项目的部署和运行，并访问页面，则页面不能正确连接数据库，会返回 Web 服务器出错信息，如图 3.14 所示。

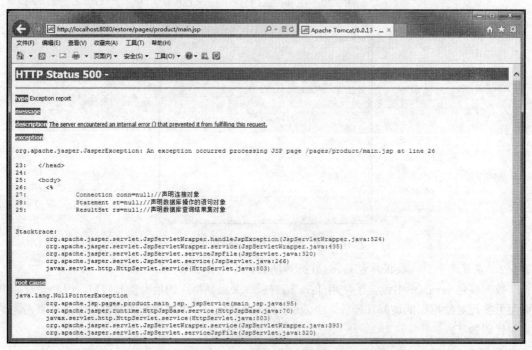

图 3.14 未加载 SQL Server 2005 JDBC 的出错页面

如果希望在 Web 应用部署时将数据库驱动程序一并部署，可以将 sqljdbc.jar 直接复制到项目文件 WEB-INF/lib 下面，如图 3.15 所示。然后在 MyEclipse 中右击 E-STORE 工程执行"Refresh"菜单命令，如图 3.16 所示。这样在工程目录 WEB-INF/lib 下面就可以看到 sqljdbc.jar，如图 3.17 所示。

图 3.15　添加 jar 包到工程中

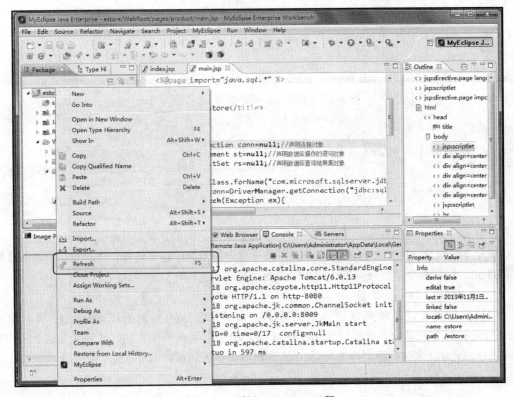

图 3.16　刷新 E-STORE 工程

4．创建数据库连接

完成上述操作后，就可以连接数据库了。这需要创建 Connection（java.sql 包）类的一个实例，并使用 DriverManager（java.sql 包）的方法 getConnection 来尝试建立数据库的连接。下面是 JDBC 与 SQL Server 数据库连接的代码：

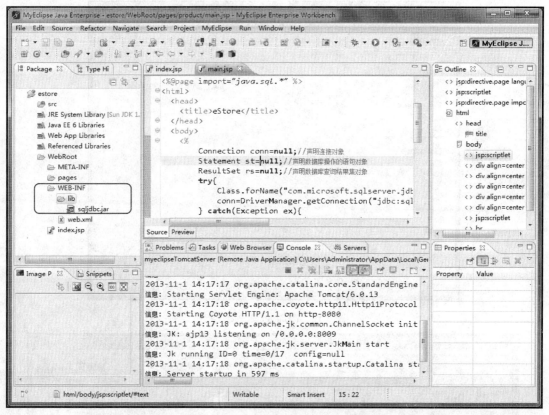

图 3.17　sqljdbc.jar 被添加到工程目录下

```
<%
...
/*创建数据库连接*/
String url = "jdbc:sqlserver://localhost:1433;DatabaseName=estoredb";
conn = DriverManager.getConnection(url,"sa", "123456");
...
%>
```

其中 java.sql.Connection 类用于管理 JDBC 与数据库之间的连接。java.sql.DriverManager 类是驱动程序管理器，其方法 getConnection 用来与指定的数据库建立连接，它的第一个参数是数据源的 url，后面两个参数分别为访问数据源的用户名和密码。

5. 查询商品信息

连接到数据库以后就可以访问数据库了。访问数据库需要调用 Connection 类对象的 createStatement 方法，该方法返回 Statement（java.sql 包）类的一个实例，然后调用这个实例的 executeQuery 方法来执行指定 SQL 语句，实现对数据库的访问。具体实现代码如下：

```
<%
...
st = conn.createStatement();//创建 Statement 类的一个实例
rs = st.executeQuery("select * from tb_product order by id DESC");
...
%>
```

这里，st 是 java.sql.Statement 类的实例对象，用来向数据库递交查询或修改请求。st.executeQuery()用来执行从 tb_product 数据库中查询商品信息的 SQL 语句。

rs 是 java.sql.ResultSet 类的实例对象，用来保存 SQL 查询语句的执行结果集，可以利用 rs 存取结果集中的数据。

6. 展示商品信息

结果集 rs 中的每一条记录包含了一个商品的所有信息，可以按名称对各字段进行访问。由于结果集 rs 中可能包含多条记录，因此可以利用循环结构来访问所有记录，并以一定的形式在页面上显示，其实现代码如下：

```jsp
<%
    ... //创建连接，执行查询
        while(rs.next()){ //遍历结果集
%>
    <div align="center"><img src="<%="/estore/productImages/"+rs.getString("picture")%>"width="110" height="100"/></div>  //显示商品图片
    <div align="center">商品：<%=rs.getString("name")%></div>
                                                            //显示商品名称
    <div align="center">单价：<%=rs.getString("market_price")%>元</div>
                                                            //显示商品原价
    <div align="center">简介：<%=rs.getString("description")%></div>
                                                            //显示商品介绍
<%
    }
    ...
%>
```

这里，rs.next()方法用来得到结果集中的下一条记录。在执行完查询操作之后，得到的 ResultSet 结果集指针指向的是第一条记录之前的一个位置，因此先要调用一次 next 方法使指针指向第一条记录。next 方法返回一个 Boolean 类型的值，表示能否定位下一条记录，如返回值为"false"，则表示已经到记录集尾部，否则就可以继续提取下一条记录。

rs.getString()方法用来得到当前记录中的某一字段的值，返回类型为 String，如 rs.getString("name")返回当前商品的名称。其他的方法还有 getFloat()、getInt()等，这些方法获取的字段类型与数据表中字段的类型相对应，如 getInt()方法获取到的字段值的类型为 int。注意，所要读取的字段名应该与数据库内的相应字段名完全一致，包括大小写也要一致。

在上面的代码中，获得商品图片信息的表达式为：

```
src="<%="/estore/productImages/"+rs.getString("picture")%>"
```

其中"/estore/productImages/"是存放图片的目录，rs.getString("picture")获得数据库表中保存的图片名称，两者组合得到商品图片的相对路径。因此，在 E-STORE 工程的 WebRoot 文件下还需要创建一个 productImages 文件夹，并将所有的商品图片都复制到该文件夹下，以确保能正确显示商品图片。

7. 关闭数据库连接，释放资源

对数据库的操作完成之后，要及时关闭 ResultSet 对象、Statement 对象和数据库连接对象 Connection，从而释放占用的资源，这就要用到 close 方法。代码如下：

```jsp
<%
    ...
    rs.close();
    st.close();
    conn.close();
%>
```

这样，对查询结果使用完毕后及时关闭了 ResultSet 对象；在全部数据库操作结束后及时关闭了 Statement 操作对象和 Connection 连接对象。

main.jsp 页面的代码如下：

```jsp
<%@ page language="java" import="java.util.*" pageEncoding="GB2312"%>
<%@page import="java.sql.*" %>
<html>
  <head>
    <title>estore</title>
  </head>
  <body>
    <%
        Connection conn=null;          //声明连接对象
        Statement st=null;             //声明数据库操作的语句对象
        ResultSet rs=null;             //声明数据库查询结果集对象
        try{
          Class.forName("com.microsoft.sqlserver.jdbc.SQLServerDriver").newInstance();        //加载数据库驱动
          String url = "jdbc:sqlserver://localhost:1433;DatabaseName=estoredb";
          conn=DriverManager.getConnection(url,"sa","123456");//加载数据库
        } catch(Exception ex){
            System.out.println("数据库加载失败");
        }
        st=conn.createStatement();  //创建 Statement 对象
        rs=st.executeQuery("select * from tb_product order by id DESC");
        while(rs.next()){            //遍历结果集
    %>
    <div align="center"><img src="<%="/estore/productImages/"+rs.getString("picture")%>" width="110" height="100"/>
    </div>
    <div align="center">商品：<%=rs.getString("name") %></div>
    <div align="center">单价：<%=rs.getString("market_price")%>元</div>
    <div align="center">简介：<%=rs.getString("description")%></div>
    <%
        }
        rs.close();
        st.close();
        conn.close();
    %>
    <br>
    登录后才能购买
  </body>
</html>
```

如图 3.18 所示，在 main.jsp 页面中，将会把数据库中的所有商品都显示出来，如果商品很多，页面会很长，一般会采用分页技术在页面上显示适当的信息，分页技术会在后面章节中进行介绍，这里为了尽快引入 Java Web 应用开发的主要技术，暂不使用分页技术。

图 3.18 main.jsp 页面的初始效果

3.1.4 JSP 访问数据库

1. 数据库连接方式

数据库连接对动态网站来说是最为重要的部分，Java 中连接数据库的技术是 JDBC（Java Database Connectivity）。JDBC 是一种可用于执行 SQL 语句的 Java API，它为数据库应用开发人员、数据库前台工具开发人员提供了一种标准的应用程序设计接口，使开发人员可以用纯 Java 语言编写完整的数据库应用程序。

JDBC 的功能十分强大，而且得到了绝大部分数据库厂商的支持。Java 应用程序通过 JDBC 接口访问数据库通常使用两种方式：JDBC-ODBC 桥和 JDBC 直连。图 3.19 显示了这两种连接方式的不同连接过程。

（1）JDBC-ODBC 桥。

Microsoft 推出的 ODBC 技术为不同数据库的访问提供了统一的接口。ODBC 在不同的数据库各自的驱动之上建立了一组对数据库访问的标准 API，这些 API 利用 SQL 语句来完成其大部分任务。数据库的 ODBC 驱动程序负责所有的底层数据库访问操作，然后给上层的应用程序提供统一的编程接口，上

图 3.19 两种数据库连接方式对比

层的应用程序只需调用 ODBC 的统一编程接口就能访问数据库。因此，基于 ODBC 的应用程序对数据库的操作不依赖于具体的数据库，不论是 Access、SQL Server、DB2 还是 Oracle 数据库，均可以用 ODBC API 进行访问，程序代码都完全相同，也就是说，ODBC 能以统一的方式处理所有的数据库。

ODBC 在数据库技术发展的过程中占有极其重要的地位，但是 ODBC 对数据库的兼容性是以效率的降低为代价的，ODBC 可以看作是在数据层和应用程序之间的一个中间层，因此利用 ODBC 访问数据库的效率要低于直接利用数据库专用驱动的访问。不仅如此，ODBC 的问题还在于对平台的支持，因为 ODBC 产生于 Windows 操作系统，只有在 Windows 平台下才能得到

最好的支持。最初的 Java 应用程序也是通过 ODBC 连接数据库的，由于 ODBC 的 API 是使用 C 语言进行调用的，这就使得 Java 的许多优秀特性无法充分发挥。比如平台无关性、面向对象的特性等。基于这些技术上的缺陷，Sun 公司不失时机地推出了具有 Java 语言特性的独有的数据库解决方案———JDBC。JDBC 在继承 ODBC 接口与具体数据库无关的设计理念的基础上，进一步利用了 Java 语言的平台无关性，使得程序员可以轻松利用 JDBC 的 API 对数据库进行操作，从而编写出真正不依赖于具体数据库、具体操作平台的代码。这些 JDBC 的 API 就是 Java 基础类库中的 java.sql 包，任何一个需要访问数据库的 Java 应用程序都需要导入这个包。

一个 JDBC-ODBC 驱动程序提供了能够访问一个或多个 ODBC 驱动程序的 JDBC API，它是一个本地解决方案。这种方式将 JDBC 请求转换为 ODBC 请求，因此在每一个数据库的客户端都必须安装 ODBC 驱动，这种方式不适合远程访问数据库。

（2）JDBC 直连。

这种方式同样也是一种本地解决方案。相对于服务器端的数据库来说，客户端应用程序对 JDBC API 的调用被转换为对 Oracle、SQL Server、Sybase 等数据库客户端 API 的调用，相当于直接与数据库相连，因而每个数据库客户端上都要安装对应于具体数据库的驱动程序，以使客户端应用程序能直接通过数据库专用的驱动访问数据库。E-STORE 项目的数据库访问形式就是采用这种形式。

2. 数据库访问过程

一般来说，Java 应用程序（包括 Java Web 应用）访问数据库的过程如下：

（1）装载数据库驱动程序。

要通过 JDBC 来访问某一特定的数据库，必须有相应的 JDBC driver（驱动），它往往由生产数据库的厂家提供，是连接 JDBC API 与具体数据库之间的桥梁。由于不同数据库的厂家提供的 JDBC driver 不同，想要连接某种数据库（SQL Server，Oracle 等）需要下载特定的驱动并安装。

Java 程序中一般调用 Class.forName(String driver)方法加载数据库驱动程序，其中参数 driver 根据加载的驱动不同，其值也不同。etsore 工程连接的数据库是 SQL Server 2005，其数据库加载语句为：

```
Class.forName("com.microsoft.sqlserver.jdbc.SQLServerDriver")
```

常见的驱动程序字符串如表 3.4 所示。

表 3.4　常见数据库驱动字符串

数　据　库	驱动字符串
DBMS	Driver Class
Access	Sun.jdbc.odbc.JdbcOdbcDriver
MySQL	com.mysql.jdbc.Driver
Oracle	oracle.jdbc.driver.OracleDriver
SQL Server 2000	com.microsoft.jdbc.sqlserver.SQLServerDriver
SQL Server 2005	com.microsoft.sqlserver.jdbc.SQLServerDriver

（2）连接数据库。

数据库驱动加载完成后就可以与数据库建立连接了。创建数据库连接的语句如下：

```
Connection conn = DriverManager.getConnection(url,user,password);
```

◆ DriverManager

DriverManager 类是 JDBC 的管理层，作用于用户与驱动程序之间。它跟踪可用的驱动程序，并在数据库和相应的驱动程序之间建立连接。该类负责加载、注册 JDBC 驱动程序，管理应用程序和已注册驱动程序的连接。通常程序中调用 DriverManager 的 getConnection 方法进行数据库连接。其中 url 为连接数据库的字符串，不同的数据库连接字符串不一样，常见的连接字符串如表 3.5 所示。user 是数据库用户名，password 为用户的密码。

表 3.5 常见数据库连接字符串

数 据 库	连接字符串
Access	"jdbc:odbc:ODBC 数据源名称"
MySQL	"jdbc:mysql://主机域名或 ip:3306/数据库名"
Oracle	"jdbc:oracle:thin:@主机域名或 ip:1521:数据库名"
SQL Server 2000	"jdbc:microsoft:sqlserver://主机域名或 ip:1433;databaseName=数据库名"
SQL Server 2005	"jdbc:sqlserver://主机域名或 ip:1434;databaseName=数据库名"

◆ Connection

Connection 类代表程序与数据库的连接，并拥有创建数据库操作对象的方法，以完成基本的数据库操作。同时为数据库事务处理提供提交和回滚的方法。Connection 的常用方法如表 3.6 所示。

表 3.6 Connection 类常用方法

方 法 名	功 能 说 明
void close()	断开连接，释放 Connection 对象的数据库和 JDBC 数据源
Statement createStatement()	创建一个 Statement 对象，将 SQL 语句发送到数据库
void commit()	用于提交 SQL 语句，确认从上一次提交/回滚以来进行的所有更改
Boolean isClosed()	用于判断 Connection 对象是否已经被关闭
CallableStatement prepareCall(String sql)	创建一个 CallableStatement 对象，调用数据库存储过程
PreparedStatement prepareStatement(String sql)	创建一个 PreparedStatement 对象，将带参数的 SQL 语句发送到数据库
Void rollback()	用于取消 SQL 语句，取消在当前事务中进行的所有更改

（3）创建数据库访问对象，执行 SQL 语句。

访问数据库的对象主要有三种：Statement，PreparedStatement 和 CallableStatement。

◆ Statement

使用 Connection 对象的 createStatement()方法创建该对象，主要用于执行不带参数的 SQL 语句，提交的 SQL 语句可以是 select、update、insert 和 delete 语句。例如：

```
Statement stmt=conn.createStatement();
ResultSet rs = stmt.executeQuery("select * from Users");
```

stmt.executeQuery()用来执行一条 SQL 查询语句，查询成功则以 ResultSet 对象的形式返回查询结果。

如果调用 INSERT、UPDATE、DELETE 不需要返回查询结果的 SQL 语句，应采用 executeUpdate()方法。executeUpdate()方法也只接受 String 类型的 SQL 语句作为参数，返回类型为 int。如果返回值为"0"，则表示 SQL 语句没有对数据库中任何数据进行过修改，即影响行数为"0"，否则返回数据库中受到 INSERT、UPDATE、DELETE 语句影响的数据行数。例如：

```
String sql="delete from student where score<=60";
int ret=stmt.executeUpdate(sql);
```

◆ PreparedStatement

如果需要向数据库服务器传递带参数的 SQL，则应使用 PreparedStatement 对象，该对象是由 Connection 对象的 PrepareStatement()方法生成的，例如：

```
String sql= "insert into users(name,password) values(?,?)";
PreparedStatement psm= conn.prepareStatement(sql);
psm.setString(1,"wang");
psm.setString(2,"123");
psm.execute();
```

SQL 语句中的"?"表示此处将使用参数值，所有"?"按照出现的先后顺序进行编号，如 psm.setString(1,"wang")中的"1"表示为第一个"?"设置参数值，即"name"的值为"wang"。若一个 SQL 语句中的多个参数类型不同，可以根据参数类型调用对应 setXxx 方法依次设置。PreparedStatement 的方法有 executeQuery()方法、executeUpdate()方法和 execute()方法，其用法和 Statement 一样。

◆ CallableStatement

如果需要调用数据库的存储过程，则需要创建 CallableStatement 对象来达到这一目的：

```
String callProc="{call myproc}";
CallableStatement cstmt=conn.prepareCall(callProc);
```

（4）处理结果集。

结果集 ResultSet 对象是 JDBC 中比较重要的一个对象，查询操作将数据作为 ResultSet 对象返回。Resulset 包含任意数量的命名列，可以按名称访问这些列，也可以按列号访问。ResultSet 对象包含一个或多个行，可以按顺序自上而下逐一访问这些行。下面是常见访问并显示结果集的代码：

```
<%
  ...
  while(rs.next())
  {
%>
<tr>
    <td><%=rs.getString(1) %></td><!—使用列号访问数据集的列 ->
    <td><%=rs.getInt(2)%></td>
...
</tr>
<%
  }
  ...
%>
```

使用 ResultSet 对象访问数据库查询结果集的示意图如图 3.20 和图 3.21 所示。

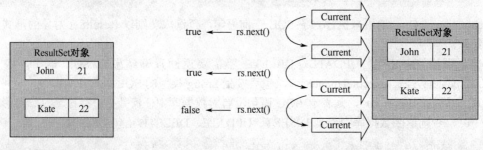

图 3.20　ResultSet 对象　　　　　　图 3.21　遍历 ResultSet 对象

3.2 优化商品展示页面

3.2.1 功能分析及设计

除了商品展示页面外，E-STORE 电子商城将设计许多其他功能的页面，这些页面有许多是动态产生的，很多页面上的数据都要和数据库进行交互，除了在商品展示页面中读取数据库信息以外，还需要对数据库进行增加、删除、修改的操作。页面开发时为了提高开发效率，使页面代码简洁、清晰，提高代码的可维护性，一般在页面中对数据库的访问代码不使用 JSP 的小脚本语句直接操作数据，而将数据库连接和操作功能独立出去，使 JSP 页面专注于数据的显示和与用户的交互，实现对页面功能的优化。

3.2.2 优化设计

（1）设计类 DBConnection 封装与数据库的连接，当项目其他模块或页面需要使用到数据库连接时，声明该类的实例即可。

（2）设计类 ProductDao 封装与数据库商品信息表的操作，对商品信息表增加、删除、修改和查询的操作，都由类 ProductDao 负责。在商品展示页面上只需要使用类 ProductDao 的查询所有商品的方法 selectAllProducts()，该方法将查询结果用 java 实用类 ArrayList 的实例返回。

（3）在本节优化时设计代表商品实体的类 ProductEntity，类的成员变量与数据库中商品信息表字段相对应，成员方法设计对各成员变量的 getXxx()和 setXxx()方法。一旦数据库访问结果集产生后，可实现遍历结果集，将结果集中的记录信息赋值给类 ProductEntity 的实例对象，由该对象代表一个具体的商品。

3.2.3 编程详解

在第 2 章中我们提到 Java 源文件是存放在 Web 工程的 src 目录下的，因此即将创建的 DBConnection 类、ProductDao 类和 ProductEntity 类都应该放在 src 下面。E-STORE 工程随着开发的深入，其中有很多类似的源文件需要创建，为了便于维护，我们按照类的功能进行划分，并为它们建立不同的 package。本章中我们为 DBConnection 类、ProductDao 类和 ProductEntity 类分别建立：工具包 cn.E-STORE.util、数据库访问包 cn.E-STORE.dao 和实体包 cn.E-STORE.entity，创建结果如图 3.22 所示。后续开发中工具类都放在 cn. E-STORE.util 中，对数据库进行访问的类则放在 cn. E-STORE.dao 中，所有的实体类放在 cn. E-STORE.entity 中。随着 E-STORE 工程开发的深入还会建立更多的 package。

1. 创建类 DBConnection

（1）新建类。将鼠标定位到 cn. E-STORE.util 包，单击鼠标右键，在弹出的快捷菜单中执行"New"→"Class"菜单命令，新建 DBConnection 类，系统将生成以下代码：

```
package cn.estore.util;
/*定义数据库链接类*/
public class DBConnection {
}
```

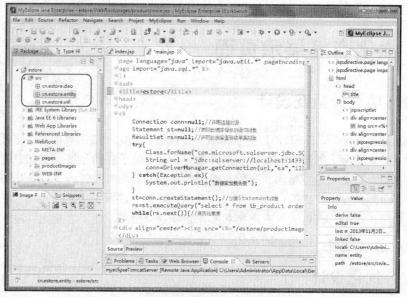

图 3.22 创建 package

(2) 引入 java.sql 包。

```
import java.sql.*;
```

(3) 添加类成员变量 dbDriver,用于保存数据库驱动。

```
private String dbDriver = "com.microsoft.sqlserver.jdbc.SQLServerDriver";
```

(4) 添加类成员变量 url,用于保存数据库的 URL 地址,通过该 URL 地址,可以找到要连接的数据库。

```
private String url = "jdbc:sqlserver://localhost:1433;DatabaseName=estoredb";
```

(5) 声明数据库连接成员对象。

```
public Connection connection = null;
```

(6) 添加类的构造方法,在构造方法中加载数据库驱动并使用 java.sql 中类 DriverManager 的 getConnection 方法获得数据库连接对象并赋值给成员对象 connection:

```
public DBConnection() {
  try {
    Class.forName(dbDriver).newInstance();    // 加载数据库驱动
    connection = DriverManager.getConnection(url,"sa","123456");
                                              //加载数据库
  } catch (Exception ex) {
    System.out.println("数据库加载失败");
  }
}
```

◆ DBConnection.java 的代码如下:

```
package com.mycompany.util;
/*定义数据库链接类*/
import java.sql.*;
public class DBConnection {
    /*加载数据库驱动*/
```

```java
    private String dbDriver = "com.microsoft.sqlserver.jdbc.SQLServerDriver";
    /*指定数据库连接字符串*/
    private String url = "jdbc:sqlserver://localhost:1433;DatabaseName=estoredb";
    public Connection connection = null;
    public DBConnection() {
       try {
          Class.forName(dbDriver).newInstance();      // 加载数据库驱动
          connection = DriverManager.getConnection(url, "sa", "123456");
                                                      // 加载数据库
       }catch (Exception ex) {
          System.out.println("数据库加载失败");
       }
    }
}
```

2. 创建类 ProductDao

（1）类 ProductDao 功能上属于数据库操作类，将其创建在包 cn. E-STORE.dao 中，按照类 DBConnection 的创建方法生成代码：

```java
package cn.estore.dao;
/*定义数据库商品信息表操作类*/
public class ProductDao {
}
```

（2）同样，在代码中引入要使用的包，完成数据库的连接和数据访问：

```java
import java.sql.*;
import cn.estore.util.DBConnection;
```

（3）在类中声明数据库连接的对象和 DBConnection 的对象，在后面的构造方法中对这两个对象赋值：

```java
private Connection connection = null;
private DBConnection jdbc = null;
```

（4）添加 ProductDao 类的构造方法，在构造方法中生成 DBConnection 对象，将 DBConnection 对象的成员对象赋值给 ProductDao 自身的负责数据库连接的成员对象 connection：

```java
public class ProductDao{
    private Connection connection = null;       //定义数据库连接的对象
    …
    private DBConnection jdbc = null;           //定义 DBConnection 对象
    public DBConnection() {
      jdbc = new DBConnection();
      connection = jdbc.connection;             //利用构造方法取得数据库连接
    }
}
```

（5）实现对商品信息表查询的 selectAllProducts()方法，引入实用 java 类 ArrayList 和 List 接口：

```java
import java.util.ArrayList;
import java.util.List;
```

（6）声明用于执行数据库查询的成员对象，并使用数据库连接对象 connection 的 prepareStatement()方法为对象赋值：

```
private PreparedStatement ps = null;  //定义数据库操作的预处理对象
ps = connection.prepareStatement("select * from tb_product order by id DESC");
```

> 提示：此处数据库的查询不涉及查询参数，不一定使用 PreparedStatement 对象，也可使用 Statement 对象。但考虑到程序的扩充，后面章节在涉及对商品信息表的其他访问时，会使用到参数化查询，因此使用了 PreparedStatement 对象，以避免以后的代码更改。

（7）执行数据库查询，使用结果集对象保存结果集。

```
ResultSet rs = ps.executeQuery();
```

（8）遍历结果集，将结果集中的记录逐条以商品信息实体类 Entity 对象的形式存入类 ArrayList 的对象 list 中，作为方法的返回值。

```
while (rs.next()) {
    e = new ProductEntity();        //为每件商品创建 ProductEntity 实例
    e.setId(rs.getInt(1));
    e.setCategoryMainId(rs.getInt(2));
    e.setCategoryBranchId(rs.getInt(3));
    e.setName(rs.getString(4));
    e.setProducingArea(rs.getString(5));
    e.setDescription(rs.getString(6));
    e.setCreateTime(rs.getString(7));
    e.setMarketPrice(rs.getFloat(8));
    e.setSellPrice(rs.getFloat(9));
    e.setProductCount(rs.getInt(10));
    e.setPicture(rs.getString(11));
    e.setDiscount(rs.getInt(12));
    list.add(e);                    //将 ProductEntity 实例加入 list 中
}
```

代码中，rs.getString()方法以整型数作为参数，这个整型参数实际是结果集中列的序号，序号从 1 开始，这个序号所代表的列与数据库查询语句中列的顺序是一致的。

◆ ProductDao.java 的代码如下：

```
package cn.estore.dao;
/*定义数据库商品信息表操作类*/
import java.sql.*;
import java.util.ArrayList;
import java.util.List;

import cn.estore.util.DBConnection;           //引入 DBConnection 类
import cn.estore.entity.ProductEntity;        //引入 ProductEntity 类
public class ProductDao {
    private Connection connection = null;    //定义连接的对象
    private PreparedStatement ps = null;     //定义数据库操作的语句对象
    private DBConnection jdbc = null;        //定义数据库连接对象
    public ProductDao() {
        jdbc = new DBConnection();
        connection = jdbc.connection;        //利用构造方法取得数据库连接
    }

    /*查询所有商品信息*/
    public List selectAllProduct() {
```

```java
        List list = new ArrayList();
        ProductEntity e = null;
        try {
            ps = connection.prepareStatement("select * from tb_Product order by id DESC");
            ResultSet rs = ps.executeQuery();
            while (rs.next()) {
                e = new ProductEntity();          //为每件商品创建 ProductEntity 实例
                e.setId(rs.getInt(1));
                e.setCategoryMainId(rs.getInt(2));
                e.setCategoryBranchId(rs.getInt(3));
                e.setName(rs.getString(4));
                e.setProducingArea(rs.getString(5));
                e.setDescription(rs.getString(6));
                e.setCreateTime(rs.getString(7));
                e.setMarketPrice(rs.getFloat(8));
                e.setSellPrice(rs.getFloat(9));
                e.setProductCount(rs.getInt(10));
                e.setPicture(rs.getString(11));
                e.setDiscount(rs.getInt(12));
                list.add(e);                       //将 ProductEntity 实例加入 list 中
            }
        }
        catch (SQLException ex) {
            System.out.println("数据库访问失败");
        }
        return list;
    }
```

3. 创建类 ProductEntity

（1）在数据库操作类 ProductDao 中，使用到代表商品实体的类 ProductEntity，其实例对象代表一个具体的商品。在包 cn. E-STORE.entity 中新建 ProductEntity 类，类代码中添加与数据库商品信息表对应的成员变量：

```java
package cn.estore.entity;
/*定义数据库商品信息实体类*/
public class ProductEntity {
    private int id;                        /*自增编号*/
    private int categoryMainId;            /*大类编号*/
    private int categoryBranchId;          /*小类编号*/
    private String name;                   /*商品名称*/
    private String producingArea;          /*商品产地*/
    private String description;            /*商品描述*/
    private String createTime;             /*商品创建时间*/
    private float marketPrice;             /* 商品原价*/
    private float sellPrice;               /*商品现价*/
    private int productCount;              /*商品购买量*/
    private String picture;                /*商品图片*/
    private int discount;                  /*是否有折扣 1有折扣，0无折扣*/
}
```

（2）为各成员变量生成 getXxx()和 setXxx()方法。在 MyEclipse 中，可以使用开发环境所提供的快捷功能生成 getXxx()和 setXxx()方法。

（3）打开 ProductEntity.java 代码，使用鼠标右键单击代码区域，在打开的菜单中执行"Source"→"Generate Getters and Setters…"菜单命令，如图3.23 所示。

图 3.23　利用开发环境生成 get、set 方法

打开"Generate Getters and Setters"对话框，如图 3.24 所示，可以在此对话框中选择要生成 getXxx()和 setXxx()方法的字段，单击"OK"按钮生成相应的 getXxx()和 setXxx()方法。

4．修改商品展示页面 main.jsp

（1）在页面上使用 page 指令引入上面实现的 ProductEntity 和 ProductDao 类：

```
<%@page import="cn.estore.entity.ProductEntity"%>
<%@page import="cn.estore.dao.ProductDao"%>
```

图 3.24　选择要生成方法的属性

（2）在页面中生成 ProductDao 的对象，并调用其 selectAllProducts()方法，将方法的返回值存入 List 对象的 ProductList 中，List 类在 java.util 包中，因而也要在页面中引入，同样使用 page 指令：

```
<%@ page language="java"import="java.util.*" pageEncoding="GB2312"%>
```

java 类一旦被引入到 JSP 页面中，就可以在脚本中使用这些类了。

```
<%
…
ProductDao dao = new ProductDao();
List ProductList = (List) dao.selectAllProducts();//将查询结果存入list
对象
…
%>
```

（3）使用循环结构，调用 ProductList.get(i)方法获得每一个商品实体，并将该实体存放在 ProductEntity 类的对象 e 中，然后通过 e.getXxx()方法获取商品信息，并在页面上显示：

```
<%
…
  for (int i = 0; i < ProductList.size(); i++) {
    ProductEntity e = (ProductEntity) ProductList.get(i);//遍历结果集
…
%>
```

显示商品图片：

```
<div align="center"><image src="<%= "/estore/productImages/"+
 e.getPicture()%>" width="110" height="100"/></div>
```

显示商品名称：

```
<div align="left">商品：<%=e.getName()%></div>
```

显示商品单价：

```
<div align="left">单价：<%=e.getMarketPrice()%>元</div>
```

显示商品介绍：

```
<div align="left">简介：<%=e.getDescription()%></div>
```

优化后 main.jsp 页面的代码如下：

```
<%@ page language="java" import="java.util.*" pageEncoding="GB2312"%>
<!DOCTYPE HTML PUBLIC "-//W3C//DTD HTML 4.01 Transitional//EN">
<%@page import="cn.estore.entity.ProductEntity"%>
<%@page import="cn.estore.dao.ProductDao"%>
<html>
  <head>
    <meta http-equiv="Content-Type" content="text/html; charset=GB2312">
    <title>estore</title>
  </head>

  <body>
    <%
      ProductDao dao = new ProductDao();
      /*将查询结果存入 List 类的对象 ProductList*/
      List ProductList = (List) dao.selectAllProducts();
      for (int i = 0; i < ProductList.size(); i++) {
        ProductEntity e = (ProductEntity) ProductList.get(i);//遍历结果集
    %>
    <table width="95%" height="136" border="1" align="center"
    cellpadding="1" cellspacing="1" bordercolor="#FFFFFF"
    bgcolor="#999999">
      <tr>
        <td width="40%" height="80" rowspan="5" bgcolor="#FFFFFF">
          <div align="center">
            <image src="<%="/estore/productImages/" + e.getPicture()%>"
                          width="110" height="100" />
          </div>
        </td>
        <td width="59%" bgcolor="#FFFFFF">
          <div align="left">商品：<%=e.getName()%></div>
          <div align="left">单价：<%=e.getMarketPrice()%>元</div>
          <div align="left">简介：<%=e.getDescription()%></div>
```

```
            <div align="left">
                登录才能购买
            </div>
        </td>
    </tr>
</table>

<%
    }
%>
<br>
</body>
</html>
```

优化后，main.jsp 页面的显示效果如图 3.25 所示。

图 3.25　优化后的 main.jsp 页面

3.3　统一网站页面风格

3.3.1　分析与设计

在一个大型的 Web 应用程序中会有很多各式各样的页面，通常为了方便用户使用，相同性质的网页最好套用一致的外观风格，如图 3.26 所示为 Tomcat 技术文档页面。常用的方法是：制作一个页面布局框架，利用<table>标签将整个页面划分为几个区域，然后在每个区域插入一个 HTML 文件或 JSP 文件，由此组合出一个新的网页，如图 3.27 所示。其代码框架如下：

图 3.26　Tomcat 技术文档页面

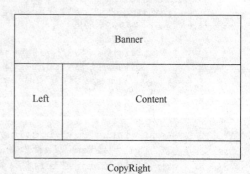

图 3.27　常用的页面布局

```html
<html>
  <body>
    <table border="0" width="95%">
      <tr>
        <td colspan="2"><!-- 此处插入 Banner 的内容 --></td>
      </tr>
      <tr>
        <td width="30%"><!-- 此处插入菜单选择的内容 --></td>
        <td width="70%"><!—此处插入查询结果内容 --></td>
      </tr>
      <tr>
        <td colspan="2"><!-- 此处插入版权信息等内容 --></td>
      </tr>
    </table>
  </body>
</html>
```

3.3.2 编程详解

E-STORE 电子商城由多个页面组成，页面风格也需要统一，按上述方法在 main.jsp 中，将页面进行划分，并在以后的系统实现中据此风格，统一设计其他的页面。

在 JSP 页面内包含其他 JSP 内容的方法有两种：

1. 使用 JSP 指令中的 include 指令@include

include 指令是一种编译时的静态动作，只有当要包含的页面很少发生变化时才使用这种方法，因为当被包含的文件发生改变时，包含此文件的 JSP 必须重新编译才能反映修改效果。

例如，一个公司的商标和版权信息不是经常要发生变化的，就可以使用 include 指令进行包含：

（1）将代码中的<!-- 此处插入 Banner 的内容 -->替换为：

```
<%@ include file="include/Banner.html"%>
```

（2）将<!-- 此处插入版权信息等内容 -->替换为：

```
<%@ include file="include/Copyright.html"%>
```

2. 使用 JSP 动作中的 include 动作<jsp:include>

include 动作在运行时才动态加载其他 JSP 的内容。由于加载进来的是被包含 JSP 页面的输出，所以当被包含 JSP 发生变化时，其输出内容也会相应发生变化。

例如：将<!-- 此处插入菜单选择的内容 -->替换为：

```
<jsp:include page="include/left.jsp"%>
```

E-STORE 电子商城中大多数页面上的信息需要从数据库中读取，即需要动态产生页面。对这些页面我们使用<jsp:include>动作来实现动态包含。将 main.jsp 页面进行划分的初步效果如图 3.28 所示。

整个页面用<table>标签和<tr>标签划分成 3 行，第一行顶部区域由 head.jsp 填充；第二行用<td>标签划分成两列，左边由 left.jsp 填充，实现用户登录、商品搜索、商品排行的功能，右边显示 main.jsp 页面原先的内容，即显示商品；第三行底部区域用 statusBarNavigation.jsp 填充。

图 3.28　划分 main.jsp 页面

修改后的 main.jsp 页面代码框架如下：

```
<%@ page language="java" import="java.util.*" pageEncoding="GB2312"%>
<!DOCTYPE HTML PUBLIC "-//W3C//DTD HTML 4.01 Transitional//EN">
<%@page import="cn.estore.entity.ProductEntity"%>
<%@page import="cn.estore.dao.ProductDao"%>
<html>
  <head>
    <meta http-equiv="Content-Type" content="text/html; charset=GB2312">
    <title>estore</title>
  </head>

  <body>
        <table border="0" width="1024" align="center">
          <tr>
           <!--顶部-->
             <td colspan="2">
               <jsp:include page="../common/head.jsp" flush="true" />
             </td>
          </tr>
          <tr>
             <td width="300" bgcolor="#F5F5F5" valign="top">
                <!--左侧-->
                <jsp:include page="../common/left.jsp" flush="true" />
             </td>
             <td width="724" align="center" valign="top" bgcolor="#FFFFFF">
                <!--右侧-->
                <div align="left">
                   <img src="/estore/systemImages/fg_right03.jpg">
                </div>
                <!--显示商品-->
             </td>
          </tr>
```

```
            <tr>
                <!--底部-->
                <td colspan="2">
                    <jsp:include page="../common/statusBarNavigation.jsp" flush="true" />
                </td>
            </tr>
        </body>
    </html>
```

◆ 代码解释

```
<jsp:include page="../common/left.jsp" flush="true" />
```

其中"../common/left.jsp"是指 left.jsp 的相对路径，E-STORE 工程中 head.jsp、left.jsp、statusBarNavigation.jsp 以及后续的一些供多个页面共用的 jsp 页面都存放在 WebRoot/pages/common 下面。

```
<img src="/estore/systemImages/fg_right03.jpg">
```

fg_right03.jpg 商品显示页面上面的标题图片，如图 3.29 所示。E-STORE 工程还有很多类似的图片，我们把这些图片都存放在 WebRoot/systemImages 的目录下面。

3. 创建 head.jsp、left.jsp 和 statusBarNavigation.jsp

如上所述，我们先在 pages 目录下创建 common 子目录，然后在 common 下面创建 head.jsp、left.jsp 和 statusBarNavigation.jsp 页面。创建结果如图 3.30 所示。本章中我们暂用背景图片对这 3 个页面进行初步设计，随着开发的推进将逐步在各个页面中按需要添加其他内容。

图 3.29 商品展示标题图片

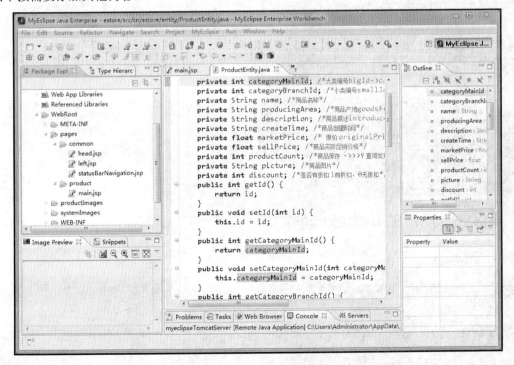

图 3.30 创建 common 目录

head.jsp 的代码如下：

```jsp
<%@ page contentType="text/html; charset=GB2312" %>
<html>
  <body>
    <table width="100%" height="100" bordercolor="#FFFFFF"bgcolor="#ffff"
      border="0" align="center" cellpadding="0" cellspacing="0"
      background="estore/systemImage/top.jpg">
      <tr>
        <td width="170" height="23" valign="top">欢迎访问estore!!!</td>
      </tr>
    </table>
  </body>
</html>
```

left.jsp 的代码如下：

```jsp
<%@ page contentType="text/html; charset=GB2312" %>
<html>
  <body >
    <table width="100%" bgcolor="#9fff" border="2" align="center"
      cell padding="0" cellspacing="0">
      <tr>
        <td width="30%" valign="top">
          <br>
          ......//换行占位
        </td>
      </tr>
    </table>
  </body>
</html>
```

statusBarNavigation.jsp 的代码如下：

```jsp
<%@ page contentType="text/html; charset=GB2312" %>
<html>
  <body>
    <table width="100%" height="56" bordercolor="#FFFFFF"
      bgcolor="#3fff" border="0" align="center"
      cellpadding="0" cellspacing="0" >
      <tr>
        <td width="170" height="23" align="center" valign="middle">
          版权信息!!!
        </td>
      </tr>
    </table>
   <body>
<html>
```

3.3.3 JSP 的 include 动作

1. <jsp:include>的语法

```
<jsp:include page={"relativeURL|<%=expression%>}" flush="true"/>
```

或

```
<jsp:include page={"relativeURL|<%=expression%>}" flush="true">
    <jsp:param name="parameterName" value="{parameterValue|<%=expression%>}" />
</jsp:include>
```

2. <jsp:include>语法描述

<jsp: include>允许包含动态文件和静态文件,这两种包含文件的结果是不同的。

如果文件是静态文件,那么这种包含仅仅是把被包含文件的内容加到 JSP 文件中,与 include 指令包含静态文件的效果是一样的。

如果文件是动态文件,那么这个被包含文件会被 JSP 引擎单独编译执行,由<jsp: include>动作请求执行,并将传送回来的一个响应输出到<jsp: include>动作所在的位置,当这个被包含文件执行完毕后,JSP 引擎继续执行 JSP 文件余下的部分。

如果<jsp: include>动作包含的文件是动态文件,还可以用<jsp:param>子句传递参数名和参数值,并可以在一个<jsp: include>动作中多次使用<jsp:param>子句,传递多个参数给动态文件。

3. <jsp:include>属性及其用法

(1) page="{relativeURL|<%=expression%>}"参数为指向被包含文件的相对路径,或者是等同于相对路径的表达式。relativeURL 可以是指向当前 JSP 文件的绝对地址或相对地址,如果是绝对地址(以/开头的地址),其路径名由 Web 服务器或应用服务器决定。

(2) flush="true"。该属性是可选的。如果设置为"true",当页面输出使用了缓冲区,那么在进行包含工作之前,先要刷新缓冲区。如果设置为"false",则不会刷新缓冲区。该属性的默认值是"false"。一般情况下,需要将 flush 设置为 true。

(3)<jsp:param>也是 JSP 的动作元素之一,用于传递参数。可以使用<jsp:param>将当前 JSP 页面的一个或多个参数传递给所包含的或是即将跳转的 JSP 页面。该动作元素必须和<jsp:include>、<jsp:plugin>、<jsp:forward>动作一起使用,其语法结构如下:

```
<jsp:include page="相对的 URL 值"|"<% =表达式%> " flush="true">
  <jsp:param name="参数名 1" value="{参数值|<%=表达式 %>}"/>
  <jsp:param name="参数名 2" value="{参数值|<%=表达式 %>}"/>
  …
</ jsp:include>
```

<jsp:param>中,"name"指定参数名,"value"指定参数值。参数被发送到一个动态文件,如果要传递多个参数,可以在一个.jsp 文件中使用多个<jsp:param>发送参数。如果用户选择使用<jsp:param>标签的功能,那么被请求包含的目标文件就必须是一个动态的文件。例如:

```
<jsp:include page="login.jsp">
  <jsp:param name="username" value="admin" />
  <jsp:param name="password" value="123456"/>
</jsp:include>
```

在 main.jsp 的开发中使用 include 动作的方法把其他框架文件包含在主页面 main.jsp 中,在系统以后的实现中,也将采用这种方法将 head.jsp、left.jsp 和 statusBarNavigation.jsp 包含在其他页面中,以实现页面风格的统一。

3.4 新品及特价商品展示

3.4.1 功能说明

E-STORE 电子商城提供新品与特价商品的展示,需求中说明将价格有折扣的商品设定为特价商品,否则为新品。用户登录前可进行新品和特价商品的浏览,登录后可以购买。商品展示的风格与 main.jsp 页面保持一致，增加商品的分页显示功能。

3.4.2 流程分析与设计

1. 数据库设计

在商品信息表中设置两个字段：商品折扣标志 discount、商品现销售价 sell_price 两个字段，discount 初始值设定为"0"。当商品被设置为特价商品时，discount 值设定为"1"，同时设置商品的现价 sell_price，这样该商品就会在前台特价商品展示页面中出现。

2. 数据库访问设计

根据页面功能优化方法，将页面展示新品与特价商品的数据库访问功能从页面上分离出去，页面只负责将数据库访问的结果向用户展示。因为查询新品和特价商品都是对商品信息表进行操作，故将对商品信息表操作类 ProductDao 进行修改，在 ProductDao.java 中添加方法 selectProductsDiscount，根据方法的参数查询新品或特价商品，参数为"0"查询新品，参数为"1"则查询特价商品，方法的返回值为新品或特价商品的链表。

3.4.3 编程详解

1. 修改 ProductDao.java，添加 selectProductsDiscount 方法：

```java
//以商品是否新品/特价为条件查询信息
//discount 为"1":特价商品；"0":新品
public List selectProductsDiscount(Integer discount) {
    List list = new ArrayList();
    ProductEntity e = null;
    try {
        ps = connection.prepareStatement("select * from tb_product
            where discount=? order by id DESC");
        ps.setInt(1, discount.intValue());   //设置查询参数
        ResultSet rs = ps.executeQuery();
        while (rs.next()) {
            e = new ProductEntity();
            e.setId(rs.getInt(1));
            e.setCategoryMainId(rs.getInt(2));
            e.setCategoryBranchId(rs.getInt(3));
            e.setName(rs.getString(4));
            e.setProducingArea(rs.getString(5));
            e.setDescription(rs.getString(6));
            e.setCreateTime(rs.getString(7));
            e.setMarketPrice(rs.getFloat(8));
            e.setSellPrice(rs.getFloat(9));
            e.setProductCount(rs.getInt(10));
            e.setPicture(rs.getString(11));
            e.setDiscount(rs.getInt(12));
            list.add(e);
        }
    }
    catch (SQLException ex) {
        System.out.println("数据库访问失败");
    }
    return list;
}
```

从上面的代码可以发现,遍历查询结果集 rs 和设置 productEntity 实体的过程和 3.2 小节中 selectAllProduct 方法一样。以此类推,后续功能中只要是查询商品信息表,并需要返回商品信息实体的方法都需要这段代码。因此为了减少代码冗余,我们将这段代码抽出来,再创建一个新的方法 Rs2List(),该方法实现将结果集 ResultSet 对象转换成 List 对象,代码如下:

```java
// ResultSet 类型数据转制为 List,其中元素为 ProductEntity
public List Rs2List(ResultSet rs) {
    List list = new ArrayList();
    ProductEntity e = null;
    try {
        while (rs.next()) {
            e = new ProductEntity();
            e.setId(rs.getInt(1));
            e.setCategoryMainId(rs.getInt(2));
            e.setCategoryBranchId(rs.getInt(3));
            e.setName(rs.getString(4));
            e.setProducingArea(rs.getString(5));
            e.setDescription(rs.getString(6));
            e.setCreateTime(rs.getString(7));
            e.setMarketPrice(rs.getFloat(8));
            e.setSellPrice(rs.getFloat(9));
            e.setProductCount(rs.getInt(10));
            e.setPicture(rs.getString(11));
            e.setDiscount(rs.getInt(12));
            list.add(e);
        }
    } catch (SQLException ex) {
        System.out.println("Rs 转换为 List 失败!");
    }
    return list;
}
```

修改之后的 selectProductsDiscount 方法代码如下:

```java
public List selectProductsDiscount(Integer discount) {
    List list = new ArrayList();
    try {
        ps = connection.prepareStatement("select * from tb_product
            where discount=? order by id DESC");
        ps.setInt(1, discount.intValue());
        ResultSet rs = ps.executeQuery();
        list = Rs2List(rs);  //将结果集 rs 转换成 List 的对象
    } catch (SQLException ex) {
        System.out.println("数据库访问失败");
    }
    return list;
}
```

2. 修改 head.jsp 页面
(1) 设置背景图片,代码如下:

```html
<table width="1024" height="80" bordercolor="#FFFFFF" bgcolor="#ffff"
  border="0" align="center" cellpadding="0" cellspacing="0"
  background="/estore/systemImages/top.jpg">
  <tr>
    <td> </td>
  </tr>
</table>
```

背景图片 top.jpg 效果如图 3.31 所示。

（2）设置"首页"、"商城新品"、"特价商品"菜单链接：

图 3.31 网站顶部背景图

```html
<table width="1024" border="0" align="center" cellpadding="0"
    cellspacing="0" bordercolor="#FFFFFF" bordercolorlight="#FFFFFF"
    bordercolordark="#819BBC"
    background="<%=request.getContextPath()%>/systemImages/fg_top03.jpg">
    <tr align="center" height="30">
        <td width="100" onMouseOver="this.style.backgroundImage=
           'url(<%=request.getContextPath()%>/systemImages/topMenu.jpg)'"
            onMouseOut="this.style.backgroundImage=''"><a
            href="<%=request.getContextPath()%>/pages/product/main.jsp" >
            首页</a></td>
        <td width="100" onMouseOver="this.style.backgroundImage=
           'url(<%=request.getContextPath()%>/systemImages/topMenu.jpg)'"
            onMouseOut="this.style.backgroundImage=''"><a
            href="<%=request.getContextPath()%>
            /pages/product/showProductOriginal.jsp" class="a4">商城新品
</a></td>
        <td width="100" onMouseOver="this.style.backgroundImage=
'url(<%=request.getContextPath()%>/systemImages/topMenu.jpg)'"
            onMouseOut="this.style.backgroundImage=''"><a
            href="<%=request.getContextPath()%>
            /pages/product/showProductDiscount.jsp" class="a4">特价商品
</a></td>
    </tr>
</table>
```

"首页"链接到前面实现的 main.jsp 页面，"商城新品"链接到后面即将实现的 showProductOriginal.jsp 页面，"特价商品"链接到下一小节实现的 showProductDiscount.jsp 页面。

3. 显示商城新品信息，实现 showProductOriginal.jsp 页面

showProductOriginal.jsp 页面设计与实现的处理与商品展示相似。细心的读者可能会发现一个问题：当有很多符合查询条件的商品需要在页面上显示时，页面会很长。确实是这样，因此本节以新品展示页面为例，介绍分页技术的实现，利用该分页技术读者可以将 3.2 节中的商品展示页面 main.jsp 也进行分页显示，详细代码请参考本书的配套程序。

创建页面 showProductOriginal.jsp，引入数据库商品信息表操作类 ProductDao 和实体类 ProductEntity。由于 showProductOriginal.jsp 和 main.jsp 一样，都是对商品信息表进行查询，所以也放在 pages/product 目录下面。

```jsp
<%@ page contentType="text/html; charset=GB2312"%>
<%@ page import="java.util.*"%>
<%@ page import="cn.estore.dao.ProductDao"%>
<%@ page import="cn.estore.entity.ProductEntity"%>
```

使用 ProductDao 类的方法：selectProductsDiscount 查询新品，方法的参数为 Integer 类型对象 new Integer(0)。

```jsp
<%
    // 新品查询
    ProductDao dao = new ProductDao();
    List originalList = null;
    originalList = dao.selectProductsDiscount(new Integer(0));
%>
```

分页是 Web 应用程序非常重要的一个技术。数据库中的数据可能是成千上万的，不可能把

这么多的数据一次显示在浏览器上面。一般根据每行数据在页面上所占的空间每页显示若干行，比如一般 20 行是一个比较理想的显示状态。

分页方法主要有以下两种思路：

（1）取出所有符合条件的数据，放到数据集或者内存当中，然后逐页浏览。例如，有可能每页只需浏览 20 条记录，但使用这种分页方法需要把所有记录取出来。这种分页思路叫做"指针分页"。指针分页法主要是利用数据集的指针（或者集合的下标）来标识。比如，分页要显示 20 条数据，那么第一页的指针从 1 开始，第二页的指针从（2-1）*20+1 开始，依次类推。"指针分页"适合数据量和并发量不是很高的应用系统，不适合海量的数据查询。

（2）对于海量的数据查询，看多少取多少，显然是最佳的解决办法。假如某个表中有 200 万条记录，第一页就取前 20 条，第二页取 21~40 条。此时可以使用：

```
select top 当前页*每页记录数查询字段列表 from 表A where 主键字段 not in (select top (当前页-1)*每页记录数主键字段 from 表A)
```

这样的语句来实现，因这种查询方式要用到主键，所以把它叫做"主键分页"。

对于一个完整的分页，应当包括记录数、页数、当前页数、向前、向后、最前、最后等。所以，无论是指针分页，还是主键分页，需获得一个类似"select count(*) as 记录总数 from 表名"这样的语句，从而获得记录数。

为了简便起见，E-STORE 电子商城中的分页显示采用指针分页法，在新品展示页面中需要在页面显示的是 originalList 对象中的商品，设计每页从 originalList 对象中的位置 start 开始显示至位置 over（不包括 over）结束，则分页的主要工作在于确定位置 start 和 over。

分页步骤：

（1）取得 originalList 对象中的商品总数，存放在页面变量 pageNumber 中，并将此值作为总页数的初始值后，根据每页显示商品的数量再进行修改：

```
int pageNumber = originalList.size();        // 计算出记录总数
int maxPage = pageNumber;                    // 计算有多少页数
```

（2）初始化一些必要参数，其中 request.getParameter("pageNum")是使用 request 内置对象的 getParameter 方法获取参数名为 pageNum 的请求参数值，在这里是用户要显示的页码。

```
String strNumber = request.getParameter("pageNum");
int number = 0;                              // 待显示页码，默认为第 1 页

if (maxPage % 4 == 0) {                      //一页显示的记录数，目前设计为 4 条
  maxPage = maxPage / 4;                     // 最多页数，能整除的，结果为页数
} else {
  maxPage = maxPage / 4 + 1;                 //不能整除的，结果加 1
}
if (strNumber == null) {//表明在 QueryString 中没有 pageNum 这一个参数，此时显示第一页数据
   number = 0;
} else {
   number = Integer.parseInt(strNumber);    //取得待显示页码，将字符串转换成整型
}

int start = number * 4;                      //开始读取数据位置
int over = (number + 1) * 4;                 // 结尾数据位置
int count = pageNumber - over;               //还剩多少条记录
if (count <= 0) {
```

```
            over = pageNumber;                    //避免越界
        }
```

（3）分页显示：

```
<%
    for (int i = start; i < over; i++) {
        ProductEntity originalGoods = (ProductEntity) originalList.get(i);
%>
```

（4）显示分页导航：

```
<tr align="center">
```

实现页面显示页码总数、记录总数和当前页码数：

```
<td width="13%">     共为<%=maxPage%>页    </td>
<td width="18%">     共有<%=pageNumber%>条记录  </td>
<td width="26%">     当前为第<%=number + 1%>页  </td>
<td width="15%">
<%
    if ((number + 1) == 1) {             //目前显示的是第1页
%>
上一页
<% } else {                              //目前显示的不是第1页
%>
```

目前显示的不是第 1 页，就生成上一页的链接，目标地址仍然是本页，只是在请求参数 pageNum 中加入分页显示的页码"number－1"，表示上一页，请求参数的提交可以使用在请求页面的 URL 后面跟上符号"？"再加上请求参数名和值的形式：

```
<a href=" showProductOriginal.jsp?pageNum=<%=number - 1%>">上一页</a>
</td>
<% } %>
<td width="14%">
<%
    if (maxPage <= (number + 1)) {   //目前显示的是最后一页
%>
    下一页
<% } else {
%>
```

与上述目前显示非第 1 页类似，目前显示非最后一页时，生成下一页的链接：

```
<a href="showProductOriginal.jsp?pageNum=<%=number + 1%>">下一页</a>
</td>
<% }%>
</tr>
```

showProductOriginal.jsp 页面的初步显示结果如图 3.32 所示，详细代码请参考本书的配套程序。

图 3.32 新品查询页面

3.4.4 特价商品展示

在 pages/product 目录下创建特价商品展示页面 showProductDiscount.jsp，该页面的处理流程和方法与新品展示页面大同小异，也采用分页技术，只是在页面处理时使用 ProductDao 类的方法 selectProductsDiscount 查询特价商品，方法的参数为 Integer 类型的对象 new Integer(1)，表示新品。

```
<%
    // 特价商品查询
    ProductDao dao = new ProductDao ();
    List originalList = null;
    discountList = dao.selectProductsDiscount(new Integer(1));
%>
```

在具体页面显示特价商品信息时在商品的原价上有一道删除线，并显示商品的现价。可以使用 html 的元素样式 style="text-decoration: line-through; color: #FF0000"实现：

```
<div align="left" style="text-decoration: line-through; color: #FF0000">
原价：<%=discountGoods.getOriginalPrice()%>元
</div>
<div align="left">
现价：<%=discountGoods.getCurrentPrice()%>元
</div>
```

特价商品展示页面效果如图 3.33 所示。

图 3.33　特价商品展示页面

3.4.5　JSP 内置对象 request 和 response

1. request 对象

request 对象是 JSP 中 9 种内置对象中最重要的对象,是 javax.servlet.http. HttpServletRequest 和 javax.servlet.ServletRequest 类的子类的对象。该对象封装了用户提交的信息,通过调用该对象相应的方法可以获取封装的信息和用户提交信息,如图 3.34 所示。

图 3.34　使用 request 对象提交请求

request 对象包含了有关浏览器请求的信息,并且提供了多个用于获取与用户请求有关数据的方法。实际 Web 应用中常用的是通过 request 对象的 getParameter 方法可以得到用户提交的请求参数。所有来自客户端的请求有关数据经 Web 服务器处理后,由 request 对象进行封装,传递给 JSP 页面。

◆ request 对象方法

request 对象所提供的方法可以分为四大类:

(1) 取得请求参数的方法。

String getParameter(string name):获取客户端传送服务区的参数值,该参数是由 Name 指定的,通常是表单中的参数。

Enumeration getParameterNames()：获得客户端传送到服务器端的所有参数的参数名字，其结果是一个枚举实例。

String [] getParameterValues(string name)：获取指定参数的所有值，参数由 name 指定。该方法多用于获取请求参数中有多个值的参数。

map getParameterMap()：获取一个请求参数的键值映射。

（2）储存和取得属性方法。

在 request 对象上可以设置自定义的属性，这些属性在该对象生存期内有效，具体用于储存和取得属性方法如下：

void setAttribute(String name,java.lang.Object objt)：设置名字为 name 的 request 参数的值。

Enumeration getAttributeNamesInScope(int scope)：取得所有 scope 范围的属性。

Enumeration getAttributeNames()：返回 request 对象的所有属性的名字集合，其结果是一个枚举的实例。

Object getAttribute(String name)：返回由 name 指定的属性值，如果指定的属性不存在，则会返回一个 null 值。

void removeAttribute(String name)：删除请求中的一个属性。

值得注意的是：在 request 对象上可以设置自定义的属性值的类型是 object，使用时需要根据实际的类型进行转换。

（3）能够取得请求 Http 协议 Header 信息的方法。

String getHeader(string name)：获得 Http 协议定义的文件 Header 信息。

Enumeration getHeaderNames()：取得所有的 Header 名称，返回所有 request Header 的名字，其结果是一个枚举类型的实例。

Enumeration getHeaders(string name)：取得所有 name 的 Header，返回指定名字的 request Header 的所有值，其结果是一个枚举的实例。

int getIntHeader(string name)：取得整数类型 name 的 Header。

long getDateHeader(string name)：取得日期类型 name 的 Header。

cookie [] getCookies()：取得与请求有关的 cookies，返回客户端的所有 cookie 对象，结果是一个 Cookie 数组。

（4）其他的方法。

String getContextPath()：取得 Java Web 应用的路径。

String getMethod()：取得 http 的方法（如 Get、Post 等）。

String getProtocol()：获取客户端向服务器端传送数据所使用的协议名称，返回请求用的协议类型及版本号。

String getQueryString()：获取查询字符串,该字符串是由客户端以 Get 方法向服务器端传送的。

String getRequestedSessionId()：取得用户端的 session id。

String getRequestUri()：获取发出请求字符串的客户端地址。

String getRemoteAddr()：获取客户端的 IP 地址。

String getRemoteHost()：取得用户的主机名称。

String getRealPath(String path)：返回 Java Web 应用程序的真实路径。

int getRemotePort()：取得用户的主机端口。

String getRemoteUser()：取得用户名。

void getCharacterEncoding(string encoding)：设定编码格式，返回请求中的字符编码方式。

String getCharacterEncoding()：返回字符编码方式。

int getContentLength()：返回请求体的长度（字节数），如果不确定长度，返回-1。

String getContentType()：得到请求体的 MIME 类型。

Servlet InputStream getInputStream()：返回请求的输入流，用于获得请求中的数据。

String getScheme()：返回请求用的协议名字，如：http、https 及 ftp 等。

String getServerName()：返回接受请求的服务器主机名。

int getServerPort()：获取服务器的端口号。

◆ request 对象扩充实例

在 request 对象应用实例中，利用 request 对象提供的方法获取请求用户的环境变量信息，并在页面上显示。

```jsp
<%@ page language="java" pageEncoding="gb2312"%>
<%@ page import="java.util.*"%>
<html>
  <body bgcolor=#FFFFFF>
    <Font size=5>客户使用的协议是：
    <%
    String protocol=request.getProtocol();
    out.println(protocol);
    %>
    <br>获取接受客户提交信息的页面：
    <%
    String path=request.getServletPath();
    out.println(path);
    %>
    <br>接受客户提交信息的长度：
    <%
    int length=request.getContentLength();
    out.println(length);
    %>
    <br>客户提交信息的方式：
    <% String method=request.getMethod();
    out.println(method);
    %>
    <br>获取 HTTP 头文件中 User-Agent 的值：
    <% String header1=request.getHeader("User-Agent");
    out.println(header1);
    %>
    <br>获取 HTTP 头文件中 accept 的值：
    <% String header2=request.getHeader("accept");
    out.println(header2);
    %>
    <br>获取 HTTP 头文件中 Host 的值：
    <% String header3=request.getHeader("Host");
    out.println(header3);
    %>
    <br>获取 HTTP 头文件中 accept-encoding 的值：
    <% String header4=request.getHeader("accept-encoding");
    out.println(header4);
    %>
    <br>获取客户的 IP 地址：
    <% String IP=request.getRemoteAddr();
    out.println(IP);
    %>
    <br>获取客户机的名称：
```

```jsp
            <% String clientName=request.getRemoteHost();
               out.println(clientName);
            %>
            <br>获取服务器的名称:
            <% String serverName=request.getServerName();
               out.println(serverName);
            %>
            <br>获取服务器的端口号:
            <% int serverPort=request.getServerPort();
               out.println(serverPort);
            %>
            <br>获取客户端提交的所有参数的名字:
            <% Enumeration e=request.getParameterNames();
               while(e.hasMoreElements()){
               String s=(String)e.nextElement();
               out.println(s);
               }
            %>
            <br>获取头名字的一个枚举:
            <% Enumeration enum_headed=request.getHeaderNames();
               while(enum_headed.hasMoreElements()){
               String s=(String)enum_headed.nextElement();
               out.println(s);
               }
            %>
            <br>获取头文件中指定头名字的全部值的一个枚举:
            <% Enumeration enum_headedValues=request.getHeaders("cookie");
               while(enum_headedValues.hasMoreElements()){
               String s=(String)enum_headedValues.nextElement();
               out.println(s);
               }
            %>
            <br>
        </Font>
    </body>
</html>
```

代码中 out.println()方法是将信息在页面上输出，运行结果如图 3.35 所示。

2. response 对象

response 对象包含了服务器对客户的请求作出动态的响应，向客户端发送数据。JSP 页面执行完成后，JSP 引擎将页面产生的响应封装成 response 对象，然后发送到客户端以形成对客户请求的响应。和 request 一样，response 对象也由 JSP 引擎(容器)产生，可以使用 response 对象提高的方法对响应进行操作。

◆ response 对象的主要方法

(1) 设置响应类型与响应状态码方法。
void setContentType (string contentType): 设置响应 MIME 类型。

图 3.35 使用 request 对象获取客户请求信息

当一个用户访问一个 JSP 页面时，如果该页面用 page 指令设置页面的 contentType 属性是 text/html，那么 JSP 引擎将按照这种属性值作出响应。如果要动态改变这个属性值来响应客户，就需要使用 response 对象的 setContentType（String s）方法来改变 contentType 的属性值。方法调用的格式为：response.setContentType("MIME")；其中，MIME 可以为：text/html（网页），text/plain（文本），application/x-msexcel（Excel 文件），application/msword（Word 文件）等。

如需要将原先指定的响应 MIME 类型 text/html 重新设置为 Word 文档，则可在页面中加入脚本代码："response.setContentType("application/msword;charset=gb2312");"。

void setstatus(int sc)：设定响应状态码。

setstatus 方法用来设置 JSP 向客户端返回的状态码，它用来设置没有出错的状态。如果 JSP 运行出错，可以使用 response 对象的 sendError 方法设置状态码，如 sendError(int sc)方法设置错误状态代码。sendError(int sc,String msg)方法除了设置状态码，还向客户发出一条错误信息。具体的 HTTP 响应状态码及其含义见表 3.7。

表 3.7　HTTP 响应状态码及其含义

状态码	状态摘要信息	含义
100	Continue	初始的请求已经接受，客户应当继续发送请求的其余部分（HTTP 1.1 新）
200	OK	请求成功
302	Found	请求的资源暂时转移，给出一个转移后的 URL
400	Bad Request	请求出现语法错误
401	Unauthorized	请求未授权，服务器需要通过身份验证和/或授权
403	Forbidden	资源不可用。服务器理解客户的请求，但拒绝处理它。通常由于服务器上文件或目录的权限设置导致
404	Not Found	无法找到指定位置的资源
500	Internal Server Error	服务器遇到了意料不到的情况，不能完成客户的请求

（2）response 重定向方法。

void sendRedirect(String localtion)：重新定向客户端的请求。

在某些情况下，当响应客户时，需要将客户重新引导至另一个页面，可以使用 response 的 sendRedirect（URL）方法实现客户的重定向，使客户的请求重新发往 URL 所指定的地址。在这个过程中，服务器会发送代码为"302"响应，并引起该请求再次发送给服务器中由 sendRedirect 方法参数指定的 URL。整个过程经历了两次请求与两次响应，如图 3.36 所示。

图 3.36　response 对象的重定向

如：在 sendRedirect.jsp 中从下拉框中选择要跳转的页面，单击"确定"按钮，重定向该页面，页面的访问结果如图 3.37 所示，用户选择后单击"go"，页面会请求新浪网或搜狐网的主页。

sendRedirect.jsp：

```
<html>
  <head><title>Where to go</title></head>
  <body>
    <%
       String address = request.getParameter("where");
       if(address!=null){
       if(address.equals("sohu"))
       response.sendRedirect("http://www.sohu.com");
       else if(address.equals("sina"))
       response.sendRedirect("http://www.sina.com");
       }
    %>
    <b>Please select:</b><br>
    <form action="sendRedirect.jsp" method="GET">
      <select name="where">
        <option value="sohu" selected>go to sohu
        <option value="sina" > go to sina
      </select>
      <input type="submit" value="go">
    </form>
  </body>
</html>
```

图 3.37　response 对象的重定向

(3) 设置 Cookie。

Void addCookie(Cookie c)：将 cookie 加载到 response 对象上，发送到客户端保存。

Cookie 是 Web 服务器保存在用户硬盘上的一段文本。Cookie 允许一个 Web 站点在用户的计算机上保存信息并且随后再取回它。例如一个 Web 站点可能会为每一个访问者产生一个唯一的 ID，然后以 Cookie 文件的形式保存在每个用户的机器上。Cookie 是以"关键字 key= value"的格式来保存记录的。在 JSP 中要使用 Cookie 时，可以调用 Cookie 对象的构造函数创建一个 Cookie 对象，Cookie 对象的构造函数有两个字符串参数：Cookie 名字和 Cookie 值。如：

```
Cookie c=new Cookie ("username","john");
```

当 Cookie 对象产生以后，JSP 中如果要将封装好的 Cookie 对象传送到客户端,使用 response 的 addCookie()方法：

```
response.addCookie(c);
```

此时，如果客户端支持 Cookie，Cookie 会写入用户硬盘，在下次访问同一网站时，浏览器会自动将此 Cookie 随请求一起发送。

如果 JSP 读取保存到客户端的 Cookie，可以使用 request 对象的 getCookies()方法，执行时将所有客户端传来的 Cookie 对象以数组的形式排列，如果要取出符合需要的 Cookie 对象，就需要循环比较数组内每个对象的关键字。例如：

```
Cookie[] cookie = request.getCookies();
if(cookie != null)         //请求中包含有cookies
for(int i = 0;i < cookie.length;i++){
if("username".equals(cookie[i].getName()))
out.println(cookie[i].getName()+": "+cookie[i].getValue());
}
```

3.5 商品检索

3.5.1 功能说明

E-STORE 电子商城在正式投入运行后，商城中的商品种类将会很多，商品检索可以帮助用户根据商品全部或部分名称快速找到最想要的商品信息。商品检索功能页面显示效果如图 3.37 所示。

图 3.38　添加商品搜索模块

3.5.2 流程分析与设计

1. 检索流程

商品按名称检索功能由两部分页面构成：搜索条件的提交页面 findProductsByName.jsp 和搜索结果显示页面 showFindProductsByName.jsp。用户在 findProductsByName.jsp 页面上输入需要查找的商品名称，单击"搜索"按钮，则输入的商品名称信息将作为请求参数传递给 showFindProductsByName.jsp，并在该页面中进行数据库查询和展示查询结果的操作。考虑到搜索功能应是用户常用的功能，因而将 findProductsByName.jsp 包含在通用框架左侧的 left.jsp 页面中。

2. 数据库操作

在 showFindProductsByName.jsp 页面中，系统根据用户输入的商品名称查询商品信息表，因此可以将此查询功能添加在 ProductDao 类中，实现数据库访问代码和页面的分离。

3.5.3 编程详解

1. 添加 selectProductsSearch()方法

在 ProductDao 类中，添加按商品名称查询方法 selectProductsSearch()，方法参数为 String 类型的对象，表示商品的名称，方法返回符合查询条件的商品链表。修改 ProductDao.java 代码，添加方法如下：

```java
//以商品的名称为搜索条件查询所有商品
public List selectProductsSearch(String search) {
    List list = new ArrayList();
```

```
        ProductEntity goods = null;
    try {
        String strSql = "select * from tb_product where name like
'%"+search+"%' order by id DESC";
        //拼接 SQL 语句以实现数据库模糊查询
        Statement st = connection.createStatement();
        ResultSet rs = st.executeQuery(strSql);  //执行查询
        list=Rs2List(rs);   //将查询结果 rs 集转换成 list 对象
       }
    }
    catch (SQLException ex) {
      System.out.println("数据库访问失败");
    }
    return list;
  }
```

2. 创建 findProductsByName.jsp 页面

findProductsByName.jsp 页面用于提交搜索条件，由于后续工程中还会有用户登录、商品销售排行榜、商城信息等页面需要包含在 left.jsp 中，为了使工程目录结构清晰，在此为这些页面在 WebRoot/pages/commom 目录下面专门新建一个 leftParts 目录，表示该目录下的页面都是包含在 left.jsp 页面中的。据此在 leftParts 目录下新建 findProductsByName.jsp 页面，添加搜索条件提交表单，表单设计输入文本，负责接受用户需要查询的商品名称，并将此信息以请求参数 search 提交给页面 showFindProductsByName.jsp 处理。页面代码如下：

```
<%@ page language="java" import="java.util.*" pageEncoding="gb2312"%>
<!DOCTYPE HTML PUBLIC "-//W3C//DTD HTML 4.01 Transitional//EN">
<html>
  <head>
  <title>findProductsByName</title>
  </head>
  <body>
  <table width="300" height="152" border="0" align="center"
      background="/estore/systemImages/fg_left00.jpg" >
      <!--设置空行，美化显示效果-->
      <tr>
         <td width="100" align="left" valign="bottom">
             
         </td>
      </tr>
        <!--显示提示信息-->
      <tr>
         <td width="100" align="left" valign="bottom">
             搜索商品：
         </td>
      </tr>
      <tr>
         <td>
        <!--设计提交表单，并指定执行查询页面-->
           <form name="searchForm" method="post" action=
             "<%=request.getContextPath()%>/pages/product/
             showFindProductsByName.jsp"
             onsubmit="return checkEmpty(searchForm)" >
             <table>
```

```html
                        <tr>
                            <td>
                                  
                            </td>
                            <td>
                                <input name="search" type="text" size="22" align=
"left">
                            </td>
                            <td>
                                <input type="image" class="input1" src=
                                "<%=request.getContextPath()%>/systemImages/
Search.gif"
                                align="middle" />
                            </td>
                        </tr>
                    </table>
                </form>
            </td>
        </tr>
    </table>
</body>
</html>
```

代码解释:
- name="searchForm"是指该表单的标识名称;
- method="post" 指该表单以 post 方法提交请求;
- action="../../../showFindProductsByName.jsp"指明一旦用户单击"搜索"按钮,页面会将该表单中的信息以请求参数的形式提交给 showFindProductsByName.jsp 处理;
- onsubmit="return checkEmpty(searchForm)"用来验证用户表单提交信息是否为空。由于 findProductsByName.jsp 包含在 left.jsp 页面中,所以该验证功能可以由 left.jsp 页面完成。

3. 修改 left.jsp 页面

由于 findProductsByName.jsp 页面上的显示内容很少变化,所以在 left.jsp 页面中可以使用 include 指令进行静态包含:

```
<%@ include file="leftParts/findProductsByName.jsp" %>
```

在 left.jsp 中可以验证包含在其中的页面表单输入是否为空,例如可以对 findProductsByName.jsp 页面进行验证。验证代码用 JavaScript 实现,如下所示:

```javascript
<script language="javascript">
    function checkEmpty(form) {//form是要进行验证的表单名称
      for (i = 0; i < form.length; i++) {
        if (form.elements[i].value == "") { //对 elements 对象中的每个
                                            子元素进行判断
          alert("表单信息不能为空");
          return false;
        }
      }
    }
</script>
```

checkEmpty 函数用于在表单提交之前验证表单中元素是否填写,如果没有填写,页面并不做提交操作,而是提示用户表单信息不能为空,要求用户重新填写后再提交。此页面端的表单验证多采用 JavaScript 来实现,页面的代码由浏览器负责执行,由一对<script></script>标签包围。

<script language="javaScript"> 用来告诉浏览器这是用 JavaScript 编写的程序,需要使用相应的

解释程序进行解释。一般 JavaScript 代码会放在一对<!--和-->之间，这样做的好处是，如果浏览器不支持JavaScript，也不至于将JavaScript 代码当成页面的内容在客户端显示出来。"//"表示JavaScript的注释部分，即从 "//" 开始到行尾的字符都被忽略。另外一点需要注意的是，<script>...</script>的位置并不是固定的，可以包含在<head>...</head>或<body>...</body>中的任何地方。

上述代码在表单提交前触发 onSubmit 事件后执行，依次检查参数表单中的各个元素，检查各元素的值是否为空，如果为空，则表示客户端用户没有填写，此时使用 JavaScript 内置函数 alert 显示提示信息，并返回"false"，该表单过程被终止，页面并不发生跳转，用户可以将信息完整地输入进行再次验证和提交。

> 提示：使用验证的目的是为了保证 Web 应用的数据是有效的、合法的。客户端验证与服务器端验证虽然都是数据验证，但在功能、性能和安全性等方面还是不同的。
>
> 在页面表单发送数据到 Web 服务器之前使用的 JavaScript 脚本验证称之为客户端验证。客户端验证不需要将数据传输至服务器端，提供快速的反馈结果，减小了服务器处理的压力。缺点是，使用客户端验证不够安全，用户可以很容易查看页面的代码，以伪造提交的数据等方式来跳过客户端验证。
>
> 在 Web 服务器上验证提交的数据称之为服务器端验证。服务器端验证的优点是相对客户端验证要安全，因为基于服务器端，不容易被跳过，也不用考虑客户端的太多情况，并且能保证与当初设计数据的一致性。缺点是相对客户端验证来说需要与服务器进行数据交换，性能要差一些。

4. 创建 showFindProductsByName.jsp 页面

在页面 showFindProductsByName.jsp 中处理用户的商品搜索。先从页面请求参数 search 中获取要查询的商品名称，然后以此作方法参数调用数据库商品信息表操作类 ProductDao 的 selectProductsSearch ()方法。

```
ProductDao dao = new ProductDao();
request.setCharacterEncoding("GB2312"); //指定以 GB2312 的编码方式接受参数
String search = request.getParameter("search");   //获取参数
List searchList = (List) dao.selectProductsSearch(search.trim());
                                                //执行查询
```

商品显示部分的代码和 main.jsp 类似，详细代码请参考本书配套程序。

3.5.4　表单提交与中文处理

1. 表单提交方法

页面表单提交 GET 和 POST 方法是常用的 HTTP 方法，除此之外还有 OPTIONS、HEAD、PUT、DELETE、TRACE 等方法。可以这样认为：一个 URL 地址，它用于描述一个网络上的资源，而 HTTP 中的 GET、POST、PUT 和 ELETE 就对应着对这个资源的查询、更改、增加、删除操作。通常情况下，只需要用到 GET 和 POST 方法，根据 HTTP 规范，GET 一般用于获取/查询资源信息，而 POST 可能修改服务器上的资源。

在形式上，GET 请求的数据会附在 URL 之后（就是把数据放置在 HTTP 协议头中），以 "?" 分割 URL 和传输数据，参数之间以 "&" 相连，如：

```
login.jsp?name=admin&password=123456&verify=%E4%BD%A0%E5%A5%BD
```

如果数据是英文字母/数字，以原样发送，如果是空格，转换为"+"，如果是中文/其他字符，则直接把字符串用 BASE64 加密，得出如：%E4%BD%A0%E5%A5%BD，其中%XX 中的 XX 为该符号以 16 进制表示的 ASCII 码。

POST 把提交的数据则放置在 HTTP 包的 BODY 中，不会像 GET 方法一样附在 URL 之后。

GET 方法和 POST 方法在提交信息的长度上有所不同，GET 方法是将请求参数加在 URL 之后，因而信息长度受到 URL 长度的限制，这个限制是特定的浏览器及服务器对它的限制。IE 对 URL 长度的限制是 2 083 字节（2K+35）。对于其他浏览器，如 Navigator、FireFox 等，理论上没有长度限制，其限制取决于操作系统的支持。而理论上讲，POST 是没有大小限制的，HTTP 协议规范也没有进行大小限制，起限制作用的是服务器处理程序的处理能力。实际使用的时候，通常将 POST 作为复杂和安全的数据传递方法，因为请求的信息是放在 BODY 中，所以安全、丰富。

2. 中文乱码处理

Java 的内核和 class 文件是基于 unicode 的，这使 Java 程序具有良好的跨平台性，但也带来了一些中文乱码的问题。JSP 文件本身编译时、JSP 获取页面参数时和在 JSP 将变量输出到页面时都可能产生乱码。

首先 JSP 源文件中很可能包含有中文，而 JSP 源文件的保存方式是基于字节流的，如果 JSP 编译过程中，使用的编码方式与源文件的编码不一致，就会出现乱码。对于这种乱码，在文件头加上<%@ page contentType="text/html;charset=GBK"%>或<%@ page contentType= "text/html; charset=gb2312"%>基本上就能解决问题。

JSP 获取页面参数时一般采用系统默认的编码方式，如果页面参数的编码类型和系统默认的编码类型不一致，很可能就会出现乱码。解决这类乱码问题的基本方法是在页面获取参数之前，强制指定 request 获取参数的编码方式：request.setCharacterEncoding("GBK") 或 request.setCharacterEncoding("gb2312")。如果在 JSP 将变量输出到页面时出现了中文乱码问题，则可以通过在页面代码中设置 response.setContentType("text/html;charset=GBK") 或 response.setContentType("text/html;charset=gb2312")解决。

图 3.39　提交中文请求参数

下面的例子是使用 request.setCharacterEncoding("gb2312")的方法解决中文乱码问题，页面获取输入的中文姓名和性别，然后在原页面显示出来，如图 3.38 和图 3.39 所示，如果将代码"<% request.setCharacterEncoding("gb2312"); %>"删除，会出现中文乱码问题，如图 3.40 所示。

```
<%@ page contentType="text/html;charset=gb2312"%>
<%
 request.setCharacterEncoding("gb2312");
%>
<%@ page import="java.util.Enumeration"%>
<html>
  <head>
    <title>中文转码</title>
  </head>
  <body bgcolor="#FFFFF0">
    <form action="" method="post">
      姓名：
      <input type="text" name="name">
         性 别：
      <input type="text" name="sex">
        
      <input type="submit" value="进入">
```

```
        </form>
        <%
          String str = "";
          if (request.getParameter("name") != null
              && request.getParameter("sex") != null) {
            Enumeration enumt = request.getParameterNames(); //获取所有请求
参数的名字
            while (enumt.hasMoreElements()) { //遍历所有请求参数
              str = enumt.nextElement().toString();
              out.println(str + ":" + request.getParameter(str) + "<br>");
            }
          }
        %>
      </body>
    </html>
```

图 3.40　处理中文请求参数

图 3.41　中文乱码

练习题

一、选择题

1. 关于静态包含和动态包含，下列说法中正确的是（　　）。
   A．静态包含的语法为<%@ include file="目标组件的 URL" %>
   B．静态包含的组件可以为 JSP 文件、HTML 文件和 Servlet
   C．对于静态包含，Servlet 容器先把目标组件的源代码融合到 JSP 源组件中，然后对 JSP 源组件进行编译
   D．对于动态包含，Servlet 容器先把目标组件的源代码融合到 JSP 源组件中，然后对 JSP 源组件进行编译
   E．对于动态包含，Servlet 容器会分别编译和运行 JSP 源组件和 JSP 目标组件。JSP 目标组件生成的响应结果被包含到 JSP 源组件的响应结果中

2. aa.jsp 文件需要动态包含 bb.jsp 文件，这两个文件在 helloapp 应用中的文件路径分别为：

   ```
   helloapp/aa.jsp
   helloapp/dir1/dir2/bb.jsp
   ```

   下列选项中的代码能使 aa.jsp 文件正确地动态包含 bb.jsp 的是（　　）。
   A．<jsp :include page= "bb.jsp"/>
   B．<jsp :include page= "dir1/dir2/bb.jsp"/>
   C．<jsp :include page= "/dir1/dir2/bb.jsp"/>
   D．< jsp :include page= "dir2/bb.jsp"/>

3. aa.jsp 把请求转发给 bb.jsp。aa.jsp 在请求范围内存放了一个 String 类型的 username 属性，以下选项中能使 bb.jsp 获得该属性的是（　　）。
   A．<%

A. <%
```
String username = request.getAttribute("username");
```
%>

B. <%
```
String username = (String)request.getAttribute("username");
```
%>

C. <%
```
String username = request.getParameter("username");
```
%>

D. <%
```
String username = (String)application.getAttribute("username");
```
%>

4．aa.jsp 要把请求转发给 bb.jsp，aa.jsp 和 bb.jsp 都位于 helloapp 根目录下。以下选项中能使 aa.jsp 正确地把请求转发给 bb.jsp 的是（   ）。

    A．<a href ="bb.jsp">bb.jsp</a>　　　　　　B．<jsp :forward page= "bb.jsp"/>
    C．<jsp :forward page= "/bb.jsp"/>　　　　D．< %@ include file= "bb.jsp"/>

5．Servlet 中的变量 cookie 表示客户端的一个 Cookie 数据，以下选项中的代码用于删除客户端相应的 Cookie 数据的是（   ）。

    A．response.deleteCookie(cookie);　　　　B．cookie.setMaxAge(0);
    　　　　　　　　　　　　　　　　　　　　response.addCookie(cookie);
    C．cookie.setMaxAge(-1);　　　　　　　　D．request.deleteCookie(cookie);
    　　response.addCookie(cookie);

6．以下选项中属于 java.sql.DriverManger 类的方法是（   ）。

    A．createStatement()　　　　　　　　　　B．getConnection(String url,String user,String pwd)
    C．registerDriver(Driver driver)　　　　　　D．execute(String sql)

7．对于以下的 select 查询语句，查询结果存放在 rs 变量中：

```
String sql = "select ID,NAME,PRICE from BOOKS where NAME= 'tom' and PRICE = 40 ";
ResultSet rs = stmt.executeQuery(sql);
```

下列选项中能够访问查询结果中的 PRICE 字段的是（   ）。

    A．float price = rs.getString(3);　　　　　　B．float price = rs.getFloat(2);
    C．float price = rs.getFloat(3);　　　　　　D．float price = rs.getFloat("PRICE");

8．以下选项中正确创建了一个 PreparedStatement 对象的是（   ）。假定 prepStmt 变量为 PreparedStatement 类型，con 变量为 Connection 类型，sql 变量表示一个 sql 语句。

    A．prepStmt = con.createStatement(sql);　　B．prepStmt = con.prepareStatement();
    C．prepStmt = con.createStatement();　　　D．prepStmt = con. prepareStatement (sql);

9．在调用 DriverManager 类的 getConnection()方法时，应该提供哪些参数（   ）。

    A．连接数据库的 URL
    B．连接数据库的用户名
    C．连接数据库的口令
    D．在数据库的 JDBC 驱动器类库中，实现 java.sql.Driver 接口的类的名字

二、简答题

1．阐述如何通过 JDBC 驱动程序来访问数据库并叙述其步骤。
2．请说出<%@ page include%>与<jsp:include>的异同点。
3．描述 JSP 的 request 和 response 内置对象及其作用。
4．比较 HTTP 的 GET 方法和 POST 方法的特点和适用场合。

第 4 章 商城会员管理

本章要点：

- 会员登录模块功能的详细设计和具体实现
- 会话机制及 JSP 隐含对象 session
- 会员密码找回功能详细设计和具体实现
- 会员注册功能详细设计和具体实现
- 请求转发及 JSP 的 forward 动作
- JavaBean
- 会员信息修改功能详细设计和具体实现

商城会员管理模块主要实现新会员的注册，老会员的登录、会员信息的修改、会员密码找回等功能。新会员在注册时，系统会验证用户填写的会员名、电子邮件地址、密码和验证码等信息。例如：验证会员名是否已经存在，电子邮箱地址是否已被其他会员使用，两次密码输入是否一致等。会员只有在登录后才可以进行商品购买、查看订单、修改会员信息等操作。会员每次购物生成的订单及订单明细都会被保存到相应的数据库表中，会员在登录后就可以通过相关操作进行查询。

4.1 会员登录模块

4.1.1 功能说明

E-STORE 电子商城的注册用户在登录之前与未注册的游客一样，可以浏览和查询商品，但不能购买商品，也不能进行查看购物车、订单等操作。会员登录模块实现用户的登录功能，用户输入用户名和密码，单击"登录"按钮，由系统验证用户的合法性，如果输入正确，系统会自动保存会员信息并在页面上显示已登录的提示，页面上商品的显示内容和操作也会比浏览用户有一些改变，允许会员进行购买商品、修改会员信息、查看购物车、订单等操作。

E-STORE 电子商城的注册会员在登录前后页面显示如图 4.1 和图 4.2 所示。

图 4.1　商城注册用户登录

图 4.2　注册用户登录成功

4.1.2 流程分析与设计

1. 设计数据库

（1）数据表的概念设计。

◆ 会员信息实体

会员信息实体包括会员编号、会员名称、登录密码、真实姓名、电子邮件、找回密码问题、问题答案等属性。其中，找回密码问题和答案用来实现会员遗忘登录密码时找回功能。会员信息实体图如图 4.3 所示。

（2）数据表的逻辑结构。

◆ 会员信息表结构

会员信息表用来保存 E-STORE 中所有注册会员的信息，数据表命名为 tb_customer，该表的结构如表 4.1 所示。

图 4.3 会员信息实体图

表 4.1 数据表 tb_customer 的结构

字 段 名	数据类型	是否为空	是否为主键	默 认 值	描 述
id	Int	No			ID（自动编号）
user_name	varchar(50)	No	Yes		会员名称
password	varchar(50)	Yes			登录密码
real_name	varchar(10)	Yes			真实姓名
mobile	varchar(11)	Yes			联系电话
email	varchar(50)	Yes			电子邮件
password_question	varchar(50)	Yes			找回密码问题
password_hint_answer	varchar(50)	Yes			问题答案

（3）在数据库中创建表。

启动 SQL Server Management Studio，打开 estoredb 数据库，展开如图 4.4 所示的"数据库"选项，展开"estoredb"数据库，使用鼠标右键单击"表"节点，在弹出的快捷菜单中执行"新建表"命令，如图 4.5 所示，将弹出用来创建表的对话框。

图 4.4 展开控制台根目录

图 4.5 创建数据库表

根据如表 4.1 所示的数据表 tb_customer 的结构设计数据表，如图 4.6 所示。

其中，会员名称"user_name"字段被设置为主键，以避免会员同名。

2. 数据库会员实体类设计

会员登录验证需要进行后台数据库查询，查询结果以会员实体类对象返回，登录后该会员信息在本次网站访问期间都可以用此对象的形式保存。因此需要设计数据库会员实体类 CustomerEntity，类的成员变量命名分别与数据库会员表字段名同名，并为所有成员变量的存取设计 set 和 get 成员方法，称为访问器。当要对会员表的记录进行访问时，用类 CustomerEntity 实例代表表中记录，对数据库进行读操作时，使用该类的 getXxx 方法获取记录各字段的信息，当对数据库进行写操作时,使用该类的 setXxx 方法将要写入记录的信息先赋值该类的对象，再将对象作为方法参数写入数据库。

3. 数据库会员表操作类设计

会员在前台页面进行登录验证操作需要查询数据库会员表，设计 CustomerDao 数据库操作类从页面分离对数据库会员表的访问。

图 4.6 设置 tb_customer 表结构

创建 CustomerDao 类并添加相应数据库查询的方法：

```
public CustomerEntity selectCustmoerEntity(String name);
```

方法参数是待验证的会员名，由页面元素提交。方法的返回值为会员实体类的对象，代表查询到的会员记录。由于会员表的 name 字段被设计成主键，因而在给定的 name 查询条件下，该方法返回的记录只能唯一，或者为空。如果返回的记录为空，代表数据库中不存在这个会员。

4. 功能实现流程设计

（1）在会员登录页面 login.jsp 中输入会员的用户名和密码，以请求参数的形式提交给 userLoginResult.jsp 页面进行处理。和第 3 章商品搜索页面一样，在 left.jsp 页面中使用指令：

```
<%@ include file="leftParts/login.jsp" %>
```

将 login.jsp 包含在 left.jsp 中，效果如图 4.7 所示。

图 4.7 添加登录模块

（2）userLoginResult.jsp 页面获取页面请求参数用户名与密码。
（3）以用户名为参数调用 ProductDao 类的 selectProductEntity 方法，查询数据库表。
（4）查询结果为空，提示"会员不存在"，否则将返回的会员实体对象进行保存。
（5）将实体对象的密码与页面请求参数密码（即用户在登录时输入的密码）进行比较，密码不一致，登录失败，页面提示重新登录，系统页面跳转到首页。
（6）密码验证一致，则登录成功，系统显示成功登录信息，页面跳转至商品展示页面，同时将会员信息保存在会话中，以供会员本次访问网站时使用。

会员登录功能流程图如图 4.8 所示。

图 4.8　会员登录功能流程图

4.1.3　编程详解

（1）在 cn.E-STORE.entity 包中创建会员实体类 CustomerEntity，实现代码如下：

```java
//会员实体类
package cn.estore.entity;
public class CustomerEntity {
    private int id;                              /*自增编号*/
    private String userName;                     /*会员账号，关键字*/
    private String password;                     /*密码*/
    private String realName;                     /*真实姓名*/
    private String mobile;                       /*联系方式*/
    private String email;                        /*email*/
    private String passwordQuestion;             /*密码提示问题*/
    private String passwordHintAnswer;           /*密码问题答案*/
    …//setXxx 与 getXxx 定义
}
```

（2）在 cn. E-STORE.dao 包中创建 CustomerDao 类，并添加 selectCustmoerEntity 方法。具体实现代码如下：

```java
package cn.estore.dao;
/*数据库会员表操作类，负责对该表的存取操作*/
import cn.estore.entity.CustomerEntity;
import cn.estore.util.DBConnection;
import java.sql.*;
import java.util.*;
```

```java
//对会员表的操作
public class CustomerDao {
  private Connection connection = null;
  private PreparedStatement ps = null;
  private DBConnection jdbc = null;
  public CustomerDao() {
     jdbc = new DBConnection();
     connection = jdbc.connection;  //利用构造方法取得数据库链接
  }

  //以会员名称为条件查询信息
  public CustomerEntity selectCustomerEntity(String name) {
    CustomerEntity user = null;
    try {
      ps = connection.prepareStatement("select * from tb_customer
          where name=?");
      ps.setString(1, name);  //设置SQL语句的查询参数
      ResultSet rs = ps.executeQuery();
      while (rs.next()) {
        user = new CustomerEntity();
       user.setId(Integer.valueOf(rs.getString(1)));
       user.setUserName(rs.getString(2));
      user.setPassword(rs.getString(3));
      user.setRealName(rs.getString(4));
      user.setMobile(rs.getString(5));
      user.setEmail(rs.getString(6));
      user.setPasswordQuestion(rs.getString(7));
              user.setPasswordHintAnswer(rs.getString(8));
      }
    }
    catch (SQLException ex) {
      System.out.println("数据库访问失败");
    }
    return user;
  }
}
```

（3）在 pages/common/leftParts 目录下创建 login.jsp，设计提交表单，表单元素包括用户名和密码输入框，表单以 post 方法提交，则表单的内容将以页面请求参数的形式提交给 userLoginResult.jsp 页面，具体实现代码如下：

```jsp
<%@ page language="java" import="java.util.*" pageEncoding="gb2312"%>
<%@page import="cn.estore.entity.CustomerEntity"%>
<!DOCTYPE HTML PUBLIC "-//W3C//DTD HTML 4.01 Transitional//EN">
<html>
    <head>
    <title>login</title>
</head>
<body>
  <!--左侧登录-->
    <table width="300" height="138" border="0" cellpadding="0"
      cellspacing="0" background="/estore/systemImages/fg_left01.jpg"
      style="background-repeat: no-repeat">
      <tr>
        <td valign="middle">
```

```html
                    <table width="100%" border="0" cellpadding="0" cellspacing="0">
                        <!--设计一个空行，美化界面-->
                        <tr>
                            <td height="10"></td>
                        </tr>
                    </table>
                    <!--设计提交表单-->
                    <form name="form" method="post"
                        action="/estore/pages/customer/userLoginResult.jsp"
                        onSubmit="return checkEmpty(form)">
                        <table width="185" border="0" align="center">
                            <!--空行-->
                            <tr height="10">
                                <td></td>
                            </tr>
                            <tr>
                                <td width="60" height="25">
                                    账号：
                                </td>
                                <td width="115" height="25">
                                    <input name="name" type="text" size="17">
                                </td>
                            </tr>
                            <tr>
                                <td height="35">
                                    密码：
                                </td>
                                <td>
                                    <input name="password" type="password"
                                        size="17">
                                </td>
                            </tr>
                            <tr>
                                <td height="25">
                                    <input type="image" class="input1"
                                        src="/estore/systemImages/fg-land.gif"
                                        width="51" height="20">
                                </td>
                                <td height="25">
                                    <a href=
                                    "/estore/pages/customer/userRegisterAjax/userRegister.jsp">注册
                                    </a>  
                                    <a href=
                                    "/estore/pages/customer/userPasswordFind1.jsp">找回密码</a>
                                </td>
                            </tr>
                        </table>
                    </form>
                </td>
            </tr>
        </table>
    </body>
</html>
```

其中，代码：`<form name="form" method="post" action="userLoginResult.jsp" onSubmit="return checkEmpty(form)">`指明了本页面提交表单名称（标识）为 form，在表单提交之前会触发 onSubmit 事件，进行表单内容的验证，如果验证不通过（即：以 form 为参数调用 checkEmpty

函数，结果返回"false"），则表单不会提交。

由于 login.jsp 包含在 left.jsp 页面中，所以可以使用第 2 章中在 left.jsp 页面中添加的 checkEmpty 函数验证表单输入是否为空。

（4）创建 userLoginResult.jsp 页面。

① 在 pages 目录下新建一个 customer 目录，专门存放与会员管理相关的页面。然后在 customer 目录下创建页面 userLoginResult.jsp，在页面中引入类 CustomerEntity 和类 CustomerDao，并生成各自的对象，当用户的信息以请求参数的形式提交到页面 userLoginResult.jsp 后，使用 request 对象的 getParameter 方法获取参数 name 的值，据此，调用类 ProductDao 对象的 selectCustomerEntity 方法查询数据库，进行服务器端验证。

```
CustomerDao dao = new CustomerDao();
String name = request.getParameter("name");
CustomerEntity userEntity = dao.selectCustomerEntity(name);
```

② 判断方法 selectCustomerEntity 的返回值，如果密码输入信息为空或密码不正确，提示出错信息，页面返回，其实现代码如下：

```
<body>
<div align="center">
  <%
  // 用户登录
      CustomerDao dao = new CustomerDao();
      String name = request.getParameter("name");
      String password = request.getParameter("password");
      CustomerEntity userEntity = dao.selectCustmoerEntity(name);
      if(userEntity==null||userEntity.equals("")){//当前登录用名的用户
                                                   不存在
  %>
    <script language='javascript'>alert
              ('不存在此用户，请重新登录！！！');history.go(-1);
    </script>
  <% }else {//存在此用户，将数据库中密码取出来和用户录入的密码进行对比
      if(!userEntity.getPassword().equals(password)){
  %>
      <script language='javascript'>alert
              ('密码错误，请重新登录！！！');history.go(-1);
      </script>
  <%
      } else {//用户名与数据表中密码一致，为授权用户，保存信息至 session
          session.setAttribute("user", userEntity);
          session.setAttribute("name",name);
  %>
      <script language='javascript'>window.location.href=
              '/estore/pages/product/main.jsp';
      </script>
  <%
      }}
  %>
</div>
</body>
```

其中，信息的提示和页面返回都是使用 JavaScript 代码完成，因为在此时页面已经跳转到显示登录结果的页面了，要想返回到刚才登录信息的填写页面，可以使用 JavaScript 的代码 history.go(-1)实现。history 是浏览器的一个对象，其代表了用户在网站上不同页面之间访问页

面的历史。history 的 go 方法实现在这个浏览历史中前进或后退。

用户在访问网站过程中，网站有责任保护登录会员的个人信息，例如会员的登录用户名和密码信息，因此在 E-STORE 工程中定义了一个 Encrypt 类用于对字符串进行加密和解密，具体代码请参见本书配套程序 src/cn. E-STORE.util 目录。

③ 如果用户登录信息验证都正确，用户信息将存放在 CustomerEntity 类的对象 userEntity 中，此对象是页面 userLoginResult.jsp 的内部对象，仅在该页面范围内存在，作用范围也限于该页面，当页面跳转后，此对象就不可再用了，而会员的信息在其他页面的访问中也会用到，因此，该对象应该保存在多个页面都能访问的地方。

为了能够保存用户的访问信息，在此需要用到会话对象 session。用户从访问 E-STORE 电子商城的第一个网页开始，直到离开该网站结束，被定义为一次"会话"，在服务器端，JSP 引擎会产生一个 session 对象代表此次会话。一个 session 对象属于一个特定的会话，由服务器负责产生、管理和销毁，而对于 JSP 程序员来说，session 对象被作为 JSP 页面的隐含对象而存在，程序员可以在 JSP 页面中直接使用。session 对象的生存期和作用范围都是这次会话，因此，可以将用户登录的信息存放在 session 对象中，作为 session 对象的一个属性而存在。session 对象提供了 setAttribute 方法完成其属性值的添加，将用户信息对象以属性名为 user 的属性存放在 session 对象中，并同时保存会员登录名 name。

```
session.setAttribute("user", userEntity);
session.setAttribute("name",name);
```

④ 会员登录成功后，页面跳转到首页，在首页的左侧会显示如图 4.2 所示的会员信息。

```
<script language='javascript'>
    window.location.href='/estore/pages/product/main.jsp';
</script>
```

在 JavaScript 中通过设置 window.location.href=URL 可以实现页面的跳转。

（5）允许登录会员查看商品详细信息，修改相关超链接。

会员登录后，可以进行购物操作，因此对商品展示页面、新品、特价、搜索结果页面的商品显示信息需要进行修改，让会员可以进行购物操作。以 main.jsp 为例，将原来显示"登录后才能购买"的位置修改为以下代码，为登录后的用户添加"查看详细内容"超链接。

```
<div align="left">
  <%
    if (session.getAttribute("user") != null
       || session.getAttribute("id") != null) {
  %>
  <a href="#" onClick="window.open('showProductById.jsp?id=
    <%=e.getId()%>','','width=500,height=200');">查看详细内容</a>
  <%
    } else {
  %>
    登录后才能购买
  <%
    }
  %>
</div>
```

其中，<a href="#" onClick = "window.open (' 'showProductById.jsp ?id=   <%= e.getId()%>'，''，'width=500, height=200');">查看详细内容</a>，是使用 JavaScript 代码实现打开页面 showProductById.jsp，并传送请求参数商品编号。

4.1.4 会话机制与 session 对象

1. 会话机制

用户在浏览某个网站时，从进入网站到浏览器关闭或离开该网站所经过的这段时间，也就是在这个网站连续访问的期间，称为一个会话。当一个客户访问一个服务器时，可能会在这个网站的几个页面之间反复连接，反复刷新一个页面，由于 HTTP 协议自身的特点，用户每执行一个网站页面的访问都需要和 Web 服务器重新建立连接。在此过程中，由于 HTTP 协议是无状态协议，此次连接无法得到上次连接的状态，同一用户的多次访问数据的维护无法由 HTTP 协议自身完成，而网站的应用程序应当通过某种办法来维护同一个用户访问的数据，这就是会话机制。需要注意的是，一个会话的概念需要包括特定的用户，特定的服务器及连续的操作时间。不同用户、不同服务器及在不同时间内的连续操作都是处在不同的会话中。

正如 E-STORE 的实现那样，Java Web 应用通常使用 javax.servlet.http.HttpSession 类的子类的对象 session 来维护会话，不同的会话由不同的 session 对象维护。session 对象的标识（即 session 对象的 ID）在用户第一次访问 Web 应用时由服务器自动产生并保持唯一性，对于网站用户来说，这个 session 的 ID 实际上是不用关心的。而在网站的开发时，可以使用 session 的特定方法来获取其对应的 ID 值。

用 session 对象来保存每个用户的状态信息，以便在 HTTP 协议下也能跟踪每个用户的操作状态。其中 session 对象本身保存在服务器上，而把 session 的 ID 随响应一起发送并保存在客户机的 Cookies 中，当用户在此访问同一 Web 应用时，该 ID 又随请求再次发送到服务器，服务器根据此 ID 查找所有 session 对象，如果找到匹配的 session 对象，则可在这个 session 对象上取出属于该用户的状态信息，实现非连接下的状态维护。在很多服务器上，如果测试用户浏览器支持 Cookies，就直接使用 Cookies 保存 session 对象的 ID，如果不支持或者由于用户禁用了 Cookies，就自动使用 URL-rewriting（URL 重写）技术保存 session 对象的 ID。直到客户端用户关闭浏览器后，服务器端该客户的 session 对象才被注销，进而和用户的会话对应关系消失。当客户端重新打开浏览器再连接到该服务器时，服务器又为该客户再创建一个新的 session 对象，实现一个新的会话的维护。

2. session 对象的常用方法

session 对象为维护会话信息的每个流程提供了方便的存取信息方法，常用的方法如下：

（1）public String getId()：返回 session 创建时 JSP 引擎为它设的唯一 ID，每个 session 的 ID 是不同的。

（2）public void setAttribute(String key,Object obj)：将参数 Object 指定的对象 obj 添加到 session 对象中，并为添加的对象属性指定一个索引关键字。

（3）public Object getAttribute(String key)：获取 session 对象中含有关键字的属性对象。

（4）public Boolean isNew()：判断 session 对象是否是一个新建的 session 对象。

另外，还有一些其他方法：

（1）long getCreationTime()：取得 session 产生的时间，单位是毫秒。

（2）long getLastAccessedTime()：返回此 session 中客户端最近一次请求的时间。

（3）int getMaxInactiveInterval()：取得最大 session 失效的时间，若相邻两次请求超过这个

时间，session 将会失效，以负值标识 session 则永远不会超时。

（4）void setMaxInactiveInterval()：设定最大 session 失效的时间。

（5）String[] getValueNames()：返回一个包含此 session 所有可用属性名称的数组。

（6）void invalidate()：取消 session 对象，并将对象存放的内容删除。

（7）void removeValue(String name)：删除 session 对象中指定的属性。

（8）Enumeration getAttributeNames()：返回 session 对象存储的每一个属性对象，其结果为枚举类型。

（9）long getLastAccessedTime()：返回和当前 session 对象相关的客户端最后发送请求的时间，最小单位为毫秒。

3. 扩充实例

新建 sessionJsp.jsp 页面，其实现代码如下：

```jsp
<%@ page language="java" import="java.util.*" pageEncoding="GB2312"%>
<html>
  <head><title>session 对象实例</title></head>
  <body><br>
    session 的创建时间：
    <%=session.getCreationTime()%>  
    <%=new Date(session.getCreationTime())%><br><br>
    session 的 Id：<%=session.getId()%><br><br>
    客户端最近一次请求时间：
    <%=session.getLastAccessedTime()%>  
    <%=new java.sql.Time(session.getLastAccessedTime())%><br><br>
    两次请求间隔多长时间此 session 被取消(ms)：
    <%=session.getMaxInactiveInterval()%>
    <br><br>
    是否是新创建的一个 Session：<%=session.isNew()?"是":"否"%>
    <br><br>
    <%
      for(int i=0;i<session.getValueNames().length;i++)
      out.println(session.getValueNames()[i]+"="+
        session.getValue(session. getValueNames()[i]));
    %>
    <!--返回的是从格林尼治时间(GMT)1970 年 01 月 01 日 0:00:00 起到计算当时的
      毫秒数-->
  </body>
</html>
```

第一次访问和刷新后的结果如图 4.9 和图 4.10 所示。

图 4.9　sessionJsp.jsp 第一次访问的结果

图 4.10　sessionJsp.jsp 刷新后的结果

如果对该页面进行刷新操作，页面显示"是否是新创建的一个 SESSION:否"，表示这次请求还是同一个 session，不同于第一次访问时会产生新的 session 对象。

> 提示：request.getParameter()是从上一个页面用户提交的数据中取得，而 session 存在范围是用户的整个会话期。比如用户需要使用密码登录后才能访问网站，用户初次登录时，可以把变量设在 session 中，以后只要检查 session 中的变量就可以知道用户是否已经在登录状态。
>
> request 范围较小一些，只是一个请求，简单说就是在页面上的一个操作，结果输出之后，request 就结束了。而 session 可以跨越很多页面，可以理解为客户端同一个浏览器窗口发出的多个请求，在这些请求之间都可以传递信息。

4.2 用户密码找回

4.2.1 功能说明

E-STORE 电子商城提供注册会员的密码找回功能，在用户遗忘登录密码时可使用该功能重新设置登录密码。在用户登录页面上设有"找回密码"的链接，会员根据页面提示，输入用户账号，如图 4.11 所示，页面提示找回密码问题如图 4.12 所示，输入答案，系统判断答案正确，则显示重新输入密码，如图 4.13 所示，用户重新设定密码，完成找回密码的操作。

图 4.11　输入用户账号　　　图 4.12　输入问题答案　　　图 4.13　重新设定密码

4.2.2 流程分析与设计

1. 数据库设计

在用户信息表中设计有字段找回密码问题、问题答案两个字段，如表 4.2 所示，用户在注册时填写相应的信息。

表 4.2　tb_user 表的部分结构

字 段 名	数据类型	是否为空	是否为主键	默 认 值	描　述
password_question	varchar(50)	Yes			找回密码问题
password_hint_answer	varchar(50)	Yes			问题答案

2. 数据库访问设计

会员在找回密码时，需要回答密码问题，回答正确后方可更改密码，因此在 CustomerDao 类中设计添加 selectFind 方法和 updatePassword 方法。

（1）selectFind 方法根据会员账号与用户找回密码答案作为参数，查询会员信息表，返回会员信息实体对象，因为会员信息表以 name 为主键，因此只能查询到唯一一条记录或者会员根本不存在。一旦查询到结果，会员的信息会保存在 UserEntity 实体对象中，当需要获取后续的找回密码问题及答案时便可不用再次查询数据库了。

（2）用户输入的找回密码答案如果正确，系统将使用新密码替换原来的密码，实现密码的找回。在 updatePassword 方法中以数据库自动编号的 id 作为查询条件，修改密码，方法返回修改成功与否。

3. 功能实现流程设计

（1）在 login.jsp 页面中设计找回密码的链接，会员单击该链接后提交给 userPasswordFind1.jsp 处理。

（2）在 userPasswordFind1.jsp 页面中提供会员账号输入，以请求参数的形式提交给 userPasswordFind2.jsp 处理。

（3）userPasswordFind2.jsp 页面获取页面请求参数会员账号，以此作为参数调用 CustomerDao 类的 selectCustomerEntity 方法，查询数据库表。

（4）查询结果为空，提示"会员不存在"，否则保存方法返回的会员信息表实体对象。在 userPasswordFind2.jsp 页面上提供输入找回密码问题的答案。

（5）将输入的问题答案及数据库查询的会员账号以请求参数的形式提交给页面 userPasswordFind3.jsp 处理。

（6）页面 userPasswordFind3.jsp 中，获得请求参数会员账号和找回密码问题答案，并以此为参数，查询数据库，如果检索不成功，页面提示答案不正确。否则，说明输入的答案正确，页面提供密码的重新设置，重新输入密码后，提交给页面 userPasswordFind4.jsp 处理。

（7）在页面 userPasswordFind4.jsp 中，将重新设置的密码写入数据库，并提示处理结果后系统页面跳转到首页。

会员密码找回功能流程图如图 4.14 所示。

图 4.14　会员密码找回功能流程图

4.2.3 编程详解

（1）在 CustomerDao 类中设计添加 selectFind 方法。

```java
//找回密码
public CustomerEntity selectFind(String name, String result) {
    CustomerEntity user = null; //声明实体对象
    try {
      ps = connection.prepareStatement
           ("select * from tb_customer where name=? and result=?");
      ps.setString(1, name);
      ps.setString(2, result);
      ResultSet rs = ps.executeQuery();
      while (rs.next()) {
        user = new CustomerEntity();
       user.setId(Integer.valueOf(rs.getString(1)));
       user.setUserName(rs.getString(2));
       user.setPassword(rs.getString(3));
       user.setRealName(rs.getString(4));
       user.setMobile(rs.getString(5));
       user.setEmail(rs.getString(6));
       user.setPasswordQuestion(rs.getString(7));
       user.setPasswordHintAnswer(rs.getString(8));
      }
    }
    catch (SQLException ex) {
      System.out.println("数据库访问失败");
    }
    return user;
}
```

（2）在 CustomerDao 类中设计添加 updatePassword 方法。

```java
//以密码和数据库自动更新的编号 id 为参数修改会员的密码
public boolean updatePassword(String password, Integer id) {
    try {
      ps = connection.prepareStatement("update tb_customer set password=? where id=?");
      ps.setString(1, password);
      ps.setInt(2, id.intValue());
      ps.executeUpdate();
      ps.close();
      return true;
    }
    catch (SQLException ex) {
      return false;
    }
}
```

（3）在 login.jsp 页面中添加"找回密码"的链接，链接到密码找回功能的起始页面 userPasswordFind1.jsp。

```html
<a href="/estore/pages/customer/userPasswordFind1.jsp" >找回密码？</a>
```

（4）创建 userPasswordFind1.jsp 页面。

在 pages/customer 目录下创建 userPasswordFind1.jsp 页面，页面风格与主页保持一致，在页面中设计一个提交表单，用于提交找回密码的会员账号，会员输入账号后，将作为请求参数以 post 方法提交到页面 userPasswordFind2.jsp 中，提交之前使用 JavaScript 函数 checkEmpty(form) 进行合法性验证，提交表单实现代码如下：

```html
<form name="form" method="post" action="userPasswordFind2.jsp"
onSubmit= "return checkEmpty(form)">
  <table width="298" border="0" cellspacing="0" cellpadding="0"
  bordercolor="#FFFFFF" bordercolordark="#819BBC"
  bordercolorlight="#FFFFFF">
    <tr>
      <td width="105" height="35" bgcolor="#FFFFFF">
        <div align="right">用户账号：</div>
      </td>
      <td width="187">
        <input type="text" name="name">
      </td>
    </tr>
  </table>
  <br>
  lo<input type="text" name="name">
  <input type="image" class="input1"  src="../../systemImages/save.jpg"
  width="51" height= "20">
  <a href="#" onClick="javascript:form.reset()">
    <img src="../../systemImages/clear.gif"> </a>
  <a href="#" onClick="javasrcipt:history.go(-1)">
    <img src="../../systemImages/back.gif"></a>
</form>
```

其中：`<input type="image" class="input1"  src="../../systemImages/save.jpg" width="51" height="20">`，是以显示图片的形式实现表单"提交"按钮。

`<a href="#" onClick="javascript:form.reset()"><img src="../../systemImages/clear.gif"> </a>`和 `<a href="#" onClick="javasrcipt:history.go(-1)"><img src="../../systemImages/back.gif"> </a>`，分别用 JavaScript 实现表单元素的"重置"和页面"返回"功能。userPasswordFind1.jsp 详细代码请参考本书配套程序。

（5）创建 userPasswordFind2.jsp 页面。

① 在 pages/customer 目录下创建 userPasswordFind2.jsp 页面，在页面中引入数据库会员信息表操作类和实体类，调用操作类的 selectCustomerEntity 方法，以 userPasswordFind1.jsp 页面提交的请求参数"会员账号"作为参数查询数据库，查询结果存放在页面对象 user 中，其实现代码如下：

```jsp
<%
  CustomerDao dao = new CustomerDao();
  CustomerEntity user=
      dao.selectCustomerEntity(request.getParameter("name"));
%>
```

② 判断 user 是否为空，如果为空，表示该会员不存在，也就无法进行找回密码的操作，页面提示返回 userPasswordFind1.jsp 页面请会员重新输入，其实现代码如下：

```jsp
<%if(user==null||user.equals("")){%>
<p><strong>不存在此会员,请重新输入！！！</strong></p>
<meta http-equiv="refresh" content="2;URL=userPasswordFind1.jsp">
<%}else{%>
```

其中：<meta http-equiv="refresh" content="2;URL=userPasswordFind1.jsp">，实现 2 秒后页面刷新显示，显示的页面为 URL 指定的页面。

如果 user 不为空，页面生成 form 表单，显示密码找回的问题，会员输入问题答案后，以 post 方法将用户账号、找回密码问题答案以请求参数的形式提交到页面 userPasswordFind3.jsp，其中用户账号以隐含表单元素方式实现，在页面上不显示这些信息，但仍然会随表单一起提交，提交表单实现代码如下：

```html
<form name="form" method="post" action="userPasswordFind3.jsp"
  onSubmit="return    checkEmpty(form)">
    <table width="298" border="0" cellspacing="0" cellpadding="0"
    bordercolor= "#FFFFFF" bordercolordark="#819BBC"
    bordercolorlight="#FFFFFF">
      <tr>
        <td width="105" height="35">
          <div align="right">问题:</div>
        </td>
        <td width="187">
          <div align="left">
            <input type="hidden" name="name" value="<%=user.getName() %>">
            <%=user.getQuestion()%>
          </div>
        </td>
      </tr>
      <tr>
        <td width="105" height="35">
          <div align="right">答案:</div>
        </td>
        <td width="187">
          <div align="left">
            <input type="text" name="result">
          </div>
        </td>
      </tr>
    </table>
    <br>
    <input type="image" class="input1"  src="image/save.jpg" width="51"
     height="20">
      
    <a href="#" onClick="javascript:form.reset()">
      <img src="image/clear. gif"></a>
      
    <a href="#"onClick="javasrcipt:history.go(-1)">
      <img src="image/back. gif"></a>
</form>
```

userPasswordFind2.jsp 页面的完整代码请参考本书配套程序。

（6）创建 userPasswordFind3.jsp 页面。

① 在 pages/customer 目录下创建 userPasswordFind3.jsp 页面，在页面中引入数据库会员信息表操作类和实体类，使用操作类的 selectFind 方法以 userPasswordFind2.jsp 页面提交的请求参数 "用户账号"、"密码找回答案" 作为参数查询数据库，查询结果存放在页面对象 user 中，其实现代码如下：

```jsp
<%
  CustomerDao dao = new CustomerDao();
  String name=request.getParameter("name").trim();
```

```
    String result=request.getParameter("result").trim();
    CustomerEntity user=dao.selectFind(name,result);
%>
```

② 判断 user 是否为空，如果为空，表示该用户输入的答案不正确，页面提示错误信息，返回 userPasswordFind2.jsp 页面请用户重新输入答案。因为页面 userPasswordFind2.jsp 需要用户账号作为其请求参数，在返回时需要带入 name 变量作为请求参数。

```
<%if(user==null||user.equals("")){%>
<p><strong>答案不正确，请重新输入！！！</strong></p>
<meta http-equiv="refresh" content="2;URL=userPasswordFind2.jsp?name=
<%= name%>">
<%}else{%>
```

如果 user 不为空，说明答案正确，页面生成 form 表单，在表单中设计<input type="password" name="password">和<input type="password" name="passwordOne">让用户两次输入新密码，然后以 post 方法将密码请求参数的形式提交到页面 userPasswordFind4.jsp，同时将该用户的 id 一起提交，以供在页面 userPasswordFind4.jsp 中以此作为标识进行数据库修改，提交表单实现代码如下：

```
<p><strong>输入新密码</strong></p>
<form name="form" method="post" action="userPasswordFind4.jsp?
id=<%=user. getId()%>" onSubmit="return checkEmpty(form)">
  <table width="298" border="0" cellspacing="0" cellpadding="0"
  bordercolor="#FFFFFF" bordercolordark="#819BBC"
  bordercolorlight="#FFFFFF">
    <tr>
        <td width="105" height="35">
          <div align="right">请输入新的密码：</div>
        </td>
        <td width="187">
          <div align="center">
            <input type="password" name="password">
          </div>
        </td>
        <td width="105" height="35">
          <div align="right">确认密码：</div>
        </td>
        <td width="187">
          <div align="center">
            <input type="password" name="passwordOne">
          </div>
        </td>
    </tr>
  </table>
  <br>
  <input type="image" class="input1"  src="../../systemImages/
  save.jpg"
     width="51" height="20">
    
   <a href="#" onClick="javascript:form.reset()">
      <img src="../../systemImages/clear.gif"></a>
    
   <a href="#" onClick="javasrcipt:history.go(-1)">
      <img src="../../systemImages/back.gif"></a>
</form>
<%}%>
```

对于用户两次输入的密码是否一致,则在表单提交之前调用页面 JavaScript 函数 checkEmpty(form)进行页面端验证,其实现代码如下:

```
<script language="javascript">
  function checkEmpty(form){
    for(i=0;i<form.length;i++){
      if(form.elements[i].value==""){
        alert("表单信息不能为空");
        return false;
      }
    }
if(document.form.password.value!=document.form.passwordOne.value){
      window.alert("您两次输入的密码不一致,请重新输入");
      return false;
    }
  }
</script>
```

(7)创建 userPasswordFind4.jsp 页面。

在 pages/customer 目录下创建 userPasswordFind4.jsp 页面,在页面中引入数据库会员信息表操作类,调用操作类的 updatePassword 方法,以 userPasswordFind3.jsp 提交的请求参数"账号"、"密码"作为参数修改数据库会员信息表,该方法返回修改成功与否,存放在 boolean 变量 change 中,其实现代码如下:

```
<%
CustomerDao dao = new CustomerDao();
String password=request.getParameter("password").trim();
Integer id=Integer.valueOf(request.getParameter("id"));
boolean change=dao.updatePassword(password,id);
%>
```

页面判断 change 后显示密码修改成功或失败的提示信息,并在 2 秒后跳转到主页面 main.jsp,其实现代码如下:

```
<%if(change){%>
  密码修改成功!!!
<%}else{%>
  密码修改失败!!!
<%}%>
</strong></p>
<meta http-equiv="refresh" content="2;
  URL=/estore/pages/product/main.jsp">
```

4.3 会员注册

4.3.1 功能说明

会员注册模块提供注册功能,用户填写必要信息后就可以成为 E-STORE 电子商城的会员,只有注册会员才能够查看商品详细信息并进行购物等相关操作，非注册会员只能浏览商品基本资料。

会员在输入注册信息时，有很多内容需要验证。例如用户名是否已经存在，E-mail 是否已被人使用，验证码输入是否正确等。传统方式是使用客户端 JavaScript 做初步验证，用户提交表单后在服务器端做进一步验证。如果用户输入的信息有错误，会返回注册页面，提示用户重新输入。在 E-STORE 工程中我们使用 Ajax 技术实现对注册信息的验证，将原来需要提交到服务器才能验证的内容，可以在不刷新页面的情况下直接验证。会员注册页面如图 4.15 所示。

图 4.15　会员注册页面

4.3.2 流程分析与在设计

1. 数据库操作设计

会员注册主要的操作是将注册的信息写入数据库，根据前面章节的介绍，我们知道可以设计将此数据库写入操作的功能从页面分离出去，在数据库会员信息表操作类 CustomerDao 中添加方法 insertCustomer，用于将会员注册信息写入数据库，会员填写的信息存储在会员信息实体类 UserEntity 的对象中，作为方法的参数提供。

2. 流程设计

在 login.jsp 页面中提供功能入口链接，会员单击该链接，跳转到 userRegister.jsp 页面输入注册信息。在用户输入信息时，使用 Ajax 技术对用户输入内容的有效性和正确性进行验证，验证内容有用户名、电子邮箱、密码和验证码 4 个部分。

（1）验证用户名和电子邮箱是否已经存在。

在用户输入名和电子邮箱地址后，使用 XMLHttpRequest 对象将用户输入的信息发送给服务器。服务器判断是否存在同名用户或电子邮箱地址。验证完毕后将信息反馈给客户端，客户端显示验证结果。这样用户在提交整个表单前，就可以知道输入的用户名和电子邮箱是否可用。

（2）密码验证比较简单，不需要到服务器端验证。这需要在客户端对用户两次输入的密码进行对比，当输入一致时，通过验证，否则提示用户输入密码有误。

（3）生成验证码与校验过程。

验证码主要是防止恶意用户使用工具自动进行批量注册，抢占用户名。其基本原理是在服务器生成一个随机数字，并放入用户 session 中。客户端使用该随机数字生成的图片，用户按图片内容输入验证码。最后将用户的输入与 session 中的验证码进行对比，如果一致则验证成功。在 E-STORE 的会员注册模块使用 Java 类库中图像 API 生成包含三位数字验证码的 PNG 格式图片。具体代码可参见 code.jsp。

（4）将验证函数封装在 Checker 对象中。

以上 3 种方式的验证函数都封装在一个 Checker 对象中。里面包含的 checkNode 函数对应用户名和电子邮箱验证，以及验证码验证。CheckPassword 函数对应密码验证。所有的验证结果第一个数字是 0 或 1，分别表示验证失败或成功。后面紧跟验证结果的详细文字说明。showInfo 函数根据验证结果进行不同样式的显示。

用户信息填写完成后，将注册信息提交给 User.jsp 页面，在 User.jsp 页面中采用 JavaBean 技术根据请求参数生成会员信息实体类对象，并写入数据库。将执行结果的提示信息提交页面 userRegisterResult.jsp 显示。会员注册功能流程图如图 4.16 所示。

图 4.16　会员注册功能流程图

4.3.3　编程详解

（1）修改 CustomerDao 类，添加 insertCustomer 方法，其实现代码如下：

```java
//添加会员注册信息
public boolean insertCustomer (UserEntity user) {
    try {
    ps = connection.prepareStatement("insert into
        tb_customer(user_name,password,real_name,mobile,email,
        password_question,password_hint_answer)
        values (?,?,?,?,?,?,?)");
    ps.setString(1, user.getUserName());
    ps.setString(2, user.getPassword());
    ps.setString(3, user.getRealName());
    ps.setString(4, user.getMobile());
    ps.setString(5, user.getEmail());
    ps.setString(6, user.getPasswordQuestion());
    ps.setString(7, user.getPasswordHintAnswer());
    ps.executeUpdate();
    ps.close();
      return true;
    }
    catch (SQLException ex) {
```

```
            return false;
        }
    }
```

（2）在 login.jsp 页面添加"注册"按钮，如图 4.1 所示。为"注册"按钮设置超链接，其实现代码如下：

```
<a href="/estore/pages/customer/userRegisterAjax/userRegister.jsp">
    注册</a>  
```

（3）创建 userRegister.jsp 页面，设计提交表单，其主要实现的代码如下：

```
<form name="userForm" action="../user.jsp?action=0" method="post"
  onsubmit="">
  <table width="500" border="0" cellspacing="0" cellpadding="0">
    <tr>
      <td width="107" height="35">
        <div align="right">用户名称：</div>
      </td>
      <td >
        <div align="left">
            <input type="text" name="userName" id="userName"
              onblur="Checker.checkNode(this)" />
        </div>
      </td>
      <td align="left">
        <div id="userNameCheckDiv" class="warning">请输入用户名 </div>
      </td>
    </tr>
    <tr>
      <td height="35"><div align="right">用户密码：</div></td>
      <td>
        <div align="left">
            <input type="password" name="password" id="password"
              onblur="Checker.checkPassword()">
        </div>
      </td>
      <td align="left">
        <div id="passwordCheckDiv" class="warning">请输入密码</div>
      </td>
    </tr>
    <tr>
      <td height="35">
        <div align="right"> 密码确认：</div>
      </td>
      <td>
        <div align="left">
            <input type="password" name="password2" id="password2"
              onblur="Checker.checkPassword()" >
        </div>
      </td>
      <td align="left">
        <div id="password2CheckDiv" class="warning">请再次输入密码</div>
      </td>
    </tr>
    <tr>
      <td height="35"><div align="right">真实姓名：</div></td>
      <td>
        <div align="left">
```

```html
        <input type="text" name="realName" />
      </div>
    </td>
</tr>
<tr>
    <td height="35"><div align="right">用户手机：</div></td>
    <td>
        <div align="left">
            <input type="text" name="mobile" id="mobile"
              onblur="Checker.checkNode(this)" />
        </div>
    </td>
    <td align="left">
        <div id="mobileCheckDiv" class="warning">请输入手机号码 </div>
    </td>
</tr>
<tr>
    <td height="35"><div align="right">电邮地址：</div></td>
    <td>
        <div align="left">
            <input type="text" name="email" id="email"
              onblur="Checker.checkNode(this)">
        </div>
    </td>
    <td align="left">
        <div id="emailCheckDiv" class="warning">请输入邮件地址
        </div></td>
</tr>
<tr>
    <td height="35"><div align="right">密码提示：</div></td>
    <td>
        <div align="left">
            <input type="text" name="passwordQuestion" />
        </div>
    </td>
</tr>
<tr>
    <td height="35"><div align="right">密码答案：</div></td>
    <td>
        <div align="left">
            <input type="text" name="passwordHintAnswer" />
        </div>
    </td>
</tr>
<tr>
    <td height="35"><div align="right">数字验证：</div></td>
    <td>
        <input type="text" name="code" id="code" size="5"
          onblur="Checker.checkNode(this)">
        <img src="code.jsp" width="50" height="20" border="0" alt="">
    </td>
    <td align="left">
        <div id="codeCheckDiv" class="warning">请输入验证码</div>
    </td>
</tr>
</table>
<br>
<input type="image" class="input1" src="../../../systemImages/save.jpg"
```

```html
            width="51" height="20">
        <a href="#" onClick="javascript:userForm.reset()">
            <img src="../../../systemImages/clear.gif"> </a>   
        <a href="#" onClick="javasrcipt:history.go(-1)">
            <img src="../../../systemImages/back.gif"> </a>
</form>
```

◆表单中用于输入会员信息的<input>元素都有 name 属性，如输入会员名称的<input type="text" name="userName" id="userName" onblur="Checker.checkNode(this)" />。name 属性的值都设计成与会员信息实体类 CustomerEntity 的成员变量保持一致。

◆为了能够对用户填写的注册名、邮箱地址等信息进行实时验证，而不是等到所有信息都填完后在提交时再进行可用性验证，本页面调用 Checker.js 脚本使用 Ajax 技术实现表单信息的实时验证，如调用 Checker.checkNode(this) 验证当前表单元素值是否可用。

（4）创建 Checker.js，其实现代码如下：

```javascript
var Checker = new function() {
    this._url = "checker.jsp";                    //服务器端文件地址
    this._infoDivSuffix = "CheckDiv";             //提示信息 div 的统一后缀
    //检查普通输入信息
    this.checkNode = function(_node) {
        var nodeId = _node.id;                    //获取节点 id
        if (_node.value!="") {
            var xmlHttp=this.createXmlHttp();     //创建 XmlHttpRequest 对象
            xmlHttp.onreadystatechange = function() {
                if (xmlHttp.readyState == 4) {
                //调用 showInfo 方法显示服务器反馈信息
                    Checker.showInfo(nodeId + Checker._infoDivSuffix,
                        xmlHttp.responseText);
                }
            }
              xmlHttp.open("POST", this._url, true);
              xmlHttp.setRequestHeader("Content-type","application/x-w
              ww-fo
                rm-urlencoded");
            xmlHttp.send("name=" + encodeURIComponent(_node.id) + "&value="+
            encodeURIComponent(_node.value));    //发送包含用户输入信息的
                                                  请求体
        }
    }
    //显示服务器反馈信息
    this.showInfo = function(_infoDivId, text) {
        var infoDiv = document.getElementById(_infoDivId);
                                                  //获取显示信息的 div
        var status = text.substr(0,1);            //反馈信息的第一个字符表示
                                                  信息类型
        if (status == "1") {
            infoDiv.className = "ok";             //检查结果正常
        } else {
            infoDiv.className = "warning";        //检查结果需要用户修改
        }
        infoDiv.innerHTML = text.substr(1);       //写回详细信息
    }
    //用于创建 XMLHttpRequest 对象
    this.createXmlHttp = function() {
        var xmlHttp = null;
```

```javascript
                //根据 window.XMLHttpRequest 对象是否存在使用不同的创建方式
                if (window.XMLHttpRequest) {
            xmlHttp = new XMLHttpRequest(); //FireFox、Opera 等支持的创建方式
                } else {
            xmlHttp = new ActiveXObject("Microsoft.XMLHTTP");
                                                    //IE 支持的创建方式
                }
                return xmlHttp;
        }
        //检查两次输入的密码是否一致
        this.checkPassword = function() {
            var p1 = document.getElementById("password").value;
                                        //获取密码
            var p2 = document.getElementById("password2").value;
                                        //再次验证密码
            //当两部分密码都输入完毕后进行判断
            if (p1 != "" && p2 != "") {
                if (p1 != p2) {
                    this.showInfo("password2" + Checker._infoDivSuffix,
                    "0 两次输入密码不一致!");
                } else {
                    this.showInfo("password2" + Checker._infoDivSuffix, "1");
                }
            } else if (p1 != null) {
                this.showInfo("password" + Checker._infoDivSuffix, "1");
            }
        }
}
```

在 Checker.js 中验证表单提交信息时需要访问数据库，例如验证用户输入的注册名是否可用，就需要查询数据库中是否有同名注册会员，代码 this._url = "checker.jsp"指明这些访问数据库的操作由 checker.jsp 页面完成。

（5）创建 checker.jsp，其实现代码如下：

```jsp
<%@ page contentType="text/plain; charset=GB2312"%>
<%@ page language="java" pageEncoding="GB2312"%>
<%@ page import="cn.estore.dao.CustomerDao"%>
<%
    out.clear();                                //清空当前的输出内容（空格和换行符）
    request.setCharacterEncoding("GB2312");
                                            //设置请求体字符编码格式为 GB2312
    String name = request.getParameter("name");     //获取 name 参数
    if ((name!=null)&&(name.equals("userName"))){
        name="user_name";
    }
    String value = request.getParameter("value");   //获取 value 参数
    String info = null;                             //用于保存提示对象的名称
    //如果需要判断的是验证码，采用 session 方式验证
    if ("code".equals(name)) {
        //获取 session 中保存的验证码
        String sessionCode = (String) session.getAttribute("_CODE_");
        //根据对比结果输出响应信息
        if (value != null && value.equals(sessionCode)) {
            out.print("1 验证码正确!");
        } else {
```

```
            out.print("0 验证码错误!");
        }
    } else {
        //根据 name 变量确定提示对象的名称
        if ("user_name".equals(name)) {
            info = "用户名";
        } else if ("email".equals(name)) {
            info = "邮件地址";
        }else if ("mobile".equals(name)) {
            info = "手机号码";
        }
        //根据是否存在相同信息输出对应的响应
        CustomerDao eDao=new CustomerDao();
        if (eDao.hasSameValue(name, value)) {
            out.print("0 该" + info + "已存在，请更换!");
        } else {
            out.print("1 该" + info + "可用!");
        }
    }
%>
```

(6) 创建 user.jsp 页面。

userRegister.jsp 页面中如下代码：

```
<form name="userForm" action="../user.jsp?action=0" method="post"
  onsubmit="">
```

说明表单提交的页面是 user.jsp，action 是表单提交的一个动作参数，action=0 代表会员增加操作。后续有关会员的删除、修改操作也可以提交 user.jsp 页面执行，只需要为 action 设置不同的值，分别代表删除或者修改操作。

user.jsp 页面实现数据库操作，并不生成返回浏览器的页面。将数据库操作结果设置成 request 对象的属性，将转发到 userRegisterResult.jsp 页面中显示。

具体如下：

引入数据库会员信息表操作类和实体类。

```
<%@ page contentType="text/html; charset=gb2312" %>
<%@ page import="cn.estore.dao.CustomerDao" %>
<%@ page import="cn.estore.entity.CustomerEntity" %>
```

在页面范围内生成会员信息实体类的 JavaBean 对象。

```
<jsp:useBean id="user"
    scope="session" class="cn.estore.entity.CustomerEntity"> </jsp:useBean>
<jsp:setProperty name="user" property="*"/>
```

JavaBean 对象类型由 JSP 动作<jsp:useBean>的属性 class 指定，这里是 CustomerEntity。JavaBean 对象由属性 id 的值 user 标识，对象在本页面内有效，JSP 引擎可以通过<jsp:setProperty name="user" property="*" />将对本页面访问的请求参数与 JavaBean 对象的属性相比较，如果请求参数名与属性名相同，则自动将请求参数的值赋值给对象的相应属性。由于在页面 userRegister.jsp 的提交表单中，用户输入元素的名称与 CustomerEntity 的属性名一致，在 user.jsp 中生成的 JavaBean 对象实际就代表了由用户输入信息赋值的会员信息表实体对象。

由于 user.jsp 页面同时实现了数据库的增、删、改操作，因此在执行操作之前需要对参数 action 的值进行判断，action=0 表示增加操作。在向数据库添加记录前，查询是否在数据库中已经存在同名用户，如果存在，则提示该用户名已经存在，否则写入数据，操作结果信息以 request

对象的 registerResult 属性存放。具体实现代码如下：

```jsp
<%
    //会员管理
    Encrypt des = new Encrypt("njcit");//自定义密钥
    user.setPassword(des.encrypt(user.getPassword()));
    CustomerDao dao = new CustomerDao();
    int action = Integer.parseInt(request.getParameter("action"));
    switch (action) {
        case 0: { // 添加会员信息
        CustomerEntity formSelect =
                    dao.selectCustomerEntity(user.getName());
        if(formSelect == null || formSelect.equals("")) {
           if(dao.insertCustomer(user)){
               request.setAttribute("registerResult", "注册成功!!!");
           }else{
               request.setAttribute("registerResult", "数据库操作失败,注册不成功！请重新注册！");
           }
        } else {
           request.setAttribute("registerResult", "该用户名称已经存在!!!!!!");
        }
    }
%>
```

在 Java Web 中通常是请求某个 JSP 页面，如果本 JSP 页面对客户端的请求不做处理，或者没有完全处理结束，可以将此请求转发到其他 JSP 页面，由其他的 JSP 页面给客户端返回响应，并且在请求转发的过程中，可以对请求做修改，通常是在 request 对象上使用 request 对象的 setAttribute 方法设置一些属性，然后再使用 JSP 的动作指令<jsp:forward>进行请求转发。

将请求转发到页面 userRegisterResult.jsp，显示操作结果，其实现代码如下：

```jsp
<jsp:forward page="userRegisterResult.jsp"></jsp:forward>
```

注意此时在 request 对象上存储有属性 registerResult 的值，在页面 userRegisterResult.jsp 中可以使用 request 对象的 getAttribute 方法获取该属性的值。

（7）实现页面 userRegisterResult.jsp，用于处理转发来的请求，生成响应，并向客户端返回处理的结果。实际上仅仅将转发来的 request 对象中的 registerResult 属性值取出，在页面上显示，并在 2 秒后页面自动显示主页面，其实现代码如下：

```jsp
<%@ page contentType="text/html; charset=gb2312" %>
<%@ page import="java.sql.*"%>
<%@ page import="java.util.*"%>
<html>
    <head>
        <meta http-equiv="Content-Type" content="text/html; charset=gb2312">
        <title>estore</title>
    </head>
    <link href="/estore/css/css.css" rel="stylesheet" type="text/css">
    <body>
        <jsp:include page="../common/head.jsp" flush="true" />
        <table width="100%" border="0" align="center" cellpadding="0" cellspacing="0">
            <tr>
                <td width="724" valign="top" bgcolor="#FFFFFF" align="center">
```

```
                <p> </p>
                <p><strong><%=request.getAttribute("registerResult")%>
                </strong></p>
                    <meta http-equiv="refresh" content="2;URL=../product/
main.jsp">
                <p> </p>
            </td>
        </tr>
    </table>
        <jsp:include    page="../common/statusBarNavigation.jsp"    flush=
"true" />
    </body>
    </html>
```

4.3.4 使用<jsp:forward>转发请求

<jsp:forward>动作将客户端所发出来的请求,从一个 JSP 页面转发给另一个 JSP 页面,转发的请求中包含用户请求的 request 对象。forward 动作将会使 Web 服务器的请求目标转发。forward 动作的语法如下:

```
<jsp:forward page={"relativeURL" | "<%= expression %>"} />
```

或

```
<jsp:forward page={"relativeURL" | "<%= expression %>"} >
    <jsp:param   name="parameterName"   value="{parameterValue   |   <%=
expression %>}" />
    …
</jsp:forward>
```

如:

```
<jsp:forward page=" /login.jsp" />
```

或

```
<jsp:forward page="/login.jsp">
    <jsp:param name="username" value="admin" />
    <jsp:param name="password" value="123456" />
</jsp:forward>
```

属性 page="{relativeURL | <%= expression %>}"是一个字符串或表达式,用于说明要将请求转发的目标,一般是 JSP 文件或者其他能够处理 request 对象的 Java Web 组件。

<jsp:param name="parameterName" value="{parameterValue | <%= expression %>}" />是用来在转发请求时向目标文件发送一个或多个请求参数,name 指定参数名,value 指定参数值。如果使用了<jsp:param>标签,则目标文件必须是一个动态的 JSP 文件,能够处理参数。<jsp:param>标签所提交的请求参数与 request 对象属性不同,在目标 JSP 文件中是使用 request.getParameter 方法来取得这些提交的请求参数。

有一点要特别注意,<jsp:forward>标签之后的程序将不能被执行。如:

```
<%
  out.println("会被执行!!! ");
%>
<jsp:forward page="other.jsp" />
<%
  out.println("不会执行!!!");
%>
```

上面这个例子在执行时,会打印出"会被执行!!!",随后马上会转入到 other.jsp 的页面,由 other.jsp 页面向客户端发回响应,至于 out.println("不会执行!!! ")将不会被执行。

> 提示:使用<jsp:forward>实现请求转发不会引发再一次的请求,整个过程只有一次请求和一次响应。

4.3.5 在 JSP 页面中使用 JavaBean

1. JavaBean

JavaBean 是一个使用 Java 编写的可以重复利用、跨平台的软件组件。可以将 JavaBean 看做一个具备一定功能的黑盒子,它的主要特性就是将实现细节都封装起来。实际上 JavaBean 是描述 Java 的软件组件模型,在该模型中,JavaBean 组件可以修改或与其他组件组合以生成新组件或完整的应用程序。JavaBean 是一种 Java 类,可以通过封装成为具有某种功能或者处理某个业务的对象。

JSP 为在 Web 应用中集成 JavaBean 组件提供了完善的支持,这种支持不仅能缩短开发时间(可以直接利用经测试的可信任的已有组件,避免了重复开发),也为 JSP 应用带来了更多的可伸缩性。JavaBean 组件可以用来执行复杂的计算任务,或负责与数据库的交互等。

一般来说,JavaBean 可以是简单的图形界面(GUI)组件,如按钮、菜单等,也可以编写一些不可见的 JavaBean,它们在运行时不需要任何可视的界面。在 JSP 程序中,所用的 JavaBean 通常是不可见的。

JavaBean 类从形式上与一般的 Java 类差别不大,但须注意以下特征和要求:

(1)Bean 类必须有一个零参数(默认)构造函数。空构造函数在 JSP 元素创建 Bean 时被调用。可以显式地定义一个零参数构造函数,也可以省略所有的构造函数,系统便会自动创建一个空构造函数。

(2)依照 JavaBean 规范,在 JavaBean 类中,为了不破坏封装的要求,应当将属性定义成 private 私有域,但为令外界可访问字段 xxx,应当为其定义 getXxx、setXxx 方法,作为对应字段的存取方法。对于布尔字段,通常使用 isXxx 方法来查询字段值。这种封装到访问器中的字段称为属性,而 getXxx、setXxx 方法称为访问器。

在 JSP 中使用一个 JavaBean 之前,要先定义一个合法的 JavaBean 类。该类必须具有一个默认构造函数,并且所有的字段只能通过访问器访问。如定义的会员实体类 com.mycompany.entity.UserEntity 就具备了 JavaBean 类特征,可以当做是一个 JavaBean 来使用。

```
//会员实体类
package cn.estore.entity;
public class {
    private int id;                              //自增编号
    private String userName;                     //账号
    private String password;                     //密码
    private String realName;                     //姓名
    private String mobile;                       //手机
    private String email;                        //email
    private String passwordQuestion;             //密码提示问题
    private String passwordHintAnswer;           //密码提示答案
    …//setXxx 与 getXxx 定义
}
```

2. JavaBean 属性

JavaBean 属性用于描述 JavaBean 的状态，如年龄、名称、电子邮件等。根据 JavaBean 所处的环境，可以通过多种方式使用属性，可以在 JavaBean 运行时通过 getXxx 和 setXxx 方法来改变其属性。

在 JavaBean 设计中，按照属性的不同作用可以分成以下几类，其中简单属性和索引属性比较常用。

（1）简单（Simple）属性。一个 Simple 类型的属性表示一个伴随有一对 getXxx()、setXxx() 方法的变量。属性的名称与和该属性相关的 getXxx()、setXxx() 方法相对应。如以下代码定义了一个名为 attr 的属性：

```java
private String attr="Hello World,JavaBean";
public String getAttr() {
  return attr;
}
public void setAttr(String attr) {
  this.attr = attr;
}
```

（2）索引（Indexed）属性。一个 Indexed 类型的 JavaBean 属性表示一个数组值。使用与该属性相对应的 setXxx ()方法和 getXxx ()方法可以存取数组中某个元素的数值。同时，也可以使用另两个同名方法一次设置或取得整个数组的值（即属性的值）。如：

```java
private int[ ] dataSet={1,2,3,4,5,6};
public void setDataSet(int[ ] x){
  dataSet=x;
}
public int[ ] getDataSet() {
  return dataSet;
}
public void setDataSet(int index, int x){
  dataSet[index]=x;
}
public int getDataSet(int index){
  return dataSet[index];
}
```

（3）绑定（Bound）属性。JavaBean 组件 Bound 类型的属性具有如下特性：当该属性的值发生变化时，必须通知其他的 JavaBean 组件对象。每当 Bound 属性的值改变时，会激发一个 PropertyChange 事件。该事件封装了发生改变的属性名、属性的原值、属性变化后的新值。这个事件将被传递到订阅了该事件的其他 JavaBean 组件中，至于接收到该事件的 JavaBean 组件对象会做出何种动作则由组件自己决定。

（4）约束（Constrained）属性。JavaBean 组件的 Constrained 类型的属性具有如下性质：当这个属性的值将要发生变化时，与这个属性已经建立了某种监听关系的其他 Java 对象都有权利否决属性值的改变。只要任何一个监听者都可以抛出 PropertyVetoException 异常，表示对属性修改的否决，进而阻止该属性值的改变。只有所有监听者都同意属性的修改，即都没有抛出 PropertyVetoException 异常，JavaBean 组件的 Constrained 类型的属性修改才能成功完成。

3. 在 JSP 中使用 JavaBean

JavaBean 可以在 JSP 程序中应用。这给 JSP 程序员带来了很大的方便，使得开发人员可以把某些关键功能和核心算法提取出来，封装成为一个 JavaBean 组件对象，增加了代码的重用率和系统的安全性。比如，可以将访问数据库的功能、数据处理功能编写封装为 JavaBean 组件，然后在 JSP 程序中加以调用。

在 JSP 页面中使用 JavaBean，主要涉及<jsp:useBean>、<jsp:setProperty>和<jsp:getProperty> 3 个 JSP 动作元素。

（1）实例化 JavaBean。JSP 的动作元素<jsp:useBean>用于在 JSP 页面中实例化一个 JavaBean 组件，这个实例化的 JavaBean 组件对象可以在这个 JSP 页面的其他地方被调用。

<jsp:useBean>的基本语法如下：

```
<jsp:useBean id="name" scope="page|request|session|application" class="className"/>
```

其中：id 属性用来设定 JavaBean 的名称，利用 id 可以识别在同一个 JSP 页面中使用的不同的 JavaBean 组件实例。

class 属性指定 JSP 引擎查找 JavaBean 字节码的路径，一般是这个 JavaBean 所对应的 Java 类名，如 cn. E-STORE.entity.CustomerEntity。

scope 属性用于指定 JavaBean 实例对象的生命周期，也是 JavaBean 的有效作用范围。scope 的值可能是 page、request、session 及 application。

如：

```
<jsp:useBean   id="user"   scope="page"class="com.mycompany.entity.UserEntity"> </jsp:useBean>
```

id="user"是指定 JavaBean 的名称或标识，相当于类实例的名称，scope="page"表示该 JavaBean 的作用范围，page 表示只在本 JSP 页面范围内可用，class="cn. E-STORE.entity.CustomerEntity"则是说明该 JavaBean 的类名。

（2）存取 JavaBean 的属性。在 JSP 页面中使用<jsp:useBean>将 JavaBean 组件对象实例化后，就可以对它的属性进行存取。分别使用 JSP 动作元素<jsp:setProperty>动作和<jsp:getProperty>动作。

<jsp:setProperty>动作常用的语法格式如下：

```
<jsp:setProperty name="Name" property="propertyName" value="string" />
```

◆ name 用来指定 JavaBean 的名称。这个 JavaBean 必须首先使用<jsp:useBean>来实例化，它的值应与<jsp:useBean>操作中的 id 属性的值相一致。

◆ property 属性被用来指定 JavaBean 需要设置属性的名称。

◆ value 属性是要赋给 JavaBean 由 property 指定名称的属性的值。

在 4.3.3 节中讲到 User.jsp 需要将多个来自 userRegister.jsp 的 request 属性（会员注册的会员名、密码等信息）与 JavaBean 属性关联起来。这时，可用<jsp:setProperty>动作依次设置 JavaBean 属性，其实现代码如下：

```
…
    <jsp:useBean  id="user"  scope="page"  class="com.mycompany.entity.UserEntity"> </jsp:useBean>
    <jsp:setProperty name="user" property = "name" value = "<%=request.getParameter ("name")%>" />
    <jsp:setProperty name="user" property="password" value="<%=request.getParameter ("password")%>" />
    …
```

显然，当来自 userRegister.jsp 的 request 属性较多时，这将是一个十分繁重的编程工作。这时，可以使用以下语法简化该过程。

```
    …
    <jsp:useBean id="user" scope="page" class="com.mycompany.entity.UserEntity"> </jsp:useBean>
    <jsp:setProperty name="user" property = "*" />
    …
```

这是 JavaBean 的一个强大功能：当<jsp:setProperty>动作元素 property 属性的值为"*"时，表示希望 JSP 引擎将用户请求参数与 JavaBean 进行自动匹配赋值。JSP 引擎将发送到 JSP 页面的请求参数，自动逐个与 JavaBean 的属性进行匹配。当用户请求参数的名称与 JavaBean 的属性名称相匹配时，自动完成属性赋值。如果 request 对象的参数值中有空值，那么对应的 JavaBean 属性将不会设定任何值。同样，如果 JavaBean 中有一个属性没有与之对应的 request 参数值，那么这个属性同样也不会设定。

<jsp:getProperty>操作搭配<jsp:useBean>操作一起使用，可以获取某个 JavaBean 组件对象的属性值，并使用输出方法将这个值输出到页面。

<jsp:getProperty>动作的语法格式如下：

```
    <jsp:getProperty name="beanName" property="Prop"/>
```

◆ name 指定 JavaBean 的名称，需要注意 name 指定的 JavaBean 组件对象必须已经使用<jsp:useBean>操作实例化了。

◆ property 用来指定要读取的 JavaBean 组件对象的属性的名称。

JavaBean 在服务器上的存在形式就是某个类的实例对象，因而使用<jsp:getProperty>动作等效于直接使用该对象的 getXxx 方法取得属性的值，如：

```
    <%= beanName.getProp()%>
```

4. JavaBean 的 Scope 属性

对于 JSP 程序而言，使用 JavaBean 组件不仅可以封装许多信息，而且还可以将一些数据处理的逻辑隐藏到 JavaBean 的内部。除此之外，我们在 JSP 页面中使用<jsp:useBean>动作创建 JavaBean 实例时，可以设定 JavaBean 的 Scope 属性，使得 JavaBean 组件对于不同的功能需求，具有不同的生命周期和不同的使用范围。

Scope 属性具有四个可能的值，分别是：application、session、request 和 page，分别代表 JavaBean 的四种不同的生命周期和四种不同的使用范围。如下所示：

```
    <jsp:useBean id="myBean" scope="page" class="com.mycompany.bean.Counter Bean" />
```

scope="page"表示作用的范围是本页面，并且 myBean 的生命周期为本 JSP 页面的运行周期一致，当 JSP 页面运行结束时，那么该 JavaBean 组件的生命周期也结束。page 作用范围的 JavaBean 无法在别的 JSP 页面中起作用。因而对应于不同的客户端对包含该 JavaBean 的 JSP 页面请求，服务器都会创建新的 JavaBean 对象，而一旦某个客户端的请求执行完毕，响应被发送，那么该 JavaBean 对象会马上被销毁，无法为别的客户端请求所使用。

如果 JavaBean 的 Scope 属性值被设为 request，JavaBean 组件对象的生命周期和 JSP 内置对象 request 相同。一般情况下，当一个 JSP 页面使用<jsp:forward>动作将请求转发到另外一个 JSP 页面，或者是使用<jsp:include>动作导入另外的 JSP 页面时，第一个 JSP 页面会把 request 对象传送到下一个 JSP 页面，而属于 request 作用范围的 JavaBean 组件对象也将伴随着 request 对象送出，被第二个 JSP 程序接收。

因此，所有通过这两个操作连接在一起的 JSP 页面都可以共享一个 request 对象，因此也就能够共享 request 作用范围的 JavaBean 组件对象。但此时，要求这些 JSP 页面中要有建立该 JavaBean 组件对象的相同的语句，如都要有这样的声明：

```
<jsp:useBean id="myBean" scope="request" class="com.mycompany.bean.
CounterBean" />
```

需要注意的是，页面声明语句中的 JavaBean 的 id 需要相同，否则 JSP 引擎会生成另外的对象，而不是使用随 request 对象传递的对象。

如果为了使 JSP 中创建的 JavaBean 组件对象的生命周期与会话一致，则在使用 <jsp:useBean>动作创建 JavaBean 组件对象时，应指定 scope 值为 session，此时在整个会话周期内都可以使用这个对象。

如果 JavaBean 的 Scope 属性被指定为 application，那么它的生命周期和 JSP 的 application 对象相同。具体来说，如果某个 JSP 程序使用<jsp:useBean>创建了一个 JavaBean 对象，而且这个 JavaBean 组件具有 application 作用范围，那么这个 JavaBean 就一直在服务器的内存空间中存在，随时处理客户端的请求，直到服务器关闭为止，该 JavaBean 所保存的信息才消失，它所占用的系统资源才会被释放。使用这种类型的 JavaBean 组件，与 JSP 的内置对象 application 一样，可以在多个用户之间共享全局信息。

5. JavaBean 的存放目录

在实际应用中，一般将 JavaBean 组织成为 package（包）进行管理，实际上就是把一组属于同一个包的 JavaBean 一起放在某个目录中，目录名即为包名。每个 JavaBean 文件都可以加上包定义语句。在一般应用中，存放 JavaBean（class 文件）的目录必须包含在系统环境 classpath 中，系统才能找到其中的 JavaBean。

在 Web 应用中，如果想让 Web 服务目录中的所有 Web 应用的 JSP 页面都可以使用某个 JavaBean，那么这个 JavaBean 的字节码文件（class 文件）需存放在服务器（如 Tomcat）安装目录的 classes 目录中。如果只让当前 Web 应用的 JSP 页面被调用，则在该 Web 应用的 WEB-INF 目录下新建文件夹，命名为 classes。把 JavaBean 的字节码文件存放在该文件夹下，那么该 Web 应用的 JSP 页面就可以用 useBean 使用这些 JavaBean 了。

> 提示：创建 Web 应用的 WEB-INF 目录下的 classes 子目录一般会由 Java Web 应用集成开发环境自动完成。

4.4 会员信息修改

4.4.1 功能说明

系统在 main.jsp 有"用户修改"链接，单击此链接，如果会员已登录，则转入用户修改页面，在修改页面显示该用户目前的信息，如图 4.17 所示。如果未登录，则提示用户先登录，如图 4.18 所示。

图 4.17 用户信息修改页面

图 4.18 提示用户先登录

4.4.2 流程分析与设计

1. 数据库操作设计

对于用户信息修改操作，只需在数据库用户信息表操作类 CustomerDao 类中添加 updateCustomer 方法，updateCustomer 方法以用户信息实体类对象为参数，修改用户信息，返回 boolean 类型操作结果，操作成功返回 true，否则返回 false。

2. 流程设计

在 head.jsp 页面添加"用户修改"菜单链接，为用户修改信息提供入口。在用户单击"用户修改"链接后，系统先判断用户是否登录，如果没有登录，页面转向 userLoginPlease.jsp 页面提示用户登录，否则从 session 对象中获取用户信息，转向 userUpdate.jsp 页面。页面 userUpdate.jsp 中首先显示用户目前的信息，如果用户信息修改后提交，则处理流程与用户注册流程相似，页面将信息提交给 User.jsp 页面处理，并指明请求 User.jsp 页面进行数据库修改操作的处理。在 User.jsp 页面中采用 JavaBean 技术根据请求参数生成会员信息实体类对象，并修改数据库的相应记录，将执行结果的提示信息提交页面 userUpdateResult.jsp 显示。

用户信息修改功能流程图如图 4.19 所示。

图 4.19 用户信息修改功能流程图

4.4.3 编程详解

1. 在 CustomerDao.java 中添加 updateCustomer 方法

```
//以数据库自动编号为条件修改会员信息
public boolean updateCustomer(CustomerEntity user) {
    try {
      ps = connection.prepareStatement("update tb_customer set user_name=?,
            password=?,real_name=?,mobile=?,email=?,password_question=?,
            password_hint_answer=? where id=?")
      ps.setString(1, user.getUserName());
      ps.setString(2, user.getPassword());
      ps.setString(3, user.getRealName());
      ps.setString(4, user.getMobile());
      ps.setString(5, user.getEmail());
      ps.setString(6, user.getPasswordQuestion());
      ps.setString(7, user.getPasswordHintAnswer());
      ps.setString(8, String.valueOf(user.getId()));
System.out.print(user.getUserName()+String.valueOf(user.getId()));
      ps.executeUpdate();
      ps.close();
      return true;
    }
    catch (SQLException ex) {
      return false;
    }
}
```

2. 修改 head.jsp
- 引入数据库会员信息实体类 CustomerEntity

```
<%@ page import="cn.estore.entity.CustomerEntity" %>
```

- 判断会员是否登录

因为在会员登录后会将会员信息以类 CustomerEntity 对象的形式存放在 JSP 隐含对象 session 中,故可使用判断 session 对象是否存有会员信息实体对象来判断是否登录,其实现代码如下:

```
<%
  String userlink="/estore/pages/customer/userLoginPlease.jsp";
  CustomerEntity user=null;
  if(session.getAttribute("user")!=null){
  //user 是用户登录后存放在 session 对象上的属性名
    user=(CustomerEntity)session.getAttribute("user");
    userlink="/estore/pages/customer/userUpdate.jsp?
        name="+user.getName();
  }
%>
```

- 添加"用户修改"链接

```
<td width="100" onMouseOver="this.style.backgroundImage=
    'url(<%=request.getContextPathsystemImages/topMenu.jpg)'"
    onMouseOut="this.style.backgroundImage=''">
    <a href="<%=userlink%>" class="a4">用户修改</a>
</td>
```

其中：onMouseOver 和 onMouseOut 实现在鼠标经过时改变背景图片。

3. 创建 userUpdate.jsp

根据页面参数会员名称查询数据库，获取登录会员的详细信息，并存放在实体对象 user 中，其实现代码如下：

```
<%
  CustomerDao dao = new CustomerDao();
  CustomerEntity user=(CustomerEntity)dao.selectCustomerEntity((String) request.
  getParameter ("name"));
%>
```

页面设计提交表单，表单提交到 User.jsp 页面并指明操作参数 action=2，表示要执行数据库记录修改操作，其实现代码如下：

```
<form  name ="userForm"  action="User.jsp?action=2"   method="post" onsubmit="
  return checkEmpty(userForm)">
    …
    <td height="35"> <div align="right">会员密码：</div></td>
    <td><div align="center"><input type="password" name="password">
</div> </td>
    …
</form>
```

会员修改信息时，有些信息不允许修改，但在提交表单时也需要提交给 User.jsp 页面，否则在 User.jsp 页面中生成的 JavaBean 将不能正确赋值。此时将这些信息从页面实体对象 user 中读出，以隐含表单的形式提交，其实现代码如下：

```
<input type="hidden" name="id" value="<%=user.getId()%>"/>
<input type="hidden" name="name" value="<%=user.getName()%>"><%=user.
getName()%>
<input type="hidden" name="result" value="<%=user.getResult()%>">
<input type="hidden" name="question" value="<%=user.getQuestion()%>">
```

其中，name 信息还使用表达式<%=user.getName()%>在页面上显示出来。

4. 修改 User.jsp

添加根据页面请求参数 action 的取值为 2 的处理，调用 UserDao 类的 updateCustomer 方法修改会员信息。

```
<%
…
case 2: {//修改用户信息
  if (dao.updateCustomer(user)){
    request.setAttribute("userUpdateResult", "用户信息修改成功!!!");
  }else{
    request.setAttribute("userUpdateResult","数据库操作失败,用户信息修改不成功！请重新操作！");
  }
%>
<jsp:forward page="userUpdateResult.jsp"></jsp:forward>
<%
}
…
%>
```

在数据库操作结束后以 JSP 隐含对象 request 的属性保存操作结果信息,并将请求转发到 userUpdateResult.jsp 页面显示,页面 userUpdateResult.jsp 的实现与页面 userRegisterResult.jsp 的实现相同,这里不再赘述。

4.5 Ajax 简介

Ajax 是 Asynchronous JavaScript and XML 的缩写,基于异步的 JavaScript 与 XML。Ajax 并不是一门新的语言或技术,它实际上是几项技术按一定的方式组合在一起,在共同协作中发挥各自的作用,主要内容包括:

(1) 使用 XHTML 和 CSS 标准化呈现;
(2) 使用 DOM 实现动态显示和交互;
(3) 使用 XML 和 XSLT 进行数据交换与处理;
(4) 使用 XMLHttpRequest 进行异步数据读取;
(5) 最后用 JavaScript 绑定和处理所有数据。

Ajax 的工作原理相当于在用户和服务器之间加了一个中间层,使用户操作与服务器响应异步化。并不是所有的用户请求都提交给服务器,像一些数据验证和数据处理等都交给 Ajax 引擎自己来做,只有确定需要从服务器读取新数据时再由 Ajax 引擎代为向服务器提交请求。图 4.20 显示了传统的 Web 应用程序请求服务模型和使用了 Ajax 技术后的请求服务模型。

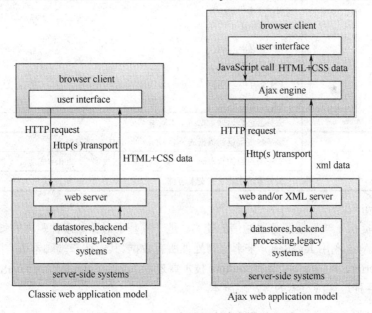

图 4.20　Web 应用程序请求模型

在传统的交互方式中,由用户触发一个 HTTP 请求到服务器,服务器对其进行处理后再返回一个新的 HTML 页到客户端,每当服务器处理客户端提交的请求时,客户都只能空闲等待,并且哪怕只是一次很小的交互、只需从服务器端得到很简单的一个数据,都要返回一个完整的 HTML 页,而用户每次都要浪费时间和带宽去重新读取整个页面。而使用 Ajax 后用户从感觉上几乎所有的操作都会很快响应没有页面重载(白屏)的等待。Ajax 可以实现最小化数据传输,即只传输必要的数据,实现异步通信。Ajax 的核心技术主要有以下几种:

1. XMLHttpRequest

Ajax 的一个最大的特点是无需刷新页面便可向服务器传输或读写数据（又称无刷新更新页面），这一特点主要得益于 XMLHTTP 组件 XMLHTTPRequest 对象。这样就可以只同服务器进行数据层面的交换，而不用每次都刷新界面都将数据处理的工作提交给服务器来做，这样既减轻了服务器的负担，又加快了响应速度、缩短了用户等候时间。表 4.3 是 XMLHTTPRequest 对象的相关方法，表 4.4 是 XMLHTTPRequest 对象的相关属性。

表 4.3 XMLHttpRequest 对象方法

方 法	描 述
abort()	停止当前请求
getAllResponseHeaders()	作为字符串返回完整的 headers
getResponseHeader("headerLabel")	作为字符串返回单个的 header 标签
open("method","URL"[,asyncFlag[,"userName"[,"password"]]])	设置提交请求的目标 URL，方法和其他参数
send(content)	发送请求
setRequestHeader("label", "value")	设置 header 并和请求一起发送

表 4.4 XMLHttpRequest 对象属性

属 性	描 述
onreadystatechange	状态改变的事件触发器
readyState	对象状态(integer)： 0 = 未初始化 1 = 读取中 2 = 已读取 3 = 交互中 4 = 完成
responseText	服务器进程返回数据的文本版本
responseXML	服务器进程返回数据的兼容 DOM 的 XML 文档对象
Status	服务器返回的状态码，如：404 = "文件未找到"、200 ="成功"
statusText	服务器返回的状态文本信息

2. JavaScript

JavaScript 提供了与后端服务器通信的能力，是一种基于对象和事件驱动的脚本语言，具有很好的安全性。Ajax 利用 JavaScript 来绑定和处理所有数据。其实客户端脚本语言除了 JavaScript 之外还有 VBScript、JScript 等，为什么 Ajax 技术要选用 JavaScript，是因为 JavaScript 是目前唯一的一个支持各种近代浏览器的客户端脚本环境。

3. CSS

为了正确地浏览 Ajax 应用，CSS 是一种 Ajax 开发人员所需要的重要武器。CSS 提供了从内容中分离应用样式和设计的机制。虽然 CSS 在 Ajax 应用中扮演至关重要的角色，但它也是构建创建跨浏览器应用的一大阻碍，因为不同的浏览器厂商支持各种不同的 CSS 级别。

4. DOM

DOM，Document Object Model，文档对象模型。DOM 是给 HTML 和 XML 文件使用的一组 API。它提供了文件的结构表述，让开发人员可以改变其中的内容及可见物。其本质是建立网页与 Script 或程序语言沟通的桥梁。所有 Web 开发人员可操作及建立文件的属性、方法及事件,都以对象来展现(例如,document 就代表"文件本身"这个对象,table 对象则代表 HTML 的表格对象等)。这些对象可以由当今大多数的浏览器以 Script 来取用。一个用 HTML 或 XHTML 构建的网页也可以看作是一组结构化的数据,这些数据被封在 DOM 中,DOM 提供了网页中各个对象的读写的支持。目前开发人员通常使用 HTMLDOM 对象和 XMLDOM 对象提供动态更新表单元素的能力,支持不同浏览器。

5. XML

XML,Extensible Markup Language,可扩展标记语言。XML 具有一种开放的、可扩展的、可自描述的语言结构,它已经成为网上数据和文档传输的标准。XML 使得对某些结构化数据的定义更加容易,并且可以通过它和其他应用程序交换数据。在应用 Ajax 技术时,XMLHttpRequest 对象可以使用 XML 作为与服务器端通信的数据格式,实现客户端和服务器端的异步通信。

下面以读取一个 XML 文档为例演示 Ajax 的工作原理。现假设已存在一个名为 testxhr.xml 的 XML 文档。

(1)在 html 中设置超链接。

```
<a id="makeTextRequest" href="testxhr.xml">Request an XML file</a>
```

(2)初始化。

```
window.onload = initAll;
var xhr = false;
function initAll(){
    document.getElementById("makeTextRequest").onclick = getNewFile;
}
```

当页面被装载时,会调用 initAll()函数。

(3)如果用户单击超链接则会触发 getNewFile()函数。

```
getNewFile(){
makeRequest(this.href);
    return false;
}
```

(4)makeRequest 函数实现发送请求。

```
 function makeRequest(){
if(window.XMLHttpRequest){
    xhr = new XMLHttpRequest();}
else{//选择其它方法创建 XMLHttpRequest 对象}
 if(xhr){
xhr.onreadystatechange = showContents;
xhr.open("GET",url,true);
xhr.send(null);}
 else{//若创建不成功}
    }
```

本函数中首先检测浏览器支持的本地 window.XMLHttpRequest 对象是否存在,若不存在,再试图通过 window.ActiveXObject 创建 XMLHttpRequest 对象。如果能成功创建,则做以下 3 件事情。

① 设置 xhr 的 onreadystatechange 事件,该事件在 xhr.readystate 发生改变时触发。

② 调用 open()并传递三个参数:一个 HTTP 请求方法("GET","POST"或"HEAD"),被请求文件地址 url 和一个布尔值(true 表示采用异步方式传输)。

③ 调用 send()发送请求。

（5）showContents 函数根据 XMLHttpRequest 对象的状态值判断请求信息是否正常返回。

```
function showContents(){
    if(xhr.readystate == 4){
        if(xhr.status == 200) {//接受服务器返回信息}
    else{//输出错误信息}
     //显示执行结果
    }
```

至此一个简单的异步请求读取 XML 文档的操作就已经完成。

练习题

一、选择题

1. 用户在一个客户机上通过浏览器访问 Tomcat 中的 javamail1 应用和 javamail2 应用时，依次进行了以下操作：

   从浏览器进程 A 中访问 javamail1 应用的 maillogin.jsp
   从浏览器进程 A 中访问 javamail2 应用的 maillogin.jsp
   从浏览器进程 B 中访问 javamail1 应用的 maillogin.jsp
   从浏览器进程 A 中访问 javamail1 应用的 mailcheck.jsp
   对于以上操作，Tomcat 必须创建（　　）个 HttpSession 对象。
   A．1　　　　　　B．2　　　　　　C．3　　　　　　D．4

2. 关于 sessionID 的描述中，下列说法中正确的是（　　）。
   A．sessionID 由 Servlet 容器创建
   B．每个 HttpSession 对象都有唯一的 sessionID
   C．sessionID 由客户端浏览器创建
   D．Servlet 容器会把 sessionID 作为 Cookie 或者 URL 的一部分发送到客户端
   E．JSP 文件无法获取 HttpSession 对象的 sessionID

3. 以下属于在 HttpSession 接口中定义的方法是（　　）。
   A．invalidate()   B．getRequest()
   C．getServletContext()   D．getAttribute(String name)

4. 在一个 JSP 文件中包含如下代码：
   ```
   <%
    Session.setAttribute("username","Tom");
    Session.invalidate();
    String name = (String)session.getAttribute("username");
   %>
   <%=name%>
   ```
   当浏览器访问这个 JSP 文件的时候，会出现什么情况（　　）。
   A．JSP 文件正常执行，输出 Tom
   B．服务器端向客户端返回编译错误
   C．JSP 文件正常执行，输出"null"
   D．服务器端向客户端返回 java.lang.IllegalStateException

5. 关于 HTTP 会话，以下说法中正确的是（　　）。
   A．HTTP 会话的运行机制是由 HTTP 协议规定的
   B．Servlet 容器为每一个会话分配一个 HttpSession 对象
   C．每一个 HttpSession 对象都与一个 ServletContext 对象关联
   D．Servlet 容器把 HttpSession 对象的序列化数据作为 Cookie 发送到客户端，这样就能跟踪会话

6. 对于以下<jsp:useBean>标签：
   `<jsp:useBean id ="myBean" class="myPack.CounterBean" scope = "request">`
   它与以下选项中的哪个 Java 程序片段等价（   ）。
   A.
   ```
   <%
     CounterBean myBean = (CounterBean)request.getAttribute("myBean");
     if(myBean==null){
       myBean = new CounterBean();
     }
   %>
   ```
   B.
   ```
   <%
     CounterBean myBean = (CounterBean)request.getAttribute("myBean");
     if(myBean==null){
       myBean = new CounterBean();
       request.setAttributr("CounterBean"," myBean");
     }
   %>
   ```
   C.
   ```
   <%
     CounterBean myBean = (CounterBean)request.getAttribute("myBean");
     if(myBean==null){
       myBean = new CounterBean();
       request.setAttributr("myBean"," myBean");
     }
   %>
   ```
   D.
   ```
   <%
     CounterBean myBean = (CounterBean)request.getAttribute("myBean");
     request.setAttributr("myBean"," myBean");
   %>
   ```

7. 以下代码在 Web 应用范围内声明了一个 CounterBean 对象：
   `<jsp:useBean id ="myBean" class="myPack.CounterBean" scope = "application">`
   如何在 JSP 文件中输出 myBean 的 count 属性（   ）。
   A. `<jsp:getProperty id ="myBean" Property="count" scope = "application">`
   B. `<%CounterBean bean = (CounterBean)application.getAttribute("myBean");%>`
      `<%=bean.getCount()%>`
   C. `<%CounterBean bean = (CounterBean)pageContext.getAttribute("myBean");%>`
      `<%=bean.getCount()%>`
   D.
   ```
   <%
     CounterBean bean =
     (CounterBean)pageContext.getAttribute("myBean",
     PageContext.APPLICATION_SCOPE);
   %>
   <%=bean.getCount()%>
   ```

二、简答题
1. 试比较 page 对象、request 对象、session 对象和 application 对象的作用范围。
2. 使用 JavaBean 时需要注意什么？
3. 简述 JavaBean 的 4 个 Scope 属性取值及各自的意义、用法。
4. 简述 JSP 的请求转发和重定向的异同点和实现方法。

三、操作题
应用 Ajax 技术完成 4.1 节中会员登录功能的开发。

第 5 章 购物车模块

📖 **本章要点：**

- 商品详细信息显示的实现
- 添加商品到购物车功能的详细设计和实现
- 显示购物车中的商品及金额
- 修改购物车中的商品
- JSP 的错误处理
- 订单生成功能的详细设计和具体实现

会员在登录系统成功后，可以执行购物操作。购物车模块主要包括以下操作流程：会员查看商品详细信息，将选购的商品放入购物车中；此后会员可以继续选购另外的商品添加到购物车，删除购物车中已有的商品，对购物车中的商品数量进行修改，会员购物结束后，可以对购物车进行提交，生成本次购物的订单，完成购物操作。

会员购物流程图如图 5.1 所示。

图 5.1　会员购物流程图

5.1　商品详细信息展示

5.1.1　功能说明

购物车在电子商城网站中是必不可少的一个功能模块。会员执行购物操作前需要对选择的商品有更多细节的了解，这是通过查看商品的"详细信息"来完成的。会员登录后可以通过单击某个商品的"详细信息"对商品信息进一步查看，查看的内容包括商品名称、介绍、原价、折扣价、销量、客户评价等,通过查看这些详细信息用户作出是否购买的决定,如果决定购买则单击"放入购物车",将选中的商品添加到购物车中。查看商品详细信息的页面如图 5.2 所示。

5.1.2 流程分析与设计

查看商品详细信息的主要流程如下:

1. 添加查询入口

在每一个商品展示页面的最后一行添加超链接,作为查询商品详细信息的入口。当单击"详细信息"链接时商品的标识符 id 被传递,用来查询该商品。当然在查看详细信息之前需要用户首先登录。

图 5.2 详细信息显示页面

2. 数据库商品表操作类设计

按商品编号检索数据表,查询该编号商品的详细信息。为 ProductDao.java 类添加方法 public ProductEntity selectOneProducts(int id),方法输入的 id 是客户正在浏览的商品编号,方法输出结果是 ProductEntity 类型的商品实体,用来显示商品详细信息。

3. 新建 showProdcutById.jsp 页面

该 JSP 文件从 request 对象中取得客户浏览的商品 id,获得商品详细信息,显示商品信息。商品详细信息功能流程图如图 5.3 所示。

图 5.3 商品详细信息功能流程图

5.1.3 编程详解

1. 添加查询入口

系统中所有涉及商品显示的页面均需添加显示商品详细信息展示超链接。这些页面包括前台主页面 main.jsp,商品分类显示页面 showCategoryMain.jsp,显示商品查询结果页面 showFindProductsByName.jsp,显示商城新品页面 showProductOriginal.jsp 和显示特价商品页面 showDiscount.jsp。

下面以 main.jsp 为例说明添加查询入口的方法。会员登录后,在查看商品的时候,在每个商品列表显示时将添加"查询详细内容"的查询入口,若会员没有登录则提示"登录才能购买",提示客户在查看详细信息前首先登录。

```
...
<div align="left">
  简介：<%=e.getDescription()%>
</div>
<div align="left">
<%
  if (session.getAttribute("user") != null ||
        session.getAttribute("id") != null) {
%>
<a href="#"   onClick="window.open('showProductById.jsp?
    id=<%=e.getId()%>','','width=500,height=200');">
查看详细内容
</a><%} else {
%>登录才能购买<%}%>
</div>
...
```

如果表达式 session.getAttribute("user") != null|| session.getAttribute("id") != null 的值为真，表示会员已登录，此时页面上显示"查看详细内容"的超链接<a href="#" onClick="window.open('showProductById.jsp?id=<%=e.getId()%>','','width=500,height=200');"> 查看详细内容</a>。

这是一种通过伪链接来调用的 JavaScript 方法。因为超链接的地址是当前页面，会员在这个超链接上操作时页面不发生跳转，但是激发 onClick 事件调用浏览器 window 对象的 open 方法，打开 showProductById.jsp 页面，在向服务器请求这个页面时发送了具体商品的 id 参数。

使用类似的方法，修改下述四个页面：商品分类显示页面 showCategoryMain.jsp、显示查询商品页面 showFindProductsByName.jsp、显示商城新品页面 showProductOriginal.jsp 和显示特价商品页面 showDiscount.jsp。

2. 数据库商品表操作类实现

在 ProductDao.java 中添加方法 selectOneProducts(int id)，该方法按商品编号查询单个商品信息，参数 id 是商品编号。方法返回值是 ProductEntity 实体对象，方法代码如下：

```java
//以商品编号为条件查询单个商品的详细信息
public ProductEntity selectOneProducts(int id) {
  ProductEntity e = new ProductEntity();
  try {
      ps = connection.prepareStatement(
              "select * from tb_product where id=? order by id DESC");
          ps.setInt(1, id);
          ResultSet rs = ps.executeQuery();
          while (rs.next()) {
              e.setId(rs.getInt(1));
              e.setCategoryMainId(rs.getInt(2));
              e.setCategoryBranchId(rs.getInt(3));
              e.setName(rs.getString(4));
              e.setProducingArea(rs.getString(5));
              e.setDescription(rs.getString(6));
              e.setCreateTime(rs.getString(7));
              e.setMarketPrice(rs.getFloat(8));
              e.setSellPrice(rs.getFloat(9));
              e.setProductCount(rs.getInt(10));
              e.setPicture(rs.getString(11));
```

```
                e.setDiscount(rs.getInt(12));
            }
        } catch (SQLException ex) {
            ex.printStackTrace();
        }
    return e;
}
```

3. 显示页面实现

页面 showProductById.jsp 功能是展示会员特定商品详细信息，并能够将会员提交的商品放入购物车中，商品信息以 form 表单形式提交给 cartAdd.jsp 页面处理。

（1）在 pages/product/ 文件夹下，新建 showProductById.jsp 页面，在页面中引入数据库商品信息表操作类 ProductDao 和实体类 ProductEntity，具体实现代码如下：

```jsp
<%@ page import="cn.estore.dao.ProductDao" %>
<%@ page import="cn.estore.entity.ProductEntity" %>
```

（2）为 ProductDao 增加 selectOneProducts(int id) 方法，该方法从数据库中检索商品信息，检索的结果放入 goods 对象中。方法的输入参数为商品编码 id，添加实现代码如下：

```jsp
<%
    // 前台单个查询商品的信息，以页面请求参数商品的 id 作为查询条件
    ProductDao dao = new ProductDao();
    ProductEntity goods = (ProductEntity) dao.selectOneProduct(
                    Integer.valueOf (request.getParameter("id")));
%>
```

（3）创建 showProductById.jsp 页面。该页面需提供购物的链接，当会员选择将该商品放入购物车，对应的商品信息将会被提交到 cartAdd.jsp 进行处理，因此页面的商品信息以表单的形式出现，当单击页面上"放入购物车"时则提交该表单，表单的 action 设为 cartAdd.jsp。

showProductById.jsp 完整的代码如下：

```jsp
<%@ page contentType="text/html; charset=gb2312"%>
<%@ page import="cn.estore.dao.ProductDao"%>
<%@page import="cn.estore.entity.ProductEntity"%>
<%
    // 前台根据商品 ID 查询商品的详细信息
    ProductDao dao = new ProductDao();
    int id=Integer.valueOf(request.getParameter("id"));
    ProductEntity goods = (ProductEntity) dao.selectOneProducts(id);
%>
<html>
<head><title>…</title></head>
<body>
    <form name="form" method="post" action="../cart/cartAdd.jsp">
        <div align="center"><p class="style1">查看商品详细信息</p></div>
        <table width="320" border="1" align="center" bordercolor="#FFFFFF"
            bordercolorlight="#FFFFFF"    bordercolordark="#819BBC">
        <tr>
            <td width="36%" rowspan="4" height="120">
                <div align="center">
```

```html
            <input name="pricture" type="image"
                src="<%="../../productImages/"+goods.getPicture()%>"
                   width="110" height="100">
          </div>
        </td>
        <td width="64%" height="30">
          <div align="center">
            <table width="71%" height="20" border="0" align="center" >
             <tr>
                <td>商品名称：<%=goods.getName()%> <input type="hidden"
                   name="goodsId" value="<%=goods.getId()%>" />
                </td>
             </tr>
            </table>
          </div>
        </td>
      </tr>
      <tr>
        <td height="30">  <div align="center">
            <table width="71%" border="0" align="center">
     <tr>
       <td>
       <% if (String.valueOf(goods.getDiscount()).equals("1")) {%>
           特    价： <%=goods.getSellPrice()%>元
  <input type="hidden" name="price" value="<%=goods.getSellPrice()%>"/>
           <%} else {%>
           现    价： <%=goods.getMarketPrice()%>元
  <input type="hidden" name="price" value="<%=goods.getMarketPrice()%>"/>
           <%}%>
       </td>
     </tr>
    </table>
   </div>
  </td>
 </tr>
 <tr>
  <td height="30"> <div align="center">
    <table width="71%" border="0" align="center">
     <tr>
      <td>简  介： <%=goods.getDescription()%></td>
     </tr>
    </table></div>
  </td>
 </tr>
 <tr align="center">
   <td height="30"><img src="../../systemImages/1.jpg"
        onClick="window.close()">   
    <input type="image" src="../../systemImages/2.jpg"
           name="Submit" value="放入购物车">
   </td>
  </tr>
 </table>
 </form>
</body>
</html>
```

会员选择的商品可能为特价商品，显示的价格要根据该商品否为特价商品来决定，在随后的表单提交时，隐含表单 price 元素传递两个商品的价格之一，即<input type="hidden" name="price" value="<%=goods.getSellPrice()%>"/> 或者 <input type="hidden" name="price"

value="<%=goods.getMarketPrice()%>"/>。

5.2 添加商品到购物车

5.2.1 功能说明

会员在商品详细信息页面上单击"放入购物车"按钮，开始该商品的购买流程，此时系统判断会员本次购物是否需要新产生购物车，如果是新产生的购物车，系统将会员所选择的商品直接加入到购物车，否则，系统将商品加入到先前为此会员产生的购物车中。购物成功的界面如图5.4所示。

图 5.4 购物成功的界面

5.2.2 流程分析与设计

购物车作为衔接商品和生成订单流程的中间桥梁，其重要性不言而喻。购物车中的商品需要记录商品的编号、商品出售的价格和数量，有了这些基本信息就能满足功能需求。系统据此设计了购物车实体类CartGoods，该类对象代表会员购物车中的商品购买信息，并不对应于数据库中的商品实体。

当会员查看了商品详细信息后，若无意向购买直接退出即可；若确认购商品，则操作流程如下：首先单击"添加到购物车"超链接，提交购买商品的请求，并向"添加购物车"页面提交了当前欲购买商品的相关参数；添加购物车页面将保存所购商品信息至购物车；将购物车储存至session中，最后生成订单。主要流程如下：

1. 创建购物车实体类 CartGoods

购物车实体类用于保存购买商品的信息，放入购物车的每个商品只需要含以下三个属性即可，商品的编号、商品的价格和商品购买数量。

2. "添加商品至购物车"入口准备

修改 showProductById.jsp，在商品详细信息显示页面，添加<form>标签，添加"放入购物车"提交按钮。

3. 创建 cartAdd.jsp

（1）新建 cartAdd.jsp 页面，在页面中引入 CartGoods。

（2）从请求参数中获取要添加到购物车中的商品编号和价格。

（3）生成代表会员所选商品的 CartGoods 对象。

（4）判断是否存在购物车，如果没有生成则生成购物车，否则，取出原有的购物车，以供修改。

（5）添加商品到购物车。

（6）保存购物车，并显示购物成功。

添加商品到购物车的功能流程图如图5.5所示。

图 5.5 添加商品到购物车的功能流程图

5.2.3 编程详解

1. 购物车实体类创建

购物车实体类 CartGoods 需要记录商品编号、商品的价格和数量，该类对象代表会员购物车中的商品信息，并不对应于数据库中的商品实体。类 CartGoods 代码如下：

```
package cn.estore.cart;
//购物车中的商品购买信息
public class CartGoods {
  public int ID;          //商品 ID
  public float price;     //价格
  public int number;      //数量
}
```

2. 添加购物车页面（cartAdd.jsp）实现

（1）在 pages/cart 文件夹下，新建页面 cartAdd.jsp，在页面中引入类 Vector 和 CartGoods，类 Vector 是 Java 常用的集合类型，用于生成购物车，购物车里的 GoodsCart 的实例对象是 Vector 类实例中的元素，可以利用 Vector 类的方法对购物车进行维护，代码如下：

```
<%@ page import="java.util.*"%>
<%@ page import="cn.estore.cart.CartGoods"%>
```

（2）添加到购物车的商品信息、商品编号和价格是由页面 showProductById.jsp 以 form 表单提交的，使用 request 对象的 getParameter 方法获取，使用的代码如下：

```
<%
int goodsID=Integer.parseInt(request.getParameter("goodsId"));
float goodsPrice=Float.parseFloat(request.getParameter("price"));
…
%>
```

（3）在 cartAdd.jsp 中生成类 CartGoods 的对象代表本次购买的商品信息，并用前述页面请求参数为对象赋值，此时系统设定商品的数量为 1，此对象生成以后就准备好添加到购物车了，代码如下：

```
<%
cartGoods cartGoods=new cartGoods();
```

```
cartGoods.ID=goodsID;
cartGoods.price=goodsPrice;
cartGoods.number=1;
%>
```

（4）从技术上看，E-STORE 会员从访问网站开始，到关闭浏览器窗口或会话过期是一次会话过程，会话利用 session 对象实现。在会员成功购买第一件商品后，购物车以 session 的属性形式保存，再次购物时，若本次会话并没有结束，该会员对应的 session 对象也没有销毁，可以直接对 session 中的购物车属性进行修改即可，使用的代码如下：

```
<%
Vector cart=(Vector)session.getAttribute("_CART_");
<%
```

如果没有生成，则生成购物车，然后将该件商品添加进去，代码如下：

```
<%
if(_CART_==null){
  cart=new Vector();//新建购物车
}else{…}
%>
```

否则，先取出原有的购物车，添加商品，在添加商品的时候，需要判断该件商品是否在原有的购物车中已经存在，对于已经存在于购物车中的商品，只需要修改购买商品的数量即可，代码如下：

```
<%
for(int i=0;i<cart.size();i++){
   cartGoods existingGoods=(cartGoods)cart.elementAt(i);
   if(existingGoods.ID==cartGoods.ID){  //原有购物车中有要添加的商品
     existingGoods.number++;
     cart.setElementAt(existingGoods,i);
   …}
…
if(flag)//原有购物车中没有要添加的商品
  cart.add(cartGoods);
%>
```

（5）将新生成的或修改过的购物车存放在 session 对象的属性中，然后使用 JSP 内置对象 out 在返回到客户端的页面上输出一段 JavaScript 代码，显示购物成功对话框，随后将客户端的页面关闭，使用的代码如下：

```
<%
session.setAttribute("cart",cart);
out.println("<script language='javascript'>alert('购 买 商 品 成
功!');window.close();</script>");
%>
```

（6）cartAdd.jsp 的完整源代码如下：

```
<%@ page contentType="text/html; charset=gb2312"%>
<%@ page import="java.util.*"%>
<%@ page import="cn.estore.cart.CartGoods"%>
<%
   //获取 request 中的某商品编号及商品价格
   int goodsID = Integer.parseInt(request.getParameter("goodsId"));
   float goodsPrice = Float.parseFloat(request.getParameter("price"));
   //选商品件数
```

```
        int buyGoodsNumber=1;
    //构造商品对象，默认每次选一个对象
    CartGoods    cartGoods    =    new    CartGoods(goodsID,goodsPrice,
buyGoodsNumber);       boolean flag = true;
    //判断该用户是否已经有购物车
    Vector cart = (Vector) session.getAttribute("_CART_");
    if (cart == null) {
        cart = new Vector();//新建购物车
    } else {
        for (int i = 0; i < cart.size(); i++) {
            CartGoods boughtGoods = (CartGoods) cart.elementAt(i);
            if (boughtGoods.ID == cartGoods.ID) {
                boughtGoods.number++;
                cart.setElementAt(boughtGoods, i);
                flag = false;
            }
        }
    }
    //原购物车中没有要添加的商品
    if (flag)
        cart.add(cartGoods);
    session.setAttribute("_CART_", cart);
    out.println("<script language='javascript'> window.close();
                    alert('购买商品成功!');</script>");
%>
```

5.3 显示购物车

5.3.1 功能说明

会员在系统主页上单击"购物车"链接时，系统判断会员是否登录，此时如果会员没有登录，系统需要显示请先登录的提示页面。否则，显示该会员的购物车查询结果页面。在购物车查询结果页面中列表显示购物车中已选商品的信息，包括各个商品的金额，当前商品总金额等。如果没有商品，系统显示"您还没有购物"提示。同时，在购物车页面上需要为会员提供继续购物、去收银台结账、清空购物车和修改某购物车中商品的数量等功能。显示购物车的页面如图 5.6 所示。

序号	商品的名称	商品价格	商品数量	商品金额
1	猪猪	1.0元	5	5.0元
2	骆驼男皮鞋19784025棕色	100.0元	2	200.0元
3	洗衣机	1000.0元	1	1000.0元

合计总金额：￥1205.0

继续购物 | 去收银台结账 | 清空购物车 | 修改数量

图 5.6　显示购物车页面

5.3.2　流程分析与设计

1. 准备购物车查看链接

在主菜单页面 head.jsp 页面上添加"查看购物车"链接，会员可以单击该链接执行显示购物车操作。

2. 数据表操作类设计

在显示购物车中,希望显示商品名称,但由于购物车实体中没有设计商品名称字段,因此,修改 ProductDao 类,在其中添加查询方法 selectOneNameByProductId(int id),根据商品编号来获取商品名称。

3. 数购物车显示页面设计

创建 cartShow.jsp 页面。购物车页面上需要显示商品名称、商品价格、商品数量、每种商品价格、本次购物总金额信息。其中商品名称使用方法 selectOneNameByProductId(int id)获取;商品价格、商品数量、每种商品价格来自于购物车_CART_;订单总金额则需要遍历购物车,累计求和;购物车显示功能流程如图 5.7 所示。

图 5.7 购物车显示功能流程

流程描述如下:

(1)进入购物车显示页面之前先判断是否已登录。

(2)在购物车显示页面中引入 Vector 类、代表会员所选商品的临时实体类 CartGoods 和商品信息表操作类 ProductDao。

(3)从 session 中获取该会员专有的购物车,判断购物车中是否有商品,如果没有商品,页面给出提示信息并返回。

(4)若购物车中有商品,则依次取出会员购物车中的商品,并生成代表所选商品的临时实体类 CartGoods 对象。

(5)通过商品信息表操作类 ProductDao 查询需要在页面上显示的每件商品的信息,并把信息在页面可提交的表单中显示。

(6)计算每件商品的金额并显示。

(7)如果会员需要修改商品的数量,需将页面表单中的信息提交到购物车修改页面 cardModify.jsp 处理。

(8)提供"继续购物"、"去收银台结账"、"清空购物车"和"修改"购物车中某件商品的数量的链接。

4. 购物车中商品数量修改设计

对购物车中的商品数量能够实现即时更新,页面上应该显示修改以后的购物车商品列表。修改的逻辑如果在当前页面中实现,则页面流程将比较复杂。因此系统修改商品数量的请求提交给 cartModify.jsp 处理,由 cartModify.jsp 处理后再自动返回到 cartShow.jsp 重新显示购物车。

5.3.3 编程详解

1. 准备购物车查看链接

修改 head.jsp 的 "购物车" 链接,链接的地址是 cartShow.jsp,如果会员没有登录,页面跳转到提示登录页面 userLoginPlease.jsp,关键代码如下:

```jsp
<%
…
String shoppinglink="userLoginPlease.jsp";
UserEntity user=null;
if(session.getAttribute("user")!=null){
user=(UserEntity)session.getAttribute("user");
…
shoppinglink="/estore/pages/cart/cartShow.jsp";
}
%>
…
<td width="100"    onMouseOver="this.style.backgroundImage='url(<%=
        request.getContextPath()%>/systemImages/topMenu.jpg)'"
        onMouseOut="this.style.backgroundImage=''">
    <a href="<%=shoppinglink%>" class="a4">购物车</a>
</td>
```

2. 数据表操作类实现

修改 cn.estore.dao 包中的 ProductDao 类,添加 public String selectOneNameByProductId (int id) 方法,输入参数为商品编号,方法返回值是商品名称。代码如下:

```java
// 以商品编号查询商品名称
public String selectOneNameByProductId(int id) {
  String name = null;
  try {
      ps = connection
          .prepareStatement("select * from tb_product where id=?");
      ps.setInt(1, id);
      ResultSet rs = ps.executeQuery();
      while (rs.next()) {
         name = rs.getString(4);    }
  } catch (SQLException ex) {
  }
      return name;
}
```

3. 购物车显示页面 cartShow.jsp 实现

(1)在 estore /pages/cart 文件夹下,创建 cartShow.jsp 页面,在页面中引入 Java 实用工具类 Vector 和代表会员所选购商品信息的临时实体类 GoodsCart,以及商品信息表操作类 ProductDao,Vector 类的对象存放会员的购物车,GoodsCart 类用于存放遍历购物车中的商品购买信息,GoodsDao 类用于获取商品的其他信息,代码如下:

```
<%@ page import="cn.estore.cart.CartGoods"%>
<%@ page import="cn.estore.dao.ProductDao"%>
```

（2）使用 session 对象的 getAttribute 方法获取会员购物车，如果为空，说明会员到目前还没有选购商品，系统也没有为该会员生成过购物车，此时页面显示"你还没有购物"提示信息，页面处理流程终止，代码如下：

```
<%
    if (session.getAttribute("_CART_") == null) {
%>
    您还没有购物！！！
<%
    } else {
%>
…
```

（3）当系统为该会员生成了购物车，表明购物车中存有商品，此时使用 Vector 类的实例 cart 存放此购物车；然后将购物车中的商品逐一取出，放入购物车临时对象 CartGoods 类的实例中进行总金额计算等处理，代码如下：

```
<form method="post" action="cartModify.jsp" name="form">
    …
    <%
        float sum=0;//商品总金额
        Vector cart=(Vector)session.getAttribute("cart");
        for(int i=0;i<cart.size();i++){
            CartGoods cartGoods=(CartGoods)cart.elementAt(i);
            sum = sum + cartGoods.number * cartGoods.price;
    %>
</form>
```

对于商品数量以外要显示的信息，使用类似如下方法处理，dao 是 page 范围的 JavaBean，实际是数据库商品信息表操作类 cn.estore.dao.ProductDao 的实例，可以调用对象的方法获取数据，代码如下：

```
<div align="center">
    <%= dao.selectOneNameByProductId(new Integer(cartGoods.ID)) %>
</div>
<div align="center">
    <%=cartGoods.price%>元
</div>
```

而对于商品数量，因为需要考虑会员可能修改，故将此信息在 form 表单的 input 元素中显示，代码如下：

```
<div align="center">
    <input name="num<%=i%>" size="7" type="text"
        value= "<%=cartGoods.number%>" onBlur="check(this.form)">
</div>
```

其中标签属性 name 命名为 numX，X 随遍历购物车中商品而变化，可以实现与购物车中商品保持对应关系，维护该商品的数量，即使会员在此页面上对数量进行修改，也可以在随后的提交中确认此数量是对应哪个商品的。该标签的 onBlur 事件的触发时机是：原先在此表单元素上的输入焦点从这个元素上移走时，即一旦此元素失去输入焦点，就激发了这个事件。事件的处理函数是 JavaScript 函数 check()，参数是本页面标识为 form 的表单，该函数实现了对购物车商品数量的合法性检查并将合法的输入提交给 cartModify.jsp，代码如下：

```
<!--
function check(myform){
  if(isNaN(myform.num<%=i%>.value)||myform.num<%=i%>.value.indexOf('.',0)!= -1){
    alert("请不要输入非法字符");
    myform.num<%=i%>.focus();
    return;
  }
  if(myform.num<%=i%>.value==""){
    alert("请输入修改的数量");
    myform.num<%=i%>.focus();
    return;
  }
  myform.submit();
}
-->
```

JavaScript 语句 myform.submit()代替了在页面上表单的提交元素，完成该表单的提交。如果在验证时有非法的输入，则并不会执行到这条语句，表单也不会被提交了。

（4）会员在确认目前购物车的商品后，可以进行下一步操作，如继续购物、去收银台结账、清空购物车、修改数量等，代码如下：

```
<a href="index.jsp">继续购物</a>
  | <a href="cartCheckOut.jsp">去收银台结账</a>
  | <a href="cartClear.jsp">清空购物车</a>
  | <a href="#">修改数量</a>
```

其中，修改数量的链接 href="#"是一种临时链接的写法，即这个链接目前不可用，单击了也不会有作用，还是会跳转到本页，当#被有效链接替换才会起作用。在此处使用 href="#"可以实现如果购物车中商品的数量没有修改，页面不会跳转，如果数量做了修改，输入焦点必定在商品数量的<input>标签上，此时单击"修改数量"的链接，可以将输入焦点从商品数量的标签上移开，即触发了<input>标签的 onBlur 事件，JavaScript 函数 check（myform）被调用，相当于执行修改数量的操作。

（5）cartShow.jsp 的源代码如下：

```
<%@ page contentType="text/html; charset=gb2312"%>
<%@ page import="java.util.*"%>
<%@ page import="cn.estore.cart.CartGoods"%>
<%@ page import="cn.estore.dao.ProductDao"%>
<% ProductDao dao = new ProductDao(); %>
<html>
<head>
  <meta http-equiv="Content-Type" content="text/html; charset=gb2312">
    <title>estore</title>
</head>
<link href="../../css/css.css" rel="stylesheet" type="text/css">
<body>
    <jsp:include page="../common/head.jsp" flush="true" />
    <table width="1024" align="center" cellpadding="0" cellspacing="0">
      <tr>
        <td width="300" bgcolor="#F5F5F5">
          <jsp:include page="../common/left.jsp" flush="true" /></td>
        <td width="724" valign="top" bgcolor="#FFFFFF" align="center">
          <strong>我的购物车</strong>
```

```jsp
                    <div align="center"><br>
                    <%if (session.getAttribute("_CART_") == null) {%> 您还没有购物！！
                    <%} else {%>
                    </div>
                    <form method="post" action="cartModify.jsp" name="form">
                    <table width="92%" border="1" align="center" cellpadding="0"
                        cellspacing="0" bordercolor="#FFFFFF" >
                        <tr>
                            <td width="5%" height="28">
                                <div align="center">序号</div>
                            </td>
    ...<!-- 如上例依次完成商品名称、商品价格、数量、金额的表头显示 -->
  </tr>
  <% float sum = 0;//商品总金额
    Vector cart = (Vector) session.getAttribute("_CART_");
      for (int i = 0; i < cart.size(); i++) {//累计所有商品付款总额
        CartGoods cartGoods = (CartGoods) cart.elementAt(i);
        sum = sum + cartGoods.number * cartGoods.price;
  %>
  <tr>
    <td align="center" width="5%"> <%=i + 1%></td>
    <td align="center" width="40%">
        <%=dao.selectOneNameByProductId(new Integer(cartGoods.ID))%>
    </td>
    <td align="center" width="18%"><%=cartGoods.price%>元</td>
    <td align="center" width="19%">
        <input name="num<%=i%>" size="7" type="text"
            value="<%=cartGoods.number%>"
onBlur="check(this.form)">
    </td>
    <td align="center" width="18%">
            <%=cartGoods.number * cartGoods.price%>元</td>
  </tr>
  <script language="javascript">
    <!--
        function check(myform){
           if(isNaN(myform.num<%=i%>.value)
              myform.num<%=i%>.value.indexOf('.',0)!=-1){
          alert("请不要输入非法字符");myform.num<%=i%>.focus();return;}
          if(myform.num<%=i%>.value==""){
            alert("请输入修改的数量");myform.num<%=i%>.focus();return;}
          myform.submit();
       }
       -->
  </script>
  <%}%>
  </table>
  </form>
  <table   width="100%"   height="52"   lign="center"   cellpadding="0"
cellspacing="0">
    <tr align="center" valign="middle">
      <td height="10"> </td>
      <td width="24%" height="10" colspan="-3" align="left"> </td>
    </tr>
    <tr align="center" valign="middle">
      <td height="21" class="tableBorder_B1">      </td>
      <td height="21" colspan="-3" align="left">
          合计总金额：￥<%=sum%>
```

```
            <%session.setAttribute("totalPrice", sum);%></td>
        </tr>
        <tr align="center" valign="middle">
            <td height="21" colspan="2">
                <a href="../product/main.jsp">继续购物</a> |
            <a href="../cart/cartCheckOut.jsp">去收银台结账</a> |
            <a href="../cart/cartClear.jsp">清空购物车</a> |
            <a href="#">修改数量 </a>
            </td>
        </tr>
        </table>
    <%}%>
    </td>
</tr>
</table>
<jsp:include page="../common/statusBarNavigation.jsp" flush="true" />
</body>
</html>
```

5.3.4 <useBean>与生成实例的关系

在 JSP 中引用 JavaBean 可以有两种形式，一是使用 page 指令引入类，再在 JSP 页面中使用 new 关键字生成类的实例，二是使用<jsp:useBean>动作在页面范围内生成一个 JavaBean 的的实例。这两种方式本质上是相同的，主要有两个方面的区别。

JavaBean 方式实例的作用域由 scope 指定，可以是 page、request、session、application 之一，不限于本 JSP 页面，而 new 方式生成的实例对象的作用域限制在本页面，在本页面访问结束或请求被转发后，实例对象是不会传到别的页面上去的。

使用 new 方式是一定会生成实例对象的，而使用<jsp:useBean>则不一定，除了 scope 作用域是 page 一定会在页面范围内生产外，如果 scope 作用域是 request、session、application 之一，JSP 引擎会在 request、session、application 范围内按 JavaBean 的 id 进行查找，如果已经存在同名的实例对象，JSP 引擎便不再生成新的实例对象，而引用原有的对象。JSP 利用这种机制实现 JavaBean 在不同页面之间传递。

这两种在 JSP 页面中使用 Java 类实例化对象的方式在 Java Web 应用开发时经常同时使用，选择何种方式主要是依据页面设计和实现的需求。

5.4 修改及清空购物车

5.4.1 功能说明及页面流程

会员对购物车中商品的修改，仅限于对购买数量的修改，而对商品的其他信息不能改变。如果商品购买的数量被修改成"0"，则该商品将从购物车中删除。

cartModify.jsp 处理流程如下：新建 cartModify.jsp 文件，在 session 对象中获取该会员原有的购物车，遍历购物车中的商品，并以 cartShow.jsp 传递的商品数量为准，重新生成一个新的购物车，把原有商品逐一添加到新购物车中。如果商品购买的数量被修改成"0"，则删除该商品。所有商品添加结束后，将新购物车重新作为 session 的属性保存。如果会员需要清除购物车，只要将 session 对象中代表购物车的属性删除即可。

5.4.2 编程详解

在 pages/cart 文件夹下新建 cartModify.jsp 页面，导入购物车实体类 CartGoods。

（1）使用 session 对象的 getAttribute 方法获取购物车，并存入 Vector 类对象 cart 中。创建新购物车 newcart，新购物车用来保存修改过的购物信息，代码如下：

```
<%
  Vector cart=(Vector)session.getAttribute("_CART_");//获取购物车
  Vector newcart=new Vector();
  …
  //依次遍历购物车
%>
```

（2）遍历购物车 cart 内的商品，每件商品的购买数量由页面参数 numX 获得，将所有购买数量不为"0"的商品添加到新购物车 newcart 中，代码如下：

```
<%
  for(int i=0;i<cart.size();i++){
    CartGoods cartGoods=(CartGoods)cart.elementAt(i);
                                              //取出各件购物车中的商品
    String num=request.getParameter("num"+i);  //取出每件商品的购买数量
    try{
      int newnum=Integer.parseInt(num);
      cartGoods.number=newnum;
      if(newnum!=0){  //如果数量为 0 则不再添加到购物车，相当于删除了这件商品
        newcart.addElement(cartGoods);
      }
    …
%>
```

（3）将新购物车 newcart 作为 session 的"cart"属性替代原有的购物车，完成修改操作，并使用 response 对象的 sendRedirect 方法，将页面转向 cartShow.jsp，显示修改后的购物车，代码如下：

```
<%
  session.setAttribute("_CART_",newcart);
  response.sendRedirect("cartShow.jsp");
%>
```

在购物车修改结束后，将此次对 cartModify.jsp 页面的请求重新定向到 cartShow.jsp 页面，会员直观感觉修改操作是在购物车显示页面上完成的。

（4）cartModify.jsp 的完整源代码如下：

```
<%@ page contentType="text/html; charset=gb2312"%>
<%@ page import="java.util.*"%>
<%@ page import="cn.estore.cart.CartGoods"%>
<%
  Vector cart=(Vector)session.getAttribute("_CART_");
  Vector newcart=new Vector();
  for(int i=0;i<cart.size();i++){
      CartGoods cartGoods=(CartGoods)cart.elementAt(i);
      String num=request.getParameter("num"+i);
      try{
      int newnum=Integer.parseInt(num);
      cartGoods.number=newnum;
```

```
            if(newnum!=0){
               newcart.addElement(cartGoods);}
            }catch(Exception e){
               out.println("<script language='javascript'>
                  alert('您输入的数量不是有效的整数!');history.back();
</script>");
               return;
            }
        }
        session.setAttribute("_CART_",newcart);
        response.sendRedirect("cartShow.jsp");
    %>
```

（5）清空购物车。cartClear.jsp 页面中使用 session 对象的 removeAttribute 方法清除购物车属性。该操作实际上不仅清除购物车中的商品，也删除了购物车，会员如果希望继续购物，需要重新生成购物车，代码如下：

```
        session.removeAttribute("_CART_");
```

5.4.3　JSP 的错误处理

图 5.8　JSP 错误

1. JSP 页面编译时错误及处理

JSP 页面中主要有两种错误：编译时错误和运行时错误。

编译时错误是 JSP 引擎在编译 JSP 源代码时出现的，编写 JSP 时的语法有错误，导致 JSP 容器无法将 JSP 网页编译成正确的文件。例如：500 Internal ServerError，"500"是指 HTTP 的错误状态码，如图 5.8 所示。

产生这种编译错误时，通常是 JSP 存在语法错误，或是 JSP 引擎在安装、设定时有不适当的情形发生。对于编译时错误并没有一个统一的方法可遵循，解决的方法通常是检查程序是否有写错的或检查服务器的配置是否存在问题。

2. JSP 页面运行时错误及处理

运行时错误则是在执行已编译好的 JSP 页面来处理客户端的请求时出现的。客户端请求处理时错误的发生，往往不是语法错误，而可能是逻辑上的错误。例如，一个计算除法的程序，当会员输入的分母为零时，程序会发生错误并抛出异常（Exception），这时应当交由异常处理机制（Exception Handling）做适当的处理，一般采用下列两种处理方法。

（1）在页面中使用 try-catch 结构处理异常。

在 JSP 页内使用 try-catch 来捕获 JSP 中可能出现的异常，类似于在普通的 Java 代码中，将可能出现异常的脚本代码放在 try 块中。但由于 JSP 页面除了包含 HTML 标签，还包含各种脚本元素，在 JSP 中使用 try-catch 结构会使得整个页面的可读性变差，这种方法并不是理想的解决方案，常用在不太复杂的页面或需要特殊处理异常的页面。

（2）采用 JSP 提供的更加简捷有效的异常处理机制。

使用 JSP 的错误页面转发机制，可以使用一个特定的 JSP 页面来处理或显示错误。相对于前面的 try-catch 结构处理异常方法，这样能提供一个更为全局的错误处理机制，还能为多个 JSP 页面提供同一个错误页面来处理错误。具体来说分为以下两步：

首先，编写一个专用的 JSP 错误处理页面，该页面将仅在其他页面出现运行时异常情况下才被调用，如 ExceptionHandling.jsp：

```jsp
<%@ page contentType="text/html; charset=GBK" %>
<%@ page isErrorPage="true" %>
<html>
  <head><title>ExceptionHandling</title></head>
  <body bgcolor="#ffffff">
    <font color="#ff0000" size="4">
      An Exception ocurred,The message is:
      <%=exception.getMessage()%>
    </font>
  </body>
</html>
```

在 page 指令中指明本页面是异常处理页面。这样，JSP 引擎在进行处理时，在 JSP 页面中增加了一个 JSP 页面中没有的隐含对象 exception。exception 对象将包含异常的相关信息。可以将其进行各种处理，如写入日志，或仅仅返回给客户端一个异常信息。

然后，在可能发生错误的 JSP 页面中，指定当异常发生时由哪个专用的异常处理 JSP 进行处理，如 DivException.jsp：

```jsp
<%@ page contentType="text/html; charset=gb2312" %>
<%@ page errorPage="ExceptionHandling.jsp" %>
<html>
  <body bgcolor="#ffffff">
    <% int i=5/0; %>
  </body>
</html>
```

其中，在 page 指令中指明本页面一旦出现任何运行时异常，JSP 引擎会产生一个 exception 对象，并传递给异常处理页面 ExceptionHandling.jsp。本页面执行到脚本 int i=5/0 时会产生异常，页面处理中止。异常对象将被传递到 ExceptionHandling.jsp，由该页面返回对客户端的响应，如图 5.9 所示。

5.5 生成订单

5.5.1 功能说明

图 5.9 用异常处理页面处理 JSP 异常

会员在购物车显示页面确认商品及数量后，单击"去收银台结账"按钮，系统页面跳转到结账信息填写页面，在该页面会员需要填写详细的结账信息，如会员真实姓名、联系电话、付款方式、运送方式等。如有备注信息，在下方的"备注信息"中留言。个人身份信息的填写是为了方便会员所购买的货物准确、及时送达，而所有这些信息也将保存在系统数据库中。确认无误后单击"提交"按钮，生成新订单并显示订单编号。在后续的操作中会员可进入"查看订单"页面查看订单详细信息。

生成订单的页面效果如图 5.10 所示，单击"提交"按钮，系统生成订单后会给出订单号提示。

图 5.10 生成订单的页面效果

5.5.2 流程设计

1. 设计数据库

（1）数据表的概念设计。

◆ 订单信息实体

订单信息实体包括订单编号、会员名称、联系地址、真实姓名、联系电话、付款方式、送货方式、备注信息、订单生成时间，订单总价、出货标志属性。其中，订单出货标志属性用来标识订单是否已出货，"1"表示"是"，"0"表示"否"。订单信息实体 E-R 图如图 5.11 所示。

图 5.11 订单信息实体 E-R 图

◆ 订单明细实体

订单明细实体包括订单明细、订单编号、商品编号、商品销售价格和购物数量属性。订单明细实体 E-R 图如图 5.12 所示。

图 5.12 订单明细实体 E-R 图

（2）数据表的逻辑结构。

◆ 订单信息表结构

订单信息表用来保存 E-STORE 中所有订单的信息，数据表命名为 tb_order，该表的结构如表 5.1 所示。

表 5.1 tb_order 表的结构

字段名	数据类型	是否为空	是否为主键	默认值	描述
order_id	varchar(50)	No	Yes		订单编号
name	varchar(50)	Yes		NULL	会员名称
real_name	varchar(50)	Yes		NULL	真实姓名
address	varchar(50)	Yes		NULL	联系地址
mobile	varchar(50)	Yes		NULL	联系电话
total_price	float	Yes		NULL	订单总价
Delivery_method	varchar(50)	Yes		NULL	送货方式
memo	text	Yes		NULL	备注信息
delivery_sign	bit	Yes		NULL	是否已发货
create_time	smalldatetime	Yes		NULL	创建订单时间
payment_mode	Varchar(50)	Yes		NULL	付款方式

其中，sign 字段用来表示订单出货标志，取值为"1"表示"订单已出货"，取值为"0"表示"订单未出货"。

◆ 订单明细表结构

订单明细表用来保存会员生成订单的商品明细，数据表命名为 tb_orderDetail，该表的结构如表 5.2 所示。

表 5.2 tb_orderDetail 表的结构

字段名	数据类型	是否为空	是否为主键	默认值	描述
id	int(4)		Yes		ID（自动编号）
order_id	varchar(50)	No			订单编号
product_id	int(4)	No			商品编号
product_name	varchar(50)	NO			商品名称
product_price	float	Yes		NULL	商品价格
amount	int(4)	Yes		NULL	商品数量

2. 创建数据库订单表和订单明细实体类

创建数据库订单实体类 OrderEntity 和订单明细实体类 OrderItemEntity，类的成员变量命名分别与数据库订单表和订单明细表字段名相同，成员方法为对应成员变量的访问器。当要对数据库订单表或订单明细表的记录进行访问时，用类 OrderEntity 或 OrdeItemEntity 类的实例代表表中记录，对数据库进行读操作时，使用该类的 getXxx 方法获取记录各字段的信息，当对数据库进行写操作时，使用该类的 setXxx 方法将要写入记录的信息先赋值给该类的对象，再将对象作为方法参数写入数据库。

3. 数据库订单表和订单明细表操作类的实现

创建 OrderDao 和 OrderItemDao 两个数据库操作类，并添加相应方法。在 OrderDao.java 中设计 insertOrder 方法实现订单插入，在 OrderItemDao.java 中设计方法 insertOrderItem，实现订单明细表插入。

4. 页面实现流程设计

（1）在购物车显示页面 cartShow.jsp 页面，有去收银台结账链接，代码是 <a href="../cart/cartCheckOut.jsp">去收银台结账</a>，实现跳转到生成订单页面。

在 pages/cart/文件夹下,新建 cartCheckOut.jsp 页面;生成订单时所需要的信息有订单编号、会员账户、真实姓名、邮寄地址、联系电话、应付金额、付款方式、送货方式和备注信息。其中订单编号由方法 StringUitl.createOrderId()自动产生,邮寄地址、备注由会员输入、其他字段根据商品编号,从数据库中获取。

(2)在 pages/cart 文件夹下,新建 cartToOrder.jsp 完成订单处理操作,cartCheckOut.jsp 页面以表单形式提交数据到 cartToOrder.jsp。

(3)在 cartToOrder.jsp 页面中先获取请求参数。

(4)生成订单信息实体类 OrderEntity 实例对象,将订单信息写入数据库。

(5)获取会员的购物车,遍历购物车中的商品,逐个生成并给订单明细实体类 OrderItemEntity 实例对象赋值,将订单明细写入数据库。

(6)修改商品信息表中的商品销售数量。

(7)清空购物车,页面提示订单生成。

订单生成的功能流程图如图 5.13 所示。

图 5.13 订单生成功能流程图

5.5.3 编程详解

1. 创建数据表

(1)在数据库中创建表。

在数据库中创建订单详细表 tb_order_item 和订单表 tb_order 数据表,创建完成后,表如图 5.14 和图 5.15 所示。

图 5.14 创建 tb_order_item 表

图 5.15 创建 tb_order 表

(2)数据表之间的关系。

订单表和订单明细表之间的关系如图 5.16 所示,该关系实际上反映了系统中订单信息与订单明细实体之间的关系。设置了该关系后,可以保证订单明细实体中保存的购物明细必属于某个订单所有。反之,在订单表中的订单必然在订单明细中存有该订单的详细购物信息。另外,当更新 tb_order 和 tb_orderDetail 数据表的时候,数据库会自动检查此外键关系,可避免订单和订单明细的误删除操作。

2. 两个实体类实现

在 cn.estore.entity 包中,分别实现数据库订单实体类和订单明细实体类,主要代码如下:

图 5.16 订单表和订单明细表之间的关系

```
//订单实体类
public class OrderEntity{
    private String orderId;              //订单详细编号
    private String name;                 //订单的会员名
    private String realName;             //用户名
    private String address;              //送货地址
    private String mobile;               //用户手机号
    private float totalPrice;            // 订单总金额
    private String deliveryMethod;       //寄送方式
    private String memo;                 //备注
    private Boolean deliverySign=false;  //是否已经发货,默认新生成订单没发货
    private String createTime;           //存放支付方式,文本类型
…//setXxx 与 getXxx 定义
}

//订单明细实体类
public class OrderDetailEntity{
    private int id;                      //自增编号
    private String orderId;              // 所属订单编号
    private int productId;               //订单中商品的编号
    private String productName;          //商品名
    private float productPrice;          //订购的商品价格
    private int amount;                  //订购商品数量
…//setXxx 与 getXxx 定义
}
```

3. 数据库订单表和订单明细表操作类的实现

在 cn.E-STORE.dao 包中,新建 OrderDao 类和 OrderItemDao 类,在 OrderDao 类中添加方法 public boolean insertOrder(OrderEntity form),保存订单信息;在 OrderItemDao 类添加 public boolean insertOrderItem(OrderItemEntity form)方法,保存订单详细信息。

```
package cn.estore.dao;
import cn.estore.entity.OrderEntity;
import cn.estore.util.DBConnection;
import java.sql.*;
```

```java
import java.util.*;
import cn.estore.dao.OrderItemDao;
//订单表的操作
public class OrderDao {
    private Connection connection = null;          //定义连接的对象
    private PreparedStatement ps = null;           //定义数据库操作的语句对象
    private DBConnection jdbc = null;              //定义数据库连接对象
    public OrderDao() {
        jdbc = new DBConnection();
        connection = jdbc.connection;              //利用构造方法取得数据库连接
    }
    // 添加的方法
    public boolean insertOrder(OrderEntity form) {
        try {
            ps = connection.prepareStatement("insert into tb_order
                    values (?,?,?,?,?,?,?,?,?,getDate(),?)");
            ps.setString(1, form.getOrderId());
            ps.setString(2, form.getName());
            ps.setString(3, form.getRealName());
            ps.setString(4, form.getAddress());
            ps.setString(5, form.getMobile());
            ps.setFloat(6, Float.valueOf(form.getTotalPrice()));
            ps.setString(7, form.getDeliveryMethod());
            ps.setString(8, form.getMemo());
            ps.setBoolean(9, form.getDeliverySign());
            ps.setString(10, form.getPaymentMode());
            ps.executeUpdate();
            ps.close();
            return true;
        } catch (SQLException ex) {
            System.out.println("数据库访问失败");
            return false;
        }
    }
}
```

创建类 OrderItemDao 如下：

```java
package cn.estore.dao;
import java.sql.Connection;
import java.sql.PreparedStatement;
import java.sql.ResultSet;
import java.sql.SQLException;
import java.util.ArrayList;
import java.util.List;
import cn.estore.entity.OrderItemEntity;
import cn.estore.util.DBConnection;
import cn.estore.dao.ProductDao;
//订单明细表的操作
public class OrderItemDao {
    private Connection connection = null;          //定义连接的对象
    private PreparedStatement ps = null;           //定义数据库操作的语句对象
    private DBConnection jdbc = null;              //定义数据库连接对象
    public OrderItemDao() {
        jdbc = new DBConnection();
        connection = jdbc.connection;              //利用构造方法取得数据库连接
    }
    // 添加的方法
    public boolean insertOrderItem(OrderItemEntity form) {
```

```
    try {
        ps = connection.prepareStatement("insert into tb_order_item
            (order_id,product_id,product_name,product_price,amount)
            values (?,?,?,?,?)");
        ps.setString(1, form.getOrderId());
        ps.setInt(2, form.getProductId());
        ps.setString(3,form.getProductName());
        ps.setFloat(4, form.getProductPrice());
        ps.setInt(5, form.getAmount());
        ps.executeUpdate();
        ps.close();
        return true;
    } catch (SQLException ex) {
        System.out.println("数据库访问失败");
        return false;
        }
    }
}
```

4. 页面编程实现

(1) 创建 pages/cart/cartCheckOut.jsp 页面,在 cartCheckOut.jsp 中引入包 java.util,获取 cn.estore.util 包中 StringUtil.java 类产生订单编号。引入 cn.E-STORE.entity. CustomerEntity 会员实体类,用于从 session 对象中获取会员信息,代码如下:

```
<%@ page contentType="text/html; charset=gb2312"%>
<%@ page import="java.util.*"%>
<%@ page import="cn.estore.entity.CustomerEntity"%>
<%--导入 StringUitl 类,用于手动生成订单编号 --%>
<%@ page import="cn.estore.util.StringUitl" %>
<%
    java.util.Date date = new java.util.Date();
    CustomerEntity user = (CustomerEntity) session.getAttribute("user");
    String orderId=StringUitl.createOrderId();
    //将 orderId 存至 session,作为订单编号
    session.setAttribute("orderId",orderId);
%>
```

订单号是通过 StringUtil.java 中的方法 createOrderId()获得的,该方法返回一个长整型数据,表示从 GMT(格林尼治标准时间)1970 年 1 月 1 日 00:00:00 这一刻之前或者是之后经历的毫秒数,并在其后附加了 3 位随机数,可以保证订单编号的唯一性。代码如下:

```
/**
 * 生成订单号
 * @return 订单号
 */
public static String createOrderId(){
    StringBuffer sb = new StringBuffer();   //定义字符串对象
    sb.append(getStringTime());             //向字符串对象中添加当前系统时间
    for (int i = 0; i < 3; i++) {           //随机生成 3 位数
        sb.append(random.nextInt(9));//将随机生成的数字添加到字符串对象中
    }
    return sb.toString();                   //返回字符串
}
/**
 * 获取当前时间字符串
 * @return 当前时间字符串
```

```
    */
    public static String getStringTime(){
        Date date = new Date();//获取当前系统时间
        SimpleDateFormat sdf = new SimpleDateFormat("yyyyMMddHHmmssSSSS");
        //设置格式化格式
        return sdf.format(date);//返回格式化后的时间
    }
```

（2）在 cartCheckOut.jsp 页面上设计提交表单，提交的目的地址为 cartToOrder.jsp，表单中"订单编号"调用 session 中的 OrderId 获得，提交表单的其他内容也可从 session 对象获取以设置初始值，使用的代码如下：

```
<form name="form" method="post" action="cartToOrder.jsp"
        onSubmit="checkEmpty(form)">
  <table width="68%" border="0" cellspacing="0" cellpadding="0">
    <tr>
        <td height="30" colspan="2">
            <div align="center" class="style1">
                   注意：请您不要恶意提交订单！</div> </td>
    </tr>
    <tr>
        <td height="30">
         <div align="center">订单编号：</div> </td>
        <td> <input type="hidden" name="order_id"
                    value="<%=orderId%>"><%=orderId%> </td>
    </tr>
    <tr>
        <td width="24%" height="30">
            <div align="center">用户帐号：</div></td>
        <td width="76%"><input type="text" name="name"
                            value="<%=user.getUserName()%>"> </td>
    </tr>
    <tr>
        <td height="30">
            <div align="center">真实姓名：</div></td>
        <td><input type="text" name="realName"
                 value="<%=user.getRealName()%>"></td>
    </tr>
    <tr>
        <td height="30"><div align="center">邮寄地址：</div></td>
        <td><input type="text" name="address" ></td>
    </tr>
    <tr>
        <td height="30"><div align="center">联系电话：</div></td>
        <td><input type="text" name="mobile"
                    value="<%=user.getMobile()%>"></td>
    </tr>
    <tr>
        <td height="30"><div align="center">应付金额：</div></td>
        <td><input type="text" name="totalPrice"
              value=<%=session.getAttribute("totalPrice") %>></td>
    </tr>
    <tr>
            <td height="30"><div align="center">付款方式：</div></td>
            <td><select name="paymentMode" class="textarea">
                <option value="">请选择</option>
                    <option value="银行付款" >银行付款</option>
                    <option value="邮政付款">邮政付款</option>
```

```html
                    <option value="现金支付" selected="selected">
                            现金支付</option></select>
            </td>
        </tr>
        <tr>
            <td height="30">
                <div align="center">送货方式：</div></td>
            <td><select name="deliveryMethod" class="textarea">
                <option value="">请选择</option>
                    <option value="普通邮寄" selected="selected">
                            普通邮寄</option>
                    <option value="特快专递">特快专递</option>
                    <option value="EMS 专递方式">EMS 专递方式</option>
                </select>
            </td>
        </tr>
        <tr>
            <td height="60"><div align="center">备注信息：</div></td>
            <td><textarea name="memo"></textarea></td>
        </tr>
    </table>
    <input type="submit" name="Submit2" value="提交">
    <input type="reset" name="reset" value="清除">
    <input type="button" name="back" value="返回"
                onClick="javasrcipt:history.go(-1)">
</form>
```

（3）新建 cartToOrder.jsp 页面，将订单和订单明细保存至数据表。在 cartToOrder.jsp 页面中获取请求参数，这些参数由 cartCheckOut.jsp 中的表单 form 的各个元素提供，例如，获取姓名的代码如下：

```
<%
    …
    order.setName(request.getParameter("name"));        //获取数据
    …
    orderDao.insertOrder(order);                        //保存订单
%>
```

（4）生成订单信息实体类 OrderEntity 实例对象，用页面获得的请求参数为其赋值，利用 OrderDao 将订单信息写入数据库；代码如下：

```
<%
//将客户购物车中的数据提交至订单
OrderEntity order = new OrderEntity();
OrderDao orderDao = new OrderDao();
OrderItemDao orderDetailDao = new OrderItemDao();
OrderItemEntity orderDetail = new OrderItemEntity();
ProductDao goodsDao = new ProductDao();
String orderId = session.getAttribute("orderId").toString();

//先获取订单表数据
order.setOrderId(orderId);
order.setName(request.getParameter("name"));
order.setRealName(request.getParameter("realName"));
order.setAddress(request.getParameter("address"));
order.setMobile(request.getParameter("mobile"));
order.setTotalPrice(Float.valueOf(session
```

```
                    .getAttribute("totalPrice").toString()));
order.setDeliveryMethod(request.getParameter("deliveryMethod"));
order.setMemo(request.getParameter("memo"));
order.setDeliverySign(false);//默认没发货
//将订单时间格式化为"yyyy-MM-dd HH:mm:ss",存至当前时间字段中
java.util.Date date = new java.util.Date();
java.text.SimpleDateFormat orderTime = new java.text.SimpleDateFormat(
                        "yyyy-MM-dd HH:mm:ss");
order.setCreateTime(orderTime.format(date));
order.setPaymentMode(request.getParameter("paymentMode"));
//保存订单表
orderDao.insertOrder(order);
    …
//保存订单明细
%>
```

其中，订单信息的出货标志被设为 false，表示"未出货"，改标志将在后台订单管理功能中维护。

（5）获取会员的购物车，遍历购物车中的商品，逐个生成 OrderItemEntity 实例对象，将订单明细写入数据库。订单的商品明细需要写入数据库，同时需要通过订单编号关联订单和订单明细。代码如下：

```
<%
//插入订单代码
…
//将订单涉及的商品添加到该订单相关联的明细表
Vector cart = (Vector) session.getAttribute("_CART_");
for (int i = 0; i < cart.size(); i++) {
    CartGoods cartGoods = (CartGoods) cart.elementAt(i);
    //这一订单明细中所有商品的订单号均一样,同订单表中的订单号
    orderDetail.setOrderId(orderId);
    orderDetail.setProductId(new Integer(cartGoods.ID));
    orderDetail.setProductName(goodsDao
            .selectOneNameByProductId(new Integer(cartGoods.ID)));
    orderDetail.setProductPrice(cartGoods.price);
    orderDetail.setAmount(cartGoods.number);
    //修改该商品销量,用于后期统计销售排行
    goodsDao.updateAProductSoldNumber(cartGoods.number,
            new Integer(cartGoods.ID));
    orderDetailDao.insertOrderItem(orderDetail);//保存订单明细
}
session.removeAttribute("_CART_");//清空购物车
%>
```

在订单明细生成过程中需要调用 ProductDao 的方法 updateAProductSoldNumber(int productAmount, int id)，修改商品销量，维护商品的销售排行。在插入订单明细后，通过 session.removeAttribute("_CART_")自动清空购物车。

（6）在 ProductDao.java 中添加修改方法 updateAProductSoldNumbe，修改商品销量，以便于将来统计商品销售排行，添加方法的代码如下：

```
// 根据商品的 ID 修改商品的销售数量
public boolean updateAProductSoldNumber(int productAmount, int id) {
    try {
        ps = connection.prepareStatement("update tb_product
                set product_amount=product_amount+? where id=?");
        ps.setInt(1, productAmount);
        ps.setInt(2, id);
```

```
            ps.executeUpdate();
            ps.close();
            return true;
        } catch (SQLException ex) {
            System.out.println("更新数据表商品销量失败！");
            return false;
        }
    }
```

（7）页面提示请记住订单编号，以便用户后续核查，代码如下：

```
<table>
    <tr>
        <td align="center">
            <font color="red" size="5">已经生成订单，编号:<%=orderId%></font>
        </td>
    </tr>
</table>
```

（8）更完整的 cartToOrder.jsp 的源代码请参见本书素材资料包。

练习题

一、选择题

1. 在 JSP 指令中 errorPage＝"url"的意思是（   ）。
   A. 将本页面设置为错误的页面
   B. 将本页面中所有的错误信息保存到 url 变量中
   C. 为本页面指定一个错误页面
   D. 没有具体的含义

2. 某 Web 应用根路径下部署了两个 JSP 页面：Page1.jsp 和 Page2.jsp，具体代码如下：
   ```
   -----------------Page1.JSP----------------
   <%@ page contentType="text/html; charset=GBK" %>
   <html>
   <body bgcolor="#ffffff">
   <%= 5/0 %>
   </body>
   </html>
   -----------------Page2.JSP----------------
   <%@ page contentType="text/html; charset=GBK" %>
   <%@ page isErrorPage="true" %>
   <html>
   <head><title>Page2</title></head>
   <body bgcolor="#ffffff"> OK </body>
   </html>
   ```
   访问页面 Page1.jsp 结果为（   ）。
   A. 显示"5/0"
   B. 显示"OK"
   C. 显示"Internal Server Error"
   D. 提示页面语法错误

3. 下面哪些语句可以取得 session 对象属性 a 的值（   ）。
   A. session. getAttribute("a");

  B．pageContext.getAttribute("a",SESSION_SCOPE);
  C．pageContext.getAttributeInScope(pageContext .SESSION_SCOPE);
  D．pageContext.getAttribute("a", pageContext .SESSION_SCOPE);

二、简答题

1．购物车为什么保存为 session 对象的属性，能否保存在 request 对象或 application 对象上？

2．在 JSP 页面中可以使用<jsp :usebean>和<% new %>的形式都可以生成类的实例对象，这两种方法生产的实例有什么区别？

3．JSP 中有哪些常用错误处理方法？

三、操作题

试着将购物车的数据保存到数据库中，并由此重新开发购物车模块。

第 6 章
基于 MVC 模式的订单模块

本章要点：

- 会员查询订单模块设计与实现
- 会员显示订单详细信息模块设计与实现
- 会员查看已出货和未出货订单模块设计与实现
- 管理员查看所有订单及详细信息模块设计与实现
- 管理员发货管理模块设计与实现
- 管理员删除订单模块设计与实现
- Servlet 控制器的设计与实现
- 模型 JavaBean 业务操作设计与实现
- Servlet 与 JSP 的关系
- MVC 与订单查询
- Servlet 技术特性分析

订单模块包括前台订单查询模块和后台订单处理模块两部分。其中前台会员可以通过一系列操作，跟踪自己的订单状态。这些操作包括查看自己在该商城中所有的订单信息；按出货状态查看订单信息；查看每一订单所购商品的详细信息。

后台管理员针对订单的操作包括查看所有商城用户订单信息；查看每一订单详细信息；管理员对某一订单执行发货操作；删除订单。

6.1 会员订单查询子模块

6.1.1 功能说明

会员提交购物车生成订单后可以对自己的订单进行查询。订单信息包括两类信息，一类是订单编号、订购人联系电话、寄送地址、订货时间等基本信息，另一类是当前订单中订购的商品详细信息，包括商品名称、订购商品数量和商品价格。会员每次提交订单，系统都为该次购物分配一个全局唯一订单编号。

订单生成后，会员和商城管理员对订单的操作是不一样的。会员可以根据订单编号了解自己订单的详细信息；而管理员可以对订单执行查询、出货、删除等操作。

会员订单查看操作的入口设计在主菜单上，单击"订单查看"超链接，页面将显示会员所有订单。另外在查询页面设计了三个链接，分别是查询已出货订单、未出货订单及订单详细信息，方便会员完成订单进一步操作。其中显示会员所有订单页面如图 6.1 所示。

用户han的所有订单信息			已出货	未出货	返回
编号	电话	地址	是否出货	订货时间	操作
20131022194953010l827	15850504888	江苏南京新城市广场	是	2013-10-22 19:50:00.0	详细信息
20131024094545022l464	15850504888	江苏鼓楼广场邮局2楼	否	2013-10-24 09:46:00.0	详细信息
20131107184038075l658	15850504888	仙林大学诚学则路地铁站	否	2013-11-07 18:41:00.0	详细信息

图6.1 显示会员所有订单页面

6.1.2 流程分析与设计

登录会员单击"查看订单"菜单，向Servlet容器发送请求，Servlet容器接收客户请求，查询会员所有订单信息，最后将响应结果转发到订单显示页面。会员订单查询功能的开发流程如下：

（1）在菜单栏添加"查询订单"入口，发起Http请求。

（2）创建订单表操作类OrderDao.java，定义查询会员订单的方法selectOrderByName()。

（3）创建Servlet控制器类OrderServlet.java，重写doPost()方法，在方法中完成业务逻辑：

① 获取会员请求类别信息，存放到orderAction中；

② 响应http查询订单请求，分析会员请求，执行相应的业务逻辑；

③ 调用selectOrderByName方法，从后台取得会员所有订单资料；

④ 转发页面至orderList.jsp页面，显示订单信息。

（4）修改配置文件web.xml。

（5）创建订单显示页面orderList.jsp页面，从request中取得订单信息并显示。订单显示功能流程如图6.2所示。

图6.2 订单显示功能流程图

6.1.3 编程详解

1. 在菜单栏添加查询订单入口，发起Http请求

在菜单栏head.jsp页面添加会员订单查看链接，实现发送订单查询请求。代码为：`<a href="<%=/E-STORE/OrderServlet?orderAction=orderList %>">订单查看</a>`。其中E-STORE/OrderServlet表示访问Servlet类OrderServlet.java的路径，"?orderAction=orderList"是提交请求的参数，用作区分提交给OrderServlet.java的不同请求。

2. 创建订单表操作类OrderDao.java

在数据库订单表操作类OrderDao中，添加方法实现会员对订单的查询功能。

OrderDao.java中添加方法public List selectOrderByName(String name)，该方法实现按会员名查询所有订单。方法传入的参数是会员名，返回值是包含该会员所有订单的list，可以使用list.get(i)取得list中第i个位置的订单对象，再使用getXXX方法获取对象的各字段的内容，具体步骤如下：

新建cn.E-STORE.dao包，在包下新建类OrderDao.java，用于存放与订单操作相关的方法。为类添加selectOrderByName方法，实现查询会员所有订单的功能，方法将订单信息组织成List返回。

```
/* 前台会员订单查询(按会员名查询)
 * 输入：会员名
 * 输出：该会员对应的所有订单集合 List[e]，其中的 e 是 OrderEntity 对象
 */
public List selectOrderByName(String name) {
    List list = new ArrayList();
    try {
        ps = connection.prepareStatement(
                    "select * from tb_order where name=?");
        ps.setString(1, name);
        ResultSet rs = ps.executeQuery();//获取指定姓名的所有订单资料
        while (rs.next()) {//循环将 rs 中数据存至 order 对象中
            OrderEntity order = new OrderEntity();
            order.setOrderId(rs.getString(1));
            order.setName(rs.getString(2));
            order.setRealName(rs.getString(3));
            order.setAddress(rs.getString(4));
            order.setMobile(rs.getString(5));
            order.setTotalPrice(Float.valueOf(rs.getString(6)));
            order.setDeliveryMethod(rs.getString(7));
            order.setMemo(rs.getString(8));
            order.setDeliverySign(rs.getBoolean(9));
            order.setCreateTime(rs.getString(10));
            order.setPaymentMode(rs.getString(11));
            list.add(order);//将 order 对象存进 list
        }
    } catch (SQLException ex) {
        ex.printStackTrace();
    }
    return list;
}
```

3. 创建 Servlet 控制器类 OrderServlet.java

OrderServlet 充当着控制器的角色，客户端向指定 Servlet 提交不同的页面请求，实现不同的功能。为区分不同的页面请求而设计了参数 orderAction，Servlet 容器根据 orderAction 参数值，来确定请求类别和具体业务逻辑。在查看订单子模块中 orderAction 值被设为"orderList"，表示查看所有订单。head.jsp 页面向 OrderServlet 发出查询请求，订单控制类接收请求后，将该请求分发给后台的 OrderDao.java 类处理。OrderServlet 的处理逻辑是：调用 OrderDao 类的 selectOrderByName 方法，获得 List 类型订单集合对象 list[orderEntity]，将该对象保存至 request；随后页面转发到 orderList.jsp 页面，显示订单信息。

下面先实现订单控制类 OrderServlet.java，而创建 Servlet 控制类主要有两种方法：

第一种方法，创建一个普通的 Java 类，这个类继承 HttpServlet 类，再手动配置 web.xml 文件注册 Servlet，此方法操作相对比较繁琐。

第二种方法是直接通过 MyEclipse 的 IDE 集成开发环境进行创建，系统会自动配置 web.xml 文件，我们采用第二种方法，具体步骤如下：

新建包 cn.E-STORE.servlet，并在包中新建 Servlet 处理类 OrderServlet.java。

第一步：在 MyEclipse 操作界面上通过 New 菜单创建 Servlet 类，如图 6.3 所示。

图 6.3 创建 Servlet 类界面

第二步：单击"Next"按钮进入 Servlet 类基本属性配置界面，如图 6.4 所示。

设置 Servlet 所在文件夹 E-STORE/src，所属包为 cn. E-STORE.servlet，类名 OrderServlet，添加父类 javax.servlet.http.HttpServlet，接口、模板为 Default template for Servlet，添加的方法有 Inherted abstract methods，Constructors from superclass，init() and destroy()，doGet()，doPost()。

第三步：单击"Next"按钮进入 Servlet 配置信息界面，如图 6.5 所示。

图 6.4　Servlet 类基本属性配置界面　　　图 6.5　Servlet 配置信息界面

这一步将配置信息写入 Web.xml 配置文件中：

web.xml 文件如下：

```
<servlet>
    <description>OrderContorller</description>
    <display-name>OrderContorller</display-name>
    <servlet-name>OrderServlet</servlet-name>
    <servlet-class>cn.estore.servlet.OrderServlet</servlet-class>
</servlet>
<servlet-mapping>
    <servlet-name>OrderServlet</servlet-name>
    <url-pattern>/OrderServlet</url-pattern>
</servlet-mapping>
```

一个 Servlet 对象正常运行需要进行正确的配置，以告知容器哪一个请求调用哪一个 Servlet 对象来处理，对 Servlet 起到注册的作用。Servlet 的配置包含在 web.xml 文件中。

在 web.xml 文件中，通过<servlet>标签声明一个 Servlet 对象，标签中两个子元素分别是<servlet-name>和<servlet-class>，<servlet-name>表示自定义的 Servlet 名称，<servlet-class>元素用于指定 Servle 类完整的位置，包含 Servlet 对象的包名和类名，形如<servlet-class>cn. E-STORE.servlet.OrderServlet</servlet-class>。

在 web.xml 文件中声明 Servlet 对象后，需要映射访问 Servlet 的 URL，此操作使用<servlet-mapping>标签进行配置。<servlet-mapping>标签包含两个子标签，分别为<servlet-name>和<url-pattern>，其中<servlet-name>元素与<servlet>标签中的<servlet-name>元素相对应。<url-pattern>元素用于映射访问 URL，<url-pattern>/OrderServlet</url-pattern>表示设定查询会员订单的相对路径为/ OrderServlet。

第四步：为 OrderServlet 添加方法，完善 doPost()方法或 doGet()方法。

重写 doPost 方法，在方法中添加下述代码：

```
// 获取会员订单请求类别
String orderAction = request.getParameter("orderAction").toString();
…
// orderAction=orderList，表示查看当前会员的所有订单
if (orderAction.equals("orderList")) {          //表示查看会员订单请求
  List list = new ArrayList();                  //存放订单信息链表
        //取得用户名，作为取得订单链表的输入参数
  String curUserName = session.getAttribute("name").toString();
  list = order.selectOrderByName(curUserName);  //生成订单集合
  request.setAttribute("orderAbstract", list);  //将订单存至 request
        //服务器端请求转发，跳转至前台订单显示页面，request 不发生变化
  request.getRequestDispatcher("pages/order/orderList.jsp")
                    .forward(request, response);
}
…
```

其中 curUserName 中保存登录的会员名，来自于 session 中的"name"属性，该属性是在用户登录成功后被保存的。将当前会员的所有订单信息保存至 request 后，服务器请求页面转发 getRequestDispatcher(url).forward(request,response)，进而完成订单页面显示。

使用 request.getRequestDispatcher("pages/order/orderList.jsp").forward(request,response) 而不是 response.sendRedirect(url)的原因是：request 转发直接将请求转发到指定 url，request 对象始终存在，保证了订单信息不丢失；若使用 response.sendRedirect(url)，虽然也能跳转到指定的 url，但是会新建 request，原 request 中的数据丢失，若想传递订单信息只有在 url 后附加参数实现。

> **注意：**
> response.sendRedirect(url)：跳转到指定的 url 并新建 request，原 request 中数据丢失；若要传递参数，只有在 url 后附加如：url?deliveredSign=true，地址栏会发生变化。
> request.getRequestDispatcher(url).forward(request,response)：直接将请求转发到指定 url，request 对象始终存在，地址栏不会变化。

4. 修改配置文件 web.xml

我们采用了 IDE 集成环境，系统在 web.xml 文件中自动生成了 servlet 相关配置，不需要我们再手工配置。自动生成的关键代码如下：

```xml
<servlet>
  <description>OrderContorller</description>
  <display-name>OrderContorller</display-name>
  <servlet-name>OrderServlet</servlet-name>
  <servlet-class>cn.estore.servlet.OrderServlet</servlet-class>
</servlet>
<servlet-mapping>
  <servlet-name>OrderServlet</servlet-name>
  <url-pattern>/OrderServlet</url-pattern>
</servlet-mapping>
```

5. 显示页面实现（orderList.jsp）

在上节 doPost()方法中，已实现会员订单信息的查询，request.setAttribute("orderAbstract", list) 实现将订单集合存至 request 的 orderAbstract 属性中。

这一步需要将 orderAbstract 属性中的订单信息列表取出来，再依次取得其中的每一个元素，

呈现在页面上，完整的实现过程如下：

（1）在 pages/order 创建订单显示页面 orderList.jsp， 引入实体类和 Dao 类。

在 pages/order 下创建 orderList.jsp，在页面中导入集合接口 java.util.List、导入实体类 OrderEntity，添加代码如下：

```jsp
<%@page import="java.util.*"%>
<%@page import="cn.estore.dao.OrderDao"%>
<%@page import="cn.estore.entity.OrderEntity"%>
```

（2）取得会员订单集合 list，通过 request.getAttribute ("orderAbstract")取得当前客户的订单信息集合存至对象 list 中，代码如下：

```jsp
<%
    //获取当前用户所有订单
    List list = (List) request.getAttribute("orderAbstract");
    //循环取得 List 中每一个订单，依次取出每个属性显示
    for (int i = start; i < over; i++) {
        OrderEntity form = (OrderEntity) list.get(i);
        ...//显示订单
    }
%>
```

（3）订单表 OrderEntity 类设计 getXxx 方法，对象 form 调用这些方法将订单的信息取出在页面上显示。先显示订单表头，再逐一取出每一条订单，依次显示。代码如下：

```jsp
<!--显示订单表头-->
<table width="99%" border="1" bordercolor="#FFFFFF" bgcolor="CCCCCC">
<tr bgcolor="#DCDCDC">
        <td width="11%" height="25">
            <div align="center">编号</div>
        </td>
    <td width="11%">
        <div align="center">电话</div>
    </td>
        <td width="35%" height="25">
            <div align="center">地址</div>
        </td>
    <td width="15%">
        <div align="center">是否出货</div>
    </td>
        <td width="11%" height="25">
            <div align="center">订货时间</div>
        </td>
    <td width="17%">
        <div align="center">操作</div>
    </td>
</tr>
<!--循环显示 list 集合中每一个元素-->
<%
for (int i = start; i < over; i++) {
OrderEntity form = (OrderEntity) list.get(i);
%>
<tr align="center" bgcolor="#FFFFFF">
<td height="25"> <%=form.getOrderId()%> </td>
<td> <%=form.getMobile()%> </td>
<td> <%=form.getAddress()%> </td>
<td>
```

```jsp
<% //提取发货状态，若已发货，则在页面显示"是"否则显示"否"
if (Boolean.valueOf(form.getDeliverySign())) {
%>
 是
<% } else {%>
 否
<%}%>
</td>
<td> <%=form.getCreateTime()%> </td>
<td>
<%-- 查询指定订单详细资料的请求，--%>
    <a href="OrderServlet?orderAction=orderDetail&orderId=
       <%=form.getOrderId()%>">详细信息
    </a>
  </td>
 </tr>
<%}%>
</table>
```

说明：发货状态栏显示"是"或"否"，要根据 form.getDeliverySign() 的布尔值来决定，为真显示"是"，表示商家已经发货了，为假显示"否"，表示还没有发货。

（4）在每一个订单最后一列添加 "详细信息"链接，作为查询订购商品详细信息的入口，<a href="OrderServlet?orderAction=orderDetail&orderId=<%=form.getOrderId()%>">详细信息</a>，在 6.2 章节实现此子模块。

在订单显示页面（orderList.jsp）的标题栏醒目位置，放置了查询"已出货"和"未出货"超链接，作为按出货状态查询的入口，在 6.3 章节实现这个子模块。代码如下：

```jsp
<div align="center">用户
    <%=session.getAttribute("name").toString()%>的所有订单信息
    <a href="OrderServlet?orderAction=orderDelivered&deliverySign=true">
       已出货
    </a>
    <a href="OrderServlet?orderAction=orderDelivered&deliverySign=false">
       未出货
    </a>
    <a href="javascript:history.go(-1)">返回</a>
</div>
```

6.1.4 Servlet 与 JSP 的关系

简单地说，一个 Servlet 就是一个 Java 类，它是在服务器上驻留的、基于 Http 协议的可以通过"请求－响应"编程模型来访问的应用程序，它被用来扩展 Web 服务器的性能。主要是处理客户端的请求并将其结果发送到客户端。虽然 Servlet 可以对任何类型的请求产生响应，但通常只用来扩展 Web 服务器的应用程序。

Servlet 与 Applet 相对应，Applet 是运行在客户端浏览器上的程序，而 Servlet 是运行在服务器端的程序，因为都是字节码对象，可动态从网络加载，所以 Servlet 对 Server 就如同 Applet 对 Client 一样，但是，由于 Servlet 运行在 Server 中，所以它并不需要一个图形用户界面。

本模块用到的 Servlet 的主要功能是：读取会员端发送到服务器端的显式数据（表单数据）和隐式数据（请求报头）；服务器端发送显式数据（表单数据）和隐式数据（请求报头）到会员端。

我们可以看到 Servlet 与 JSP 的功能相似，都是处理请求并返回响应。JSP 和 Servlet 如此相似，它们之间难道有什么联系吗？为什么 Sun 要创造两种功能相似的东西呢？

（1）其实 JSP 经编译后就是 Servlet，也可以说 JSP 就是 Servlet，所有的 JSP 页面最终都会被服务器转换成 Servlet 来执行；

（2）最核心的区别是 JSP 更擅长页面表现，而 Servlet 更擅长业务逻辑。

（3）实际应用中采用 Servlet 来控制业务流程，而采用 JSP 来生成展示页面。

（4）JSP 位于 MVC 设计模式的视图层，而 Servlet 位于控制层。

服务器在获得请求的时候会先根据 JSP 页面生成一个 Java 文件，然后使用 JDK 的编译器将此文件编译，最后运行得到的 class 文件处理用户的请求并返回响应。如果再有请求访问这个 JSP 页面，服务器会先检查 JSP 文件是否被修改过，如果被修改过，则重新生成 Java 重新编译，如果没有，就直接运行上次得到的 class 文件，整个运行过程如图 6.6 所示。

图 6.6 JSP 文件运行过程图

这就是为什么第一次访问 JSP 的时候速度会比较慢。就是因为要经过生成 Java 文件和编译成 class 文件的步骤。以后再次访问同一页面就会感觉到速度明显变快，也是因为 class 文件已经生成的原因。

为什么 JSP 要经过这些步骤转换成 Servlet 再去执行呢？因为 Java 起初创建网站的时候就只有 Servlet 可以使用，为此还专门指定了一套 Servlet 标准，就是 javax.servlet 包下的类。但是人们马上就发现，使用 Servlet 显示复杂页面太费力了，于是就有了仿效 ASP 和 PHP 的 JSP 出现，开发人员可以在美工做好的页面上直接嵌入代码，然后让服务器将 JSP 转换成 Servlet 来执行。

下面通过两个简单的例子来了解 Servlet 和 JSP 是如何开发和运作的。

示例一：

编写一个名为 HelloServlet.java 的类，编译成 class 放在 WEB-INF/classes 下。

```
package servlet;
import java.io.IOException;
import java.io.PrintWriter;
import javax.servlet.ServletException;
import javax.servlet.http.HttpServlet;
import javax.servlet.http.HttpServletRequest;
import javax.servlet.http.HttpServletResponse;
public class HelloServlet extends HttpServlet {
    public void doGet(HttpServletRequest request, HttpServletResponse response) throws ServletException, IOException {
        PrintWriter out = response.getWriter();
        out.println("hello");
        out.flush();
        out.close();
    }
}
```

HelloServlet 中实现的功能很简单，在 doGet()方法中先取得 response（响应）的输出流，再向里面写入"hello"。

修改 WEB-INF 目录下的 web.xml 文件，添加 HelloServlet 的配置信息。

```xml
<?xml version="1.0" encoding="UTF-8"?>
<web-app     xmlns="http://java.sun.com/xml/ns/j2ee"xmlns:xsi="http:
//www. w3. org/2001/XMLSchema-instance"xsi:schemaLocation="http://java.
sun.com/xml/ ns/j2ee http://java. sun.com/xml/ns/j2ee/web-app_2_4.xsd"
version="2.4">
    <servlet>
        <servlet-name>HelloServlet</servlet-name>
        <servlet-class>servlet.HelloServlet</servlet-class>
    </servlet>
    <servlet-mapping>
        <servlet-name>HelloServlet</servlet-name>
        <url-pattern>/</url-pattern>
    </servlet-mapping>
</web-app>
```

只要注意 servlet 和 servlet-mapping 两部分就可以了。

① servlet 标签中定义一个了名为 HelloServlet 的 servlet。这个 HelloServlet 对应的 class 是 servlet.HelloServlet，请注意这里的 class 要写全名。

② servlet-mapping 标签则是把刚刚定义的 HelloServlet 映射到"/"这个请求路径上。

HelloServlet 的运行结果如图 6.7 所示。

示例二：

编写一个效果与 HelloServlet 完全相同的 Hello.jsp 放在 WEB-INF 目录下，它的内容为："hello"。访问 http://localhost:8080/hello.jsp，会看到与图 6.8 相同的效果。

图 6.7 HelloServlet 运行结果

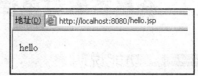
图 6.8 Hello.jsp 运行结果

现在打开 tomcat 的 work 目录。在 Catalina/localhost/org/apache/jsp 目录下，如图 6.9 所示。可以看到两个文件，分别是 hello_jsp.class 和 hello_jsp.java，如图 6.10 所示。

图 6.9 Hello.jsp 文件编译后所在文件目录图

图 6.10 Hello.jsp 文件编译后的文件图

提示：如果使用的是 MyEclipse 自带的 Tomcat 作为 Web 服务器，则 JSP 编译后存放的详细位置应该是：C:\Documents and Settings\用户名\workspace\.metadata\.plugins\ com. genuitec.eclipse.easie.tomcat.myeclipse\tomcat\work\Catalina\localhost\E-Store\org\apache\jsp。

打开 hello_jsp.java 可以看到里边的源代码，以下只挑出其中一部分。

```
out = pageContext.getOut();
_jspx_out = out;
out.write("hello");
```

获得 pageContext 的输出流并将"hello"写入，于是浏览器上就看到了 hello 的字样。这里的 hello_jsp.java 就是由 hello.jsp 生成的。服务器在获得请求的时候会先根据 JSP 页面生成一个 Java 文件，然后使用 JDK 的编译器将此文件编译，最后运行得到的 class 文件处理用户的请求返回响应。如果再有请求访问该 JSP 页面，服务器会先检查 JSP 文件是否被修改过，如果被修改过，则重新生成 Java 文件，重新编译，如果没有，就直接运行上次得到的 class。

既然 JSP 是为了简化 Servlet 开发，那么为什么现在又要去用 Servlet？这是因为 JSP 虽然比 Servlet 灵活，却容易出错，找不到良好的方式来测试 JSP 中的代码，尤其在需要进行复杂的业务逻辑时，这一点很可能成为致命伤。所以一般都不允许在 JSP 里出现与业务操作有关的代码，从这点来看，前几章中使用的方法就违反了这一标准，部分业务操作都写在了 JSP 里，一旦出现问题就会让维护人员不知所措。

Servlet 是一个 Java 类，需要编译之后才能使用，虽然显示页面的时候会让人头疼，不过在进行业务操作和数据运算方面就比 JSP 稳健得多了。因此我们就要结合两者的优点，使用 Servlet 作为控制层组件进行业务操作和请求转发，JSP 全面负责页面显示，这也是目前公司企业里常用的一种开发方式。

6.2 会员查看订单详细信息

6.2.1 功能说明

图 6.11 订单详细信息显示界面

上一节已经能够显示当前会员在商场所有的订单，在订单中能浏览到每一订单的编号、电话、地址、出货状态及订货时间。订单中具体购买了哪些商品、每一商品的购买价格、订单的合计金额信息，这些订单详细资料的查询与显示，则是本子模块将完成的功能。

在每一个订单的后面添加"详细信息"超链接，单击"详细信息"后，页面能够显示订单所购商品的细节，如图 6.11 所示。

6.2.2 流程分析与设计

用户通过单击"详细信息"向控制器 orderServlet 发出查询对应订单的详细信息的请求，Servlet 容器接收到客户请求后，执行订单详细信息的查询操作。订单详细信息显示的开发流程如下：

（1）在"订单显示"页面，添加"查询详细信息"查询入口，传递参数订单号 orderId，发起 Http 请求。

（2）为 OrderDetailDao 添加方法 selectOrderDetailByNumber（String orderId），实现按订单号检索数据库，查询该订单的所有商品的详细信息，将商品信息组织成集合 List，以方便 doPost 方法中的业务处理。

（3）修改 Servlet 处理类 orderServlet.java，在 doPost()方法中，响应 http 查询"订单详细信息"请求，并完成业务处理。该处理类调用方法 selectOrderDetailByNumber 从后台取得会员所有订单信息，然后页面转发至 orderItemList.jsp 页面。

（4）新建 orderItemList.jsp 页面，从 request 中取得订单详细集合，遍历集合，显示订单信息。为了客户查看方便，在显示订单详细信息时，将订单的基本信息也显示在页面上。

显示订单详细功能流程图如图 6.12 所示。

图 6.12　显示订单详细功能流程图

6.2.3　编程详解

（1）在前台显示页面 orderList.jsp 中添加查询"订单详细"入口。

前后台发出的所有订单类操作请求，都是提交给订单控制类"orderServlet.java"来处理的。在前台 orderList.jsp 页面发起 orderAction 为"orderDetail"的请求，该请求执行订单详细信息查询。在会员每个订单的最后一列后新增加一列，存放"订单详细"链接，代码如下：

```
<td>
   <%-- 查询指定订单详细资料的请求--%>
   <a href="OrderServlet?orderAction=orderDetail&
         orderId=<%=form.getOrderId()%>">详细信息
   </a>
</td>
```

（2）订单明细操作类 OrderItemDao 实现。

在 OrderItemDao 类中添加方法 selectOrderDetailByNumber，方法根据订单号 orderId，从数据表 tb_order_item 中提取属于订单号 orderId 的购买商品的详细资料，打包存于集合 List 上，供后面查询之用。

```
// 按编号查询订单明细
public List selectOrderDetailByNumber(String orderId) {
    //存放返回指定 ID 订单明细集合 List[OrderItemEntity]
    List list = new ArrayList();
    OrderItemEntity orderDetail = null; //存放订单某一购买商品的明细
    ProductDao goodsDao = new ProductDao();
    try {
        ps = connection.prepareStatement(
            "select * from tb_order_item where order_id=?");
        ps.setString(1, orderId);              //传递参数 orderId 值
        ResultSet rs = ps.executeQuery();      //执行查询返回 RS
        while (rs.next()) {                    //循环每一字段，存至商品明细对象
            orderDetail = new OrderItemEntity();
```

```
                orderDetail.setOrderId(rs.getString(2));
                orderDetail.setProductId(rs.getInt(3));
                orderDetail.setProductName(rs.getString(4));
                orderDetail.setProductPrice(rs.getFloat(5));
                orderDetail.setAmount(rs.getInt(6));
                list.add(orderDetail);//将某一商品明细对象添加至list
            }
    } catch (SQLException ex) {
    }
    return list;
}
```

（3）修改 Servlet 类，接收查询订单详细页面请求，获取该会员订单详细查询数据，存至 session，并转发到前台 orderItemList.jsp 显示。

首先获得前台页面发起的 orderAction 为"orderDetail"的查询请求；其次根据订单编号 orderId，调用后台的订单处理类 OrderDao.java 和 OrderItemDao.java 中相应的方法，取得指定订单详细的购物信息，以保存在集合 list 中；取后将查询结果 list 保存到 request 的属性 orderItems 中，并调用 request.getRequestDispatcher 方法实现页面转发。

修改 OrderServlet.java，在 doPost()中添加响应 orderAction 为"orderDetail"的代码。

OrderServlet 控制器根据 orderAction 值执行不同的功能，设计控制器接收到 actionServlet 值为"orderDetail"，表示查看订单详细信息。

添加 actionServlet 值为"orderDetail"后的处理代码如下：

```
// 获取会员订单请求类别
String orderAction = request.getParameter("orderAction").toString();
......
//此处省略非关键代码
// orderAction= orderDetail，表示查看当前会员的所有订单
if (orderAction.equals("orderDetail")) {
        //指定订单号的详细资料
        String orderId = request.getParameter("orderId").toString();
        //据订单 orderId 筛选出订单基本资料
        OrderEntity orderAbstract = order.selectOrderByNumber(orderId);
        //保存至request，供显示页面获取
        request.setAttribute("orderAbstract", orderAbstract);
        // 获取该用户指定某订单号的详细购物资料
        List list = new ArrayList();
        list = orderDetail.selectOrderDetailByNumber(orderId);
        request.setAttribute("orderItems", list);
        request.getRequestDispatcher("pages/order/orderItemList.jsp")
                    .forward(request, response);
}
```

这里同时取出订单的基本信息和订单详细信息，在一个页面上展现，以便于会员浏览。

（4）会员订单查询显示页面 orderItemList.jsp 接收控制器 orderServlet.java 传出的订单基本数据 request.getAttribute ("orderAbstract ")和订单详细数据 request.getAttribute ("orderItems")，以此为基础渲染页面，形成订单详细页面。

① 在 pages/order 下创建 orderItemList.jsp，在页面中引入实体类 OrderEntity 用以接收 session 中的"orderAbstract"属性值（其中存放的是该用户某个订单的基本信息）；引入实体类 OrderItemEntity 用以接收 session 中的"orderItems"属性值（其中存放的是该会员某指定 orderId 订单的详细信息）；代码如下。

第6章 基于 MVC 模式的订单模块

```jsp
<%@page import="cn.estore.entity.OrderEntity"%>
<%@page import="cn.estore.entity.OrderItemEntity"%>
```

② 取得 request 中 OrderServlet 传过来的订单基本信息和订单详细信息；借助于 OrderEntity 和 OrderItemEntity，依次显示订单基本信息和循环显示该订单所有商品的详细信息，代码如下：

```jsp
<%
    String number = request.getParameter("orderId");//接收订单编号
    OrderEntity orderEntity = //取得传回的订单基本信息
            (OrderEntity) request.getAttribute("orderAbstract");
    //接收后台 servler 传回的参数（订单详细信息）
    List list = (List) request.getAttribute("orderItems");
%>
```

③ 订单表的 OrderEntity 类设计有对应每个数据表字段的 getXxx 方法，对象 form 调用这些方法将订单的每一个属性资料取出，显示到页面适当位置。代码如下：

```jsp
订单号为：<%=orderEntity.getOrderId()%>的基本信息
<table width="26%" border="1" bordercolor="#FFFFFF" bgcolor="#DCDCDC">
  <tr align="center">
      <td width="26%" height="25">
          用户账号
      </td>
      <td width="22%" bgcolor="#FFFFFF">
            <%=orderEntity.getName()%>
      </td>
      <td width="26%">
          用户姓名
      </td>
      <td width="22%" bgcolor="#FFFFFF">
            <%=orderEntity.getRealName()%>
      </td>
  </tr>
      ......<!--寄送方式、备注信息、订货时间等相关属性的展示同上，此处略去 -->
</table>
    订单号为：<%=orderEntity.getOrderId()%>商品详细信息
<table width="74%" border="1" bordercolor="#FFFFFF" bgcolor="#DCDCDC">
    <tr>
        <td>商品名称</td>
        <td>商品数量</td>
        <td>商品价格</td>
    </tr>
        <% //求得本订单总金额
            float sum = 0;
            for (int i = 0; i < list.size(); i++) {
            OrderItemEntity form = (OrderItemEntity) list.get(i);
            sum = sum + form.getAmount() * form.getProductPrice();
        %>
    <tr bgcolor="#FFFFFF">
        <td><%=form.getProductName()%></td>
        <td><%=form.getAmount()%></td>
        <td><%=form.getProductPrice()%>元</td>
    </tr>
      <%}%>
</table>
<table width="20%" border="0" align="center">
    <tr>
        <td><font color="red" >合计金额:</font></td>
```

```
                <td align="left"><%=sum%></td>
        </tr>
        <tr>
            <td align="right"><font color="red" >发货状态:</font></td>
            <td align="left">
            <% if (orderEntity.getDeliverySign()) {
            %>
                是
            <%
            } else {
            %>
                否
            <%
            }
            %>
            </td>
        </tr>
    </table>
    ...<!--分页操作代码略-->
```

上述代码中，orderItemList 页面接收 OrderServlet 传回的参数订单详细信息 request.getAttribute("orderItems")和订单基本信息 request.getAttribute("orderAbstract")，并生成显示界面。

显示界面主要由 2 个<table>标签组成，第一个 table 标签中摆放显示订单基本资料，第二个 table 标签中摆放显示订单所购商品的详细资料。最下面可以显示订单总金额等一些其他辅助信息。

另外，显示订单是否发货，要由 form.getDeliverySign()的布尔值来决定，为真显示"是"，表示已经发货了，为假在页面显示"否"，表示没有发货。

6.2.4 MVC 与订单模块

1. MVC 模式

MVC 模式（Model-View-Controller）是软件工程中的一种软件架构模式，该模式把软件系统分为三个基本部分：模型（Model）、视图（View）和控制器（Controller）。

MVC 模式的目的是实现一种动态的程序设计，使后续对程序的修改和扩展简化，并且使程序某一部分的重复利用成为可能。除此之外，此模式通过对不同的功能模块进行分离，使程序结构更加直观。模型（Model）层用于封装与应用程序的业务逻辑相关的数据以及对数据的处理方法。"模型"有对数据直接访问的权力，例如对数据库的访问。"模型"不依赖"视图"和"控制器"，也就是说，模型不关心它会被如何显示或是如何被操作。但是模型中数据的变化一般会通过一种刷新机制被公布。为了实现这种机制，那些用于监视此模型的视图必须事先在此模型上注册，从而，视图可以了解在数据模型上发生的改变。

视图（View）层能够实现数据的显示。在视图中一般没有程序上的逻辑。为了实现视图上的刷新功能，视图需要访问它监视的数据模型（Model），因此应该事先在被它监视的数据那里注册。

控制器（Controller）负责转发请求，对请求进行处理，起到不同层面间的组织作用，用于控制应用程序的流程。由它处理事件并作出响应，"事件"包括用户的行为和数据模型上的改变。MVC 结构如图 6.13 所示。

MVC 模式的优点：

在最初的 JSP 网页中，将数据层代码（如数据库查询语句这样的）和表示层代码（类如 HTML

这样的）混在一起。经验比较丰富的开发者会将数据从表示层分离开来，但这通常不是很容易做到的，它需要精心地计划和不断尝试。MVC 从根本上强制性地将它们分开。尽管构造 MVC 应用程序需要一些额外的工作，但是它带给我们的好处是毋庸置疑的。

首先，多个视图能共享一个模型。如今，同一个 Web 应用程序会提供多种用户界面，例如用户希望既能够通过浏览器来收发电子邮件，还希望通过手机来访问电子邮箱，这就要求 Web 网站同时能提供 Internet 界面和 WAP 界面。在 MVC 设计模式中，模型响应用户请求并返回响应数据，视图负责格式化数据并把它们呈现给用户，业务逻辑和表示层分离，同一个模型可以被不同的视图重用，所以大大提高了代码的可重用性。

图 6.13 MVC 开发模式图

其次，控制器与模型和视图保持相对独立，所以可以方便地改变应用程序的数据层和业务规则。例如，把数据库从 MySQL 移植到 Oracle，或者把 RDBMS 数据源改变成 LDAP 数据源，只需改变模型即可。一旦正确地实现了控制器，不管数据来自数据库还是 LDAP 服务器，视图都会正确地显示它们。由于 MVC 模式的三个模块相互独立，改变其中一个不会影响其他两个，所以依据这种设计思想能构造良好的、独立性高的构件。

此外，控制器提高了应用程序的灵活性和可配置性。控制器可以用来连接不同的模型和视图去完成用户的需求，也可以构造应用程序提供强有力的手段。给定一些可重用的模型和视图，控制器可以根据用户的需求选择适当的模型进行处理，然后选择适当的视图将处理结果显示给用户。

2．MVC 模式在订单模块中的应用

这里 orderServlet 对应的就是 Controller（控制器），用来做请求的分发。Model（模型）就是指类 "orderEntity.java"、"orderItemEntity.java"、"ordereItemDao.java" 和 "orderDao.java" 了，它提供页面请求所需要的各种数据及数据操作的信息。四个 JSP 页面 "head.jsp"、"orderList.jsp"、"odrerListDelivery.jsp"、"orderItemList.jsp" 构成了 View（视图）这一层，用来发出请求和显示结果数据。

后台管理用户发出的所有请求操作也和前台类似，也被提交给订单控制类 "orderServlet.java" 来处理，订单控制类先根据 JSP 页面提交的请求类型，将各种请求再分发给后台的订单类 orderItemDao.java 和 orderDao.java 来进行业务处理，最后将处理的结果转换为 orderEntity.java 和 orderItemEntity.java 对象，并打包成 list，传回前台 JSP 页面 "orderSelect.jsp" 和 "orderItemList.jsp" 显示。

6.3 会员查看已出货和未出货订单信息

6.3.1 功能说明

前面已述及，会员能够查询所有订单，也能看每一订单的详细资料，若想查看所有已出货的订单或者查看所有未出货的订单,该怎么处理呢?

在显示订单页面,单击"已出货"或"未出货"按钮,能够按照出货状态查看所有订单,比如单击"未出货"按钮,能够查看当前会员所有未出货的订单基本信息。如图 6.14 所示。

图 6.14 查询已出货或未出货订单页面

6.3.2 流程分析与设计

用户可以通过单击"已出货"或者"未出货"链接,向控制器 orderServlet 发出按出货状态查询订单请求。Servlet 容器接收到客户请求后,执行后台处理,将查询结果转发到显示页面。

分类订单信息显示的开发流程如下:

(1) 在"订单显示"页面,添加"已发货"和"未发货"的查询入口,向 Servlet 容器发起 http 请求,实现查询所有已经发货订单和查询所有未发货订单,此处设计 orderAction 的值为 orderDelivered。

(2) 数据库表操作类设计。

在类 OrderDao.java 中添加方法 selectOrderByNameAndDeliverySign(String name, Boolean sign),第一个参数是会员名,第二个参数为是否出货标志,为真表示已经出货,否则是未出货;该方法实现按会员名和出货标志检索数据表 tb_orderItem,再将查询结果组织成集合 List,以方便 doPost 方法中的业务处理。

图 6.15 查询出货或未出货操作实现

(3) 修改 Servlet 处理类 OrderServlet.java,在 doPost()方法中,响应 http 查询"已发货"或"未发货"请求,并完成业务处埋,调用前述方法,取得已出货或未出货商品集合 list,然后页面转发至 orderListDelivery.jsp 页面。

(4) 在 pages/order 文件夹下,新建 orderListDelivery.jsp 页面。从 request 中取得会员请求的出货或未出货订单集合 list,遍历集合,显示订单资料。方法 request.getAttribute ("order- DeliveryList")获得信息,并以此为基础渲染页面。

按出货状态显示订单流程图如图 6.15 所示。

6.2.3 编程详解

(1) 在前台显示页面 orderList.jsp 订单显示的标题栏中,添加查询"已出货"和"未出货"查询操作的入口。OrderList.jsp 页面提交了两个参数,一个是订单分类查询标志 orderDelivered,另一个标志是区分查询已出货还是查询未出货的布尔型变量标志 sign;代码如下:

```
<td>
    用户<%=session.getAttribute("name").toString()%>的所有订单信息
```

```html
            <a href="OrderServlet?
                    orderAction=orderDelivered&
                    deliverySign=true">已出货
            </a>
            <a href="OrderServlet?
                    orderAction=orderDelivered&
                    deliverySign=false">未出货
            </a>
            <a href="javascript:history.go(-1)">返回</a>
    </td>
```

（2）数据库表操作类实现

orderList.jsp 页面提交了两个参数，一个是订单分类查询标志 orderDelivered，另一个参数是区分查询已出货还是未出货的布尔型变量 sign。

在 OrderDao.java 类中添加方法 selectOrderByNameAndDeliverySign(String name, Boolean sign)，第一个参数为当前会员，第二个参数 sign 是来自 orderList.jsp 页面，以区别查询类别。代码如下：

```java
// 以会员名和出货标志为条件查询信息,
public List selectOrderByNameAndDeliverySign(String name, Boolean sign)
{
    List list = new ArrayList();//准备存放已/未出货订单
    OrderEntity order = null;
    try {//按姓名+已出或未出货标志查询订单信息
        ps = connection.prepareStatement("select * from tb_order " +
            "where name=? and delivery_sign=? order by order_id DESC");
        ps.setString(1, name);//为两变量填充数据
        ps.setBoolean(2, sign);
        ResultSet rs = ps.executeQuery();//执行sql查询
        while (rs.next()) {//依次读取数据集，存放至 order 临时对象中
            order = new OrderEntity();
            order.setOrderId(rs.getString(1));
            order.setName(rs.getString(2));
            order.setRealName(rs.getString(3));
            order.setAddress(rs.getString(4));
            order.setMobile(rs.getString(5));
            order.setTotalPrice(Float.valueOf(rs.getString(6)));
            order.setDeliveryMethod(rs.getString(7));
            order.setMemo(rs.getString(8));
            order.setDeliverySign(rs.getBoolean(9));
            order.setCreateTime(rs.getString(10));
            order.setPaymentMode(rs.getString(11));
            list.add(order);//将一订单存放到 list 中
        }
    } catch (SQLException ex) {
    }
    return list;//返回查询已出货或未出货订单集合 list
}
```

（3）修改 OrderServlet.java，在 doPost()中添加响应 orderAction 为"orderDelivered"的代码，执行业务逻辑。

前后台发出的所有请求都提交给订单控制类 orderServlet.java 来处理。首先，订单控制类 OrderServlet.java 获取 orderList.jsp 页面提交的请求，并判断 orderAction 值，若值为 orderDelivered，则表明是要执行操作"按出货标志查询当前会员订单"；其次，将请求分发给后台的订单处理类 OrderDao.java 来进行业务处理，并将处理的结果保存为 orderEntity.java 对象，

存储在集合 list 中,并保存 list;最后页面转发至前台 JSP 页面 "orderListDelivery.jsp"显示信息。代码如下:

```
//orderAction=orderDelivered 表示显示查询已发货或未发货订单
//deliverySign 为发货标志,已发货为真,未发货为假
if (orderAction.equals("orderDelivered")) {
//获取查询的已出货订单标识还是未出货订单标识
  Boolean boolSign = Boolean.valueOf(request.getParameter("deliverySign"));
   // 获取当前客号名
   String name = session.getAttribute("name").toString();
   // 调用底层方法,生成包含已出或未出订单的 list
   List orderDeliveryList = order.
                       selectOrderByNameAndDeliverySign(name, boolSign);
   //将查询出的订单集合传送出去
   request.setAttribute("orderDeliveryList", orderDeliveryList);
   //请求转发
   request.getRequestDispatcher(
       "pages/order/orderListDelivery.jsp").forward(request,response);
}
```

将查询的数据集合存储到 orderDeliveryList 属性中,以供展示页面使用。

(4) 显示页面实现。

在 pages/order 文件夹下,新建 orderListDelivery.jsp 页面;在代码中实现:从 request 中取得查询的集合 list,遍历集合,显示订单资料。

① 在 pages/order 下创建 orderListDelivery.jsp,在页面中引入实体类 OrderEntity 用以接收 session 中的 "orderAbstract" 属性值(其中存放的是该用户某订单的基本信息);引入实体类 OrderItemEntity 用以接收 session 中的 "orderItems" 属性值(其中存放的是该会员某指定 orderId 订单的详细信息);代码如下:

```
<%@page import="cn.estore.entity.OrderEntity"%>
<%@page import="cn.estore.entity.OrderItemEntity"%>
```

② 取得 request 中 OrderServlet 传过来的已出货或者未出货的订单信息集合;借助于 OrderEntity,依次循环显示该订单信息,代码如下:

```
<%
    //接收后台 servler 传回的参数(订单详细信息)
    list = (List)request.getAttribute("orderDeliveryList");
%>
```

③ 订单表的 OrderEntity 类设计有对应每个数据表字段的 getXxx 方法,对象 form 调用这些方法将订单的信息取出在页面上显示。代码如下:

```
<%
    for (int i = start; i < over; i++) {
    OrderEntity form = (OrderEntity) list.get(i);
%>
    <tr align="center" bgcolor="#FFFFFF">
        <td height="25"><%=form.getOrderId()%></td>
        <td><%=form.getMobile()%></td>
        <td><%=form.getAddress()%></td>
        <td>
         <%if (Boolean.valueOf(form.getDeliverySign())) { %>
                       是
                       <%
```

```
                    } else {
              %>
                        否
              <%
                    }
              %>
        </td>
        <td><%=form.getCreateTime()%></td>
        <td> <a href="OrderServlet?orderAction=orderDetail&
                orderId=<%=form.getOrderId()%>">详细信息</a>
        </td>
    </tr>
    <%
        }
    %>
...<!--分页操作代码略-->
```

6.3.4 Servlet 技术特性分析

Java Servlet API 定义了一个 Servlet 和 Java 服务器之间的一个标准接口,这使得 Servlet 具有跨服务器平台的特性。Servlet 通过创建一个框架来扩展服务器的能力,以提供 Web 上进行请求和响应服务。当客户机发送请求至服务器时,服务器将请求信息发送给 Servlet,并让 Servlet 建立起服务器连接,并给客户机返回响应。当启动 Web 服务器或会员机第一次请求服务时,可以自动装入 Servlet。装入后,Servlet 继续运行直到其他会员机发出请求。Servlet 的功能涉及范围很广。例如,Servlet 可完成如下功能:

(1) 创建并返回一个包含基于会员请求性质的动态内容的完整 HTML 页面。

(2) 创建可嵌入到现有 HTML 页面中的一部分 HTML 页面(HTML 片段)。

(3) 与其他服务器资源(包括数据库和基于 Java 的应用程序)进行通信。

(4) 用多个会员机处理连接,接收多个会员机的输入,并将结果广播到多个会员机上。例如,Servlet 可以是多参与者的游戏服务器。

(5) 当允许在单连接方式下传送数据的情况下,在浏览器上打开服务器至 Applet 的新连接,并将该连接保持在打开状态。当允许会员机和服务器简单、高效地执行会话的情况下,Applet 也可以启动会员浏览器和服务器之间的连接。可以通过定制协议或标准(如 IIOP)进行通信。

(6) 对特殊的处理采用 MIME 类型过滤数据,例如,图像转换和服务器端包括 SSI。

(7) 将定制的处理提供给所有服务器的标准例行程序。例如,Servlet 可以修改如何认证用户。

当用户发送一个请求到某个 Servlet 的时候,Servlet 容器会创建一个 ServletRequst 和 ServletResponse 对象。在 ServletRequst 对象中封装了用户的请求信息,然后 Servlet 容器把 ServletRequst 和 ServletResponse 对象传给用户所请求的 Servlet,Servlet 把处理好的结果写在 ServletResponse 中,然后 Servlet 容器把响应结果传给用户。

和前台会员一样,后台管理员同样可以对订单进行查看,此外管理员还可以完成订单的出货标记和删除操作。管理员在后台 JSP 页面(orderSelect.jsp)可以提交以下几种请求:

(1) 查看所有商城用户订单资料;

(2) 查看每一订单详细;

(3) 管理员对某一订单发货操作模块;

(4) 管理员删除订单模块。

6.4 管理员查看所有订单及详细信息

6.4.1 功能说明

会员生成订单后，在系统数据表保存了订单的编号、订购人联系电话、寄送地址、订货时间等基本信息，还保存了当前订单中订购的每一件商品的详细信息，包括商品名称、订购商品数量和下单时商品的价格。

作为管理员，可以查看商城所有订单，要对所有会员的订单请求作出及时响应。

另外，为了操作便利，在本页面放置了三个链接，分别是显示详细订单链接、出货操作链接和删除订单链接；页面如图6.16所示。

图6.16 显示会员所有订单页面

6.4.2 流程分析与设计

管理员登录后，点击"订单管理"菜单，Servlet容器接收客户请求，获取商城所有订单信息，将请求转发到订单显示页面。开发程如下：

（1）在菜单页面添加查询订单入口。

用参数"orderAction"来区分不同的页面请求，当orderAction=selectAllOrder时，表示管理员希望查询后台所有订单信息。

（2）修改订单表操作类OrderDao.java，定义查询所有订单的方法selectAllOrder，查询后台所有订单。

（3）修改Servlet控制器类OrderServlet.java，管理员通过单击菜单"订单管理"向该控制器发送请求，OrderServlet.java获取请求后调用OrderDao.java类中的selectAllOrder方法得到所有订单信息，最终通过orderSelect.jsp显示商场所有订单信息。

① 分析客户请求；
② 修改doPost()方法；
③ 响应http查询订单请求，完成业务处理：从后台取得所有会员订单资料；
④ 转发页面至orderSelect.jsp页面。
（4）修改配置文件web.xml。
（5）创建订单显示页面orderSelect.jsp，从request中取得订单信息并显示。订单显示功能流程图如图6.17所示。

图6.17 订单显示功能流程图

6.4.3 编程详解

1. 在菜单栏添加查询订单入口，发起Http请求

在菜单栏head.jsp页面添加查询订单入口链接，以实现发送订单查询请求，订单查询的链接为<a href="<%=/E-STORE/OrderServlet?orderAction=selectAllOrder%>"> 管理订单 </a>。

2. 订单表操作类实现

新建 cn.E-STORE.dao 包，在包下修改类 OrderDao.java，增加用于后台订单操作方法；向类中添加 selectAllOrder 方法，实现查询商城所有订单，再组织成 List 返回。

```java
/* 管理员查询会员所有订单查询
 * 输入：无
 * 输出：商城所有订单集合List[e]，其中的e是OrderEntity对象
 */
public List selectAllOrder() {
    List list = new ArrayList();
    try {
        ps = connection.prepareStatement("select * from tb_order");
        ResultSet rs = ps.executeQuery();//获取所有订单资料
        while (rs.next()) {//循环将rs中的数据存至order对象中
            OrderEntity order = new OrderEntity();
            order.setOrderId(rs.getString(1));
            order.setName(rs.getString(2));
            order.setRealName(rs.getString(3));
            order.setAddress(rs.getString(4));
            order.setMobile(rs.getString(5));
            order.setTotalPrice(Float.valueOf(rs.getString(6)));
            order.setDeliveryMethod(rs.getString(7));
            order.setMemo(rs.getString(8));
            order.setDeliverySign(rs.getBoolean(9));
            order.setCreateTime(rs.getString(10));
            order.setPaymentMode(rs.getString(11));
            list.add(order);//将order对象存进list
        }
    } catch (SQLException ex) {
        ex.printStackTrace();
    }
    return list;
}
```

3. 修改 Servlet 类 OrderServlet.java，实现业务逻辑

管理员向指定 Servlet 提交了查询请求，actionServlet 值为"selectAllOrder"表示管理员查看商城所有订单。

订单控制类收到页面提交的请求后，将调用 OrderDao.java 类执行查询操作，处理逻辑调用 OrderDao 类中的 selectAllOrder 方法，获得订单集合 list[orderEntity]对象，并将对象保存至 request 对象，再转向 orderSelect.jsp 页面显示订单。

修改 Servlet 类 OrderServlet.java，在 doPost()中添加响应 orderAction 为"orderDetail"的代码。添加 actionServlet 值为"orderDetail"后的代码如下：

```java
// 获取会员订单请求类别
String orderAction = request.getParameter("orderAction").toString();
……
// orderAction= selectAllOrder，表示查看当前会员的所有订单
if(orderAction.equals("selectAllOrder")){//查询所有订单
  List list=new ArrayList();
    String i=request.getParameter("i");
    if (i!=null)request.setAttribute("i",i);
    list=order.selectAllOrder();
```

```
            request.setAttribute("AllOrder", list);
            request.getRequestDispatcher("pages/admin/order/orderSelect
.jsp").
                                         forward(request, response);
    }
```

在 doPost()方法中，实现查询所有订单信息的操作，并将订单集合保存到 request 对象的 AllOrder 属性中，代码是 request.setAttribute("AllOrder", list);。

4. 创建 orderSelect.jsp

（1）新建文件夹 pages/admin/order，新建显示所有订单页面 orderSeelct.jsp，引入实体类 OrderEntity 和 OrderDao。代码如下：

```
<%@page import="java.util.*"%>
<%@page import="cn.estore.dao.OrderDao"%>
<%@page import="cn.estore.entity.OrderEntity"%>
```

（2）将 AllOrder 属性中的订单信息列表取出来，依次取得其中的每一个元素，呈现在页面上，完整的实现过程如下：

```
<%
    //获取当前用户所有订单
    List list = (List) request.getAttribute("AllOrder");
    //循环取得 List 中每一个订单，依次取出每个属性显示
    for (int i = start; i < over; i++) {
        OrderEntity form = (OrderEntity) list.get(i);
        ...//显示订单过程
    }
%>
```

（3）调用订单列表信息，逐条取出每个订单，依次显示。由于本节商城所有订单显示和 6.1 节中的会员订单显示完全一样，此处可参考 6.1.3 节会员订单显示页面的实现方法。代码如下：

```
<table width="99%" border="1" bordercolor="#FFFFFF" bgcolor="CCCCCC">
    <tr bgcolor="#DCDCDC">
            <!--显示订单表头-->
    </tr>
    <%
    for (int i = start; i < over; i++) {
    OrderEntity form = (OrderEntity) list.get(i);
        //循环显示 list 集合中的每一个元素
    %>
    <tr align="center" bgcolor="#FFFFFF">
    <td height="25"><%=form.getOrderId()%></td>
    <td><%=form.getRealName()%></td>
        <td>
            <%
            if (!form.getDeliverySign()) {
            %>
            否
            <% } else { %>
            是
            <%}%>
        </td>
        <td><%=form.getCreateTime()%></td>
        <td>
         <a href="OrderServlet?orderAction=orderDetail&orderId=
                <%=form.getOrderId()%>">详细信息
```

```
            </a>
            <%
            if (form.getDeliverySign()) {
            %>
                已发
            <% } else { %>
            <a href="OrderServlet?orderAction=despatch&orderId=
             <%=form.getOrderId()%>">
                <font color="red">
                    发货
                </font>
            </a>
            <% } %>
            <a href="javascript:deleteOrder('<%=form.getOrderId()%>')">
删除</a>
        </td>
    </tr>
    <% } %>
</table>
```

说明：发货状态栏显示"是"或"否"，是根据 form.getDeliverySign()的布尔值来决定的，为真显示"是"，表示商家商家已经发货了，为假显示"否"，表示还没有发货。

（4）在所有订单显示页面（orderSelect.jsp）中，添加了三个管理员订单操作链接，分别是显示订单详细资料操作、发货操作、删除订单操作。

显示订单详细资料操作的链接是 <a href="OrderServlet?orderAction=orderDetail&orderId=<%=form.getOrderId()%>">详细信息</a>；显示订单详细信息前面已经实现。

在发货操作中，设计了发货操作的 orderAction 的值为 despatch，此外还传递了订单号，发货操作的链接是 <a href="OrderServlet?orderAction=despatch&orderId= <%=form.getOrderId()%>"><font color="red">发货 </font></a>，在 6.5 节将实现该功能。

删除订单的操作链接是<a href="javascript:deleteOrder('<%=form.getOrderId()%>')">删除</a>，在 6.6 节将实现该功能。

6.5 管理员发货

6.5.1 功能说明

在商家发货后，需要及时更新订单的发货状态，使会员能及时了解订单状态。

在订单查看页面，单击"发货"按钮，能够更改当前订单的发货状态，使之变成已发货，页面如图 6.18 所示。

6.5.2 流程分析与设计

图 6.18 订单发货页面

当用户单击"出货"链接，就向控制器 orderServlet 发出更改发货状态的请求。Servlet 容器接收到客户请求后分析操作类型，执行后台处理，最终更改显示页面 orderSelect.jsp 的发货状态。

发货操作的开发流程如下：

图 6.19 查询出货或未出货操作实现

（1）添加查询入口，这一步在 6.4.3 节已经实现，设置提交参数为 orderAction，同时传递了一个订单编号参数 orderId。

（2）数据库表操作类设计。

在类 OrderDao.java 中添加方法 updateSignOrder(String orderId)，参数是订单编号。该方法实现按订单编号修改出货状态为"已发"。

（3）修改 Servlet 处理类 OrderServlet.java，在 doPost() 方法中，调用 updateSignOrder 方法，更新订单出货状态，然后重新获取订单信息，刷新 orderSelect.jsp 页面。

按出货状态显示订单流程图如图 6.19 所示。

6.5.3 编程详解

（1）在商城所有订单显示页面 orderSelect.jsp 添加查询入口。
（2）为 OrderDao.java 添加方法 updateSignOrder(String orderId)。

该方法的参数是订单编号，方法按订单编号修改出货状态为"已发"。代码如下：

```java
// 出货操作
public void updateSignOrder(String orderId) {
    try {
        ps = connection.prepareStatement(
            "update tb_order set delivery_sign='true' where order_id=?");
        ps.setString(1, orderId);
        ps.executeUpdate();
        ps.close();
    } catch (SQLException ex) {
        ex.printStackTrace();
    }
}
```

（3）修改 OrderServlet.java，在 doPost() 中添加响应 orderAction 为"despatch"的代码。

订单控制类 OrderServlet.java 获取页面提交的请求参数 orderAction，若参数值为 despatch，则表明是要执行更改出货状态操作。此时将调用 OrderDao.java 执行业务处理，调用 updateSignOrder 方法来更改订单状态，并将更新后的订单信息保存到 requset 对象中。最后执行流程跳转到"orderSelect.jsp"显示订单信息。代码如下：

```java
//orderAction=despatch 表示显示查询已发货或未发货订单
if(orderAction.equals("despatch")){//根据获取的 orderId 出货
    List list=new ArrayList();
    String i=request.getParameter("i");
    if (i!=null)request.setAttribute("i",i);
    //更改出货状态
    order.updateSignOrder(request.getParameter("orderId").toString());
    list=order.selectAllOrder();//所有订单重新读取继续显示
    request.setAttribute("AllOrder", list);
    request.getRequestDispatcher("pages/admin/order/orderSelect.jsp").
                    forward(request, response);
}
```

将更新过出货状态的所有订单信息存储到 AllOrder 属性中，以供订单显示。

（4）显示页面实现。

此步操作在 6.4.3 "页面显示实现"中已经实现，此处略。

6.6 管理员删除订单

6.6.1 功能说明

若会员要求撤消订单或其它情况下，则需要及时删除无效订单。在显示订单页面，单击"删除"按钮将删除当前订单，删除执行后跳转到视图页面 orderSelect.jsp。

6.6.2 流程分析与设计

管理员所有订单查看页面有"删除订单"链接，代码是 `<a href="javascript:deleteOrder('<%=form.getOrderId()%>')">删除</a>`。当用户单击"删除"链接，将调用函数 deleteOrder 完成删除操作。

删除订单操作的主要流程如下：

（1）添加删除入口。

（2）在 OrderDao.java 中添加方法 deleteOrder(String orderId)。方法的参数是删除订单的编号。

（3）修改 Servlet 处理类 OrderServlet.java，在 doPost()方法中调用 deleteOrder 方法，删除指定订单，执行成功后跳转到 orderSelect.jsp 页面。

6.6.3 编程详解

（1）添加删除链接入口。

```
<script Language="JavaScript">
    function deleteOrder(orderID) {
        if (confirm("确定要删除吗？")) {
            window.location =
                "OrderServlet?orderAction=deleteOrder&orderId="+orderID;
        }
    }
</script>
```

deleteOrder 函数内部向控制器 orderServlet 发出删除订单号为 orderID 的操作请求。

（2）为 OrderDao.java 中添加方法 deleteOrder(String orderId)。

```
// 删除订单(删除订单前必须先删除订单明细)
public boolean deleteOrder(String orderId) {
    //删除订单明细
    OrderItemDao orderItem=new OrderItemDao();
    orderItem.deleteOrderItems(orderId);
    try {
        ps = connection.prepareStatement(
                "delete from tb_order where order_id=?");
```

```
        ps.setString(1, orderId);
          //删除订单
        ps.executeUpdate();
        ps.close();
        return true;
    } catch (SQLException ex) {
        return false;
    }
}
```

（3）修改前述已生成的 Servlet 类 OrderServlet.java，在 doPost()中添加响应 orderAction 为"deleteOrder"的代码，执行业务逻辑。代码如下：

```
//orderAction=deleteOrder 表示删除订单
// 删除订单(删除订单前必须先删除订单明细)
public boolean deleteOrder(String orderId) {
    OrderItemDao orderItem=new OrderItemDao();
    orderItem.deleteOrderItems(orderId);
    try {
        ps = connection.prepareStatement(
                "delete from tb_order where order_id=?");
        ps.setString(1, orderId);
        ps.executeUpdate();
        ps.close();
        return true;
    } catch (SQLException ex) {
        return false;
    }
}
```

（4）显示页面 orderSelect.jsp 实现。
此步操作在 6.4.3 "页面显示实现"中已经完成，此处省略。

6.7 Servlet 知识总结

6.7.1 Servlet 的生命周期

Servlet 的生命周期始于将它装入 Web 服务器的内存时，并在终止运行或重新装入 Servlet 时销毁。

（1）初始化阶段，主要包括以下 4 个步骤：
① 当 Web 客户请求 Servlet 服务或当 Web 服务器启动时，窗口加载 Servlet 类。
② Servlet 容器创建 ServletConfig 对象，用于配置 Servlet 初始化信息。
③ Servlet 容器创建一个 Servlet 对象。
④ Servlet 窗口调用 Servlet 对象的初始化方法 init()进行初始化，并且需要给 init()方法传一个 ServletConfig 对象。该对象包含了初始化参数，并且负责向 Servlet 窗口传递数据；若传送失败，Servlet 将无法工作。

（2）请求处理阶段。对于到达服务器的客户机请求，服务器可以随时响应请求；服务器会创建特定于请求的一个"请求"对象 ServletRequest 和一个"响应"对象 ServletResponse，在

ServletRequst 对象中封装了用户的请求信息；

然后，Servlet 容器把 ServletRequst 和 ServletResponse 对象传给用户所请求的 Servlet；

调用 Servlet 的 service()方法，该方法用于传递"请求"和"响应"对象。service()方法接收 ServletRequest 对象和 ServletResponse 对象；service()方法可以调用其他方法来处理请求，例如，doGet()、doPost()或其他的方法。Servlet 把处理好的结果写在 ServletResponse 中，然后 Servlet 容器把响应结果传给客户机。

（3）销毁阶段。当服务器不再需要 Servlet，或重新装入 Servlet 的新实例时，服务器会调用 Servlet 的 destroy()方法，释放占用资源。

> 说明：在 Servlet 生命周期中，Servlet 的初始化和销毁阶段只会发生一次，而 service 方法执行的次数则取决于 Servlet 被客户端访问的次数。

6.7.2 Java Servlet API

Servlet 是运行在服务器端的 Java 应用程序，由 Servlet 容器负责对其管理，当客户对容器发送 Http 请求时，容器通知相应的 Servlet 对象处理，以完成客户机和服务器间的交互，Servlet API 提供了标准的接口与类，以支持上述操作。

1. Servlet 接口

Servlet 容器通过调用 Servlet 对象提供的标准 API 接口，实现客户和服务器间的交互。在 Servlet 开发中，任何一个 Servlet 对象都要访问 javax.servlet. Servlet 核心接口，可能直接也可能间接访问。该接口中主要有 5 个方法，如表 6.1 所示。

表 6.1 Servlet 接口方法

方　　法	说　　明
public void init(ServletConfig config)	Servlet 初始化
public void service(ServletRequest request, ServletResponse response)	处理客户请求
public ServletConfig getServletConfig()	返回获取的 Servlet 配置信息
Public String getServletInfo()	返回有关 Servlet 信息
public void destroy()	销毁对象、释放资源

（1）init()方法。在 Servlet 的生命期中，仅执行一次 init()方法。它是在服务器装入 Servlet 时执行的。可以配置服务器，以在启动服务器或会员机首次访问 Servlet 时装入 Servlet。无论有多少会员机访问 Servlet，都不会重复执行 init()。

默认的 init()方法通常是符合要求的，但也可以用定制 init()方法来覆盖它，典型的是管理服务器端资源。例如，可能编写一个定制 init()方法来只用于一次装入 GIF 图像，改进 Servlet 返回 GIF 图像和含有多个会员机请求的性能。另一种情况是初始化数据库连接。默认的 init()方法设置了 Servlet 的初始化参数，并用它的 ServletConfig 对象参数来启动配置，因此所有覆盖 init() 方法的 Servlet 应调用 super.init()以确保仍然执行这些任务。在调用 service()方法之前，应确保已完成了 init()方法。

（2）service()方法。service()方法是 Servlet 的核心。每当一个会员请求一个 HttpServlet 对象，该对象的 service()方法就要被调用，而且传递给这个方法一个"请求"（ServletRequest）对象和一个"响应"（ServletResponse）对象作为参数。在 HttpServlet 中已存在 service()方法。默认的服务功能是调用与 HTTP 请求的方法相应的 do 功能。例如，如果 HTTP 请求方法为 GET，则默认情况下就调用 doGet()。Servlet 应该为 Servlet 支持的 HTTP 方法覆盖 do 功能。因为 HttpServlet.service()方法会检查请求方法是否调用了适当的处理方法，不必要覆盖 service() 方法。只需覆盖相应的 do 方法就可以了。

① 当一个会员通过 HTML 表单发出一个 HTTP POST 请求时，doPost()方法被调用。与 POST 请求相关的参数作为一个单独的 HTTP 请求从浏览器发送到服务器。当需要修改服务器端的数据时，应该使用 doPost()方法。

② 当一个会员通过 HTML 表单发出一个 HTTP GET 请求或直接请求一个 URL 时，doGet()方法被调用。与 GET 请求相关的参数添加到 URL 的后面，并与这个请求一起发送。当不会修改服务器端的数据时，应该使用 doGet()方法。

Servlet 的响应可以是下列几种类型：

一个输出流，浏览器根据它的内容类型（如 text/HTML）进行解释。

一个 HTTP 错误响应，重定向到另一个 URL、servlet、JSP。

（3）GetServletConfig()方法。GetServletConfig()方法返回一个 ServletConfig 对象，该对象用来返回初始化参数和 ServletContext。ServletContext 接口提供有关 servlet 的环境信息。

（4）GetServletInfo()方法。GetServletInfo()方法是一个可选的方法，它提供有关 servlet 的信息，如作者、版本、版权。

当服务器调用 servlet 的 Service()、doGet()和 doPost()这三个方法时，均需要"请求"和"响应"对象作为参数。"请求"对象提供有关请求的信息，而"响应"对象提供了一个将响应信息返回给浏览器的一个通信途径。javax.servlet 包中的相关类为 ServletResponse 和 ServletRequest，而 javax.servlet.http 包中的相关类 HttpServletRequest 和 HttpServletResponse。Servlet 通过这些对象与服务器通信并最终与会员机通信。Servlet 能通过调用"请求"对象的方法获知客户机环境，服务器环境的信息和所有由客户机提供的信息。Servlet 可以调用"响应"对象的方法发送响应，该响应是准备发回客户机的。

（5）destroy()方法。destroy()方法仅执行一次，即在服务器停止且卸载 Servlet 时执行该方法。一般将 Servlet 作为服务器进程的一部分来关闭。默认的 destroy()方法通常是符合要求的，但也可以覆盖它，典型的是管理服务器端资源。例如，如果 Servlet 在运行时会累计统计数据，则可以编写一个 destroy()方法，该方法用于在未装入 Servlet 时将统计数字保存在文件中。另一个示例是关闭数据库连接。

当服务器卸载 Servlet 时，将在所有 service()方法调用完成后，或在指定的时间间隔过后调用 destroy()方法。一个 Servlet 在运行 service()方法时可能会产生其他的线程，因此请确认在调用 destroy()方法时，这些线程已终止或完成。

2．GenericServlet 抽象类

GenericServlet 没有实现 service 方法，只是抽象类，由于编写 Servlet 对象时必须实现 javax.servlet.Servlet 接口中的 5 个方法，非常不方便，GenericServlet 抽象类为 Servlet 接口提供了通用实现，它与任何网络应用层协议无关。GenericServlet 类除了实现 Servlet 接口，还实现了 ServletConfig 接口和 Serializable 接口，原型是 public abstract class GenericServlet implements Servlet, ServletConfig,java.io.Serializable。

3．HttpServlet 抽象类

HttpServlet 是 GenericServlet 抽象类的子类，虽然 GenericServlet 为 Servlet 接口提供了通常实现，但是对处理 Servlet 的 Http 协议请求，仍然不方便；HttpServlet 对 GenericServlet 抽象类

进行了扩展，为 Http 请求提供了更加便捷的方法。

HttpServlet 仍然是抽象类，扩展该类可以创建一个适合 HTTP Servlet 的网站，为 HTTP1.1 中定义的 7 种请求提供了相应的方法，一个扩展 HttpServlet 的子类，必须重写至少一个方法：

doGet()：用于支持 HTTP 的 GET 请求的方法；

doPost()：用于 HTTP 的 POST 请求的方法；

doPut()：用于 HTTP 的 PUT 请求的方法；

doDelete()：用于 HTTP 的 DELETE 请求的方法；

init()和 destroy()：管理保持 Servlet 生命周期信息的资源；

getServletInfo()：提供 Servlet 自身的信息；

doOptions()方法和 doTrace()方法有简单的实现，不需要重写。

4. HttpServletRequest 接口

该接口位于 javax.servlet.http 包中，HttpServletRequest 是专用于 HTTP 协议接口 javax.servlet.ServletRequest 子接口，它用于封装 HTTP 请求消息。同 HttpServletResponse 一样，在 service()方法内部调用 HttpServletRequest 对象的各种方法来获取请求消息。常用方法有：

getQueryString 方法：返回请求行中的参数部分。

getContextPath 方法：返回请求资源所属于的 WEB 应用程序的路径。

getPathInfo 方法：返回请求 URL 中的额外路径信息。额外路径信息是请求 URL 中的位于 Servlet 的路径之后和查询参数之前的内容，它以"/"开头；getPathTranslated 方法返回 URL 中的额外路径信息所对应的资源的真实路径。

getRequestURI 方法返回请求行中的资源名部分。

getServletPath 方法返回 Servlet 的名称或 Servlet 所映射的路径。

getRequestURL 方法返回客户端发出请求时的完整 URL。

5. HttpServletResponse 接口

（1）addCookie。

public void addCookie(Cookie cookie)；在响应中增加一个指定的 cookie。

（2）sendRedirect。

public void sendRedirect(String location) throws IOException；使用给定的绝对 URL 路径，给客户端发出一个临时转向的响应，调用这个方法后，响应立即被提交。

（3）setHeader。

public void setHeader(String name, String value)；

用一个给定的名称和域设置响应头。如果响应头已经被设置，新的值将覆盖当前的值。

（4）setStatus。

public void setStatus(int statusCode)；

这个方法设置了响应的状态码，如果状态码已经被设置，新的值将覆盖当前的值。

6. ServletConfig 接口

该接口位于 javax.servlet 包中，封闭了 Servlet 的初始化参数信息。每个 Servlet 仅有一个 ServletConfig 对象。

6.7.3 创建 Servlet 的简单实例

（1）创建一个 Servlet 类，通常涉及下列四个步骤：

① 扩展 HttpServlet 抽象类。
② 重载适当的方法，如覆盖（或称为重写）doGet()或 doPost()方法。
③ 如果有 HTTP 请求信息，则获取该信息。

用 HttpServletRequest 对象来检索 HTML 表格所提交的数据或 URL 上的查询字符串。"请求"对象含有特定的方法以检索客户机提供的信息，有 3 个可用的方法：

- getParameterNames()
- getParameter()
- getParameterValues()

④ 生成 HTTP 响应。HttpServletResponse 对象生成响应，并将它返回到发出请求的客户机上。它的方法允许设置"请求"标题和"响应"主体。"响应"对象还含有 getWriter()方法以返回一个 PrintWriter 对象。使用 PrintWriter 的 print()和 println()方法以编写 Servlet 响应来返回给会员机。或者，直接使用 out 对象输出有关 HTML 文档内容。

（2）一个 Servlet 的简单实例（ServletSample.java）。

```java
import java.io.*;
import java.util.*;
import javax.servlet.*;
import javax.servlet.http.*;
    // 第一步：扩展 HttpServlet 抽象类
    public class ServletSample extends HttpServlet {
    // 第二步：重写 doGet()方法
    public void doGet (HttpServletRequest request,
     HttpServletResponse response)throws ServletException, IOException {
    String myName = "";
    // 第三步：获取 HTTP 请求信息
    java.util.Enumeration keys = request.getParameterNames();
    while (keys.hasMoreElements());
    {
       key = (String) keys.nextElement();
       if (key.equalsIgnoreCase("myName"))
         myName = request.getParameter(key);
    }
    if (myName == "")
         myName = "Hello";
    // 第四步：生成 HTTP 响应
    response.setContentType("text/html");
    response.setHeader("Pragma", "No-cache");
    response.setDateHeader("Expires", 0);
    response.setHeader("Cache-Control", "no-cache");
  out.println("<head><title>Just a basic servlet</title></head>");
    out.println("<body>");
    out.println("<h1>Just a basic servlet</h1>");
    out.println ("<p>" + myName + ", this is a very basic servlet
              that writes an HTML page.");
    out.println ("<p>For instructions on running those samples on your
              Tomcat 应用服务器, "+"open the page:");
    out.println("</body></html>");
    out.flush();    }
    }
```

上述 ServletSample 类扩展 HttpServlet 抽象类、重写 doGet()方法。在重写的 doGet()方法中，获取 HTTP 请求中的一个任选的参数（myName），该参数可作为调用的 URL 上的查询参数传递到 Servlet。

6.7.4 Servlet 的配置

正常运行 Servlet 程序还需要进行适当的配置，配置文件为 web.xml。下面介绍 Servlet 在文件 web.xml 中的配置。

（1）Servlet 的名称、类和其他选项的配置。在 web.xml 文件中配置 Servlet 时，首先必须指定 Servlet 的名称、Servlet 类的路径，还可选择性地给 Servlet 添加描述信息，并且指定在发布时显示的名称和图标。具体实现代码如下：

```xml
<servlet>
    <description>Order Controller</description>
    <display-name>Order Controller </display-name>
    <servlet-name>OrderServlet</servlet-name>
    <servlet-class>cn.estore.servlet.OrderServlet </servlet-class>
</servlet>
```

代码说明：

\<description\>和\</description\>元素之间的内容是 Servlet 的描述信息，\<display-name\>和\</display-name\>元素之间的内容是发布时 Servlet 的名称，\<servlet-name\>和\</servlet-name\>元素之间的内容是 Servlet 的名称，\<servlet-class\>和\</servlet-class\>元素之间的内容是 Servlet 类的路径。

（2）初始化参数。Servlet 可以配置一些初始化参数，代码如下：

```xml
<servlet>
  <init-param>
      <param-name>number</param-name>
      <param-value>1000</param-value>
  </init-param>
</servlet>
```

代码说明：

指定 number 的参数值是 1000。在 Servlet 中可以通过在 init()方法体中调用 getInitParameter()方法进行访问。

（3）Servlet 的映射。在 web.xml 配置文件中可以给一个 Servlet 做多个映射，因此可以通过不同的方法访问这个 Servlet，其实现代码如下：

```xml
<servlet-mapping>
    <servlet-name> OrderServlet </servlet-name>
    <url-pattern> /OrderServlet </url-pattern>
</servlet-mapping>
```

代码说明：指定名称为 OrderServlet 的 Servlet 的映射路径为/OrderServlet。

6.7.5 调用 Servlet

要调用 Servlet 或 Web 应用程序,可以使用下列任一种方法：由 URL 调用 Servlet、在\<FORM\>标签中调用 Servlet、在 \<SERVLET\>标签中调用或在 JSP 文件中调用等，下面简单介绍前两种。

（1）由 URL 调用 Servlet。这里介绍两种用 Servlet 的 URL 从浏览器中调用该 Servlet 的方法：

① 指定 Servlet 名称：当用 Web 应用服务器来将一个 Servlet 实例添加（注册）到服务器配置中时，必须指定"Servlet 名称"参数的值。例如，可以指定将 hi 作为 HelloWorld Servlet

的名称。要调用该 Servlet，需打开 http://servername/servlet/hi。也可以指定 Servlet 和类使用同一名称（HelloWorldServlet）。在这种情况下，将由 http://servername/servlet/ HelloWorldServlet 来调用 Servlet 的实例。

② 指定 Servlet 别名：用 Web 应用服务器来配置 Servlet 别名，该别名是用于调用 Servlet 的快捷 URL，更详细内容请参考相关技术文档。

（2）在<FORM>标签中调用 Servlet。可以在<FORM>标签中调用 Servlet。HTML 格式使用户能在 Web 页面（即从浏览器）上输入数据，并向 Servlet 提交数据。例如：

```
<FORM METHOD="GET" ACTION="/servlet/myservlet">
<OL>
  <INPUT TYPE="radio" NAME="broadcast" VALUE="am">AM <BR>
  <INPUT TYPE="radio" NAME="broadcast" VALUE="fm">FM <BR>
</OL>
（用于放置文本输入区域的标记、按钮和其他的提示符）
</FORM>
```

ACTION 特性表明了用于调用 Servlet 的 URL。关于 METHOD 的特性，如果用户输入的信息是通过 GET 方法向 Servlet 提交的，则 Servlet 使用 doGet()方法处理请求。反之，如果用户输入的信息是通过 POST 方法向 Servlet 提交的，则 Servlet 使用 doPost()方法处理请求。使用 GET 方法时，用户提供的信息是查询字符串表示的 URL 编码。无须对 URL 进行编码，因为这是由表单完成的。然后 URL 编码的查询字符串被附加到 Servlet URL 中，则整个 URL 提交完成。URL 编码的查询字符串将根据用户与可视部件之间的交互操作，将用户所选的值同可视部件的名称进行配对。例如，考虑前面的 HTML 代码段将用于显示按钮、（标记为 AM 和 FM），如果用户选择 "FM" 按钮，则查询字符串将包含 name=value 的配对操作为 broadcast=fm。因为在这种情况下，Servlet 将响应 HTTP 请求，因此 Servlet 应基于 HttpServlet 类。Servlet 应根据提交给它的查询字符串中的用户信息使用的 GET 或 POST 方法，而相应使用 doGet() 或 doPost() 方法。

6.7.6 Servlet 调用匹配规则

当一个请求发送到 Servlet 容器的时候，容器先会将请求的 url 减去当前应用上下文的路径作为 Servlet 的映射 url，比如我访问的是 http://localhost/test/index.html，我的应用上下文是 test，容器会将 http://localhost/test 去掉，剩下的/index.html 部分拿来做 Servlet 的映射匹配。这个映射匹配过程是有顺序的，而且当有一个 Servlet 匹配成功以后，就不会去理会剩下的 Servlet 了。其匹配规则和顺序如下：

（1）精确路径匹配。

比如 ServletA 的 url-pattern 为/test，ServletB 的 url-pattern 为 /*，这个时候，若访问的 url 为 http://localhost/test，这个时候容器就会先进行精确路径匹配，发现/test 正好被 servletA 精确匹配，那么就去调用 ServletA，也不会去理会其他的 Servlet 了。

（2）最长路径匹配。

ServletA 的 url-pattern 为/test/*，而 ServletB 的 url-pattern 为/test/a/*，此时访问 http://localhost/test/a 时，容器会选择路径最长的 Servlet 来匹配，也就是这里的 ServletB。

（3）扩展匹配。

如果 url 最后一段包含扩展名，容器将会根据扩展名选择合适的 Servlet。如，ServletA 的 url-pattern 为*.action。当访问路径以.action 结尾则该 Servlet 被调用。

（4）如果前面都没有匹配成功，则容器会让 Web 应用程序来调用默认 Servlet 处理请求。如果没有定义默认 Servlet，容器将向客户端发送 404（请求资源不存在）错误信息。

练习题

一、选择题

1. HttpServlet 的子类要从 HTTP 请求中获得请求参数，应该调用下列哪个方法（   ）。
   A. 调用 HttpServletRequest 对象的 getAttribute()方法
   B. 调用 servletContext 对象的 getAttribute()方法
   C. 调用 HttpServletRequest 对象的 getHarameter()方法
   D. 调用 HttpServletRequest 对象的 getHeader()方法

2. 当 Servlet 容器初始化一个 Servlet 时，需要完成下列哪些操作（   ）。
   A. 把 web.xml 文件中的数据加载到内存中
   B. 把 Servlet 类的 class 文件中的数据加载到内存中
   C. 创建一个 ServletConfig 对象
   D. 调用 Servlet 对象的 init()方法
   E. 调用 Servlet 对象的 service()方法
   F. 创建一个 Servlet 对象

3. 当 Servlet 容器销毁一个 Servlet 时，会销毁（   ）对象。
   A. Servlet 对象
   B. 与 Servlet 对象相关联的 ServletConfig 对象
   C. ServletContext 对象
   D. ServletRequest 对象和 ServletResponse 对象

4. 在 Web 应用中包含这样一段逻辑：
   if(用户尚未登录){
   　把请求转发给 login.jsp 登录页面；
   }
   else{
   把请求转发给 shoppingcart.jsp 购物车页面；
   }
   以上逻辑应该由 MVC 的（   ）模块来实现。
   A. 视图　　　　　　B. 控制器　　　　　　C. 模型

5. 在 Web 应用中包含这样一段逻辑：
   if(购物车为空){
   　用红色字体显示文本"购物车为空"；
   }
   else{
   显示购物车中的所有内容；
   }
   以上逻辑应该由 MVC 的（   ）模块来实现。
   A. 视图　　　　　　B. 控制器　　　　　　C. 模型

6. 关于 Servlet 的说法中，正确的是（   ）。
   A. Servlet 是运行在服务器端的小插件
   B. 当会员请求访问某个 Servlet 时，服务器就把特定的 Servlet 类源代码发送至浏览器，由浏览器来编译并运行 Servlet
   C. Tomcat 是目前唯一能运行 Servlet 的服务器，其他服务器如果希望运行 Servlet 就必须与 Tomcat 集成
   D. Servlet 规范规定，标准 Servlet 接口有 service()方法，它有两个参数，分别为 ServletRequest 和 ServletResponse 类型

7. 假设在 helloapp 应用中有一个 HelloServlet 类，它位于 myPack 包中，那么这个类的.class 文件的存放路径应该是（   ）。

A. helloapp/HelloServlet.class
B. helloapp/WEB-INF/HelloServlet.class
C. helloapp /WEB-INF/classes/HelloServlet.class
D. helloapp /WEB-INF/classes/myPack/HelloServlet.class

8. 假设在 helloapp 应用中有一个 HelloServlet 类，它位于 myPack 包中，它在 web.xml 中的配置如下：

```
<servlet>
    <servlet-name>HelloServlet</servlet-name>
    <servlet-class>myPack.HelloServlet</servlet-class>
</servlet>
<servlet-mapping>
    <servlet-name>HelloServlet</servlet-name>
    <url-pattern>/hello</url-pattern>
</servlet-mapping>
```

在浏览器中访问 HelloServlet 的 URL 是（   ）。
A. http://localhost:8080/HelloServlet
B. http://localhost:8080/helloapp/HelloServlet
C. http://localhost:8080/ helloapp/myPack.HelloServlet
D. http://localhost:8080/helloapp/hello

二、简答题

1. 下述 web.xml，请补全 doPost 方法，输出两个 Servlet 初始化参数的值。

```xml
<?xml version="1.0" encoding="UTF-8"?>
<web-app>
  <servlet>
    <servlet-name>getdataservlet</servlet-name>
    <servlet-class>com.wy.servlet.GetDataServlet</servlet-class>
    <init-param>
      <param-name>a</param-name>
      <param-value>1</param-value>
    </init-param>
    <init-param>
        <param-name>b</param-name>
        <param-value>2</param-value>
    </init-param>
  </servlet>
  <servlet-mapping>
    <servlet-name> getdataservlet </servlet-name>
    <url-pattern>/myFirstServlet</url-pattern>
  </servlet-mapping>
</web-app>
public class GetDataServlet extends HttpServlet {
public void doPost(HttpServletRequest request, HttpServletResponse response)
   throws ServletException, IOException {
    PrintWriter out = response.getWriter();
   }}
```

2. 简述 Servlet 与 Servlet 之间，以及 Servlet 与 JSP 之间是如何实现通信的？
3. JSP 和 Servlet 是什么关系？各有什么优点？
4. MVC 开发模式的优点是什么？
5. 利用 MVC 模式改写"商品展示"模块。

三、操作题

为电子商城的订单模块增加"商品销量排行"功能。

第 7 章 使用过滤器实现用户授权验证

本章要点：

- Servlet 过滤器开发技术
- 用户授权验证功能模块设计与实现
- Servlet 过滤器技术特性分析
- Servlet 过滤器的典型应用

7.1 使用 Servlet 过滤器实现用户授权验证功能

7.1.1 Servlet 过滤器实现用户登录验证功能说明

我们知道，用户首次登录后都会在 Session 中留下相应的用户对象作为标识，在以后的操作中，如果需要验证用户是否处于登录状态，只需要在相应的 JSP 或者 Servlet 中查看相应的 Session 即可。但是如果在每个页面或 Servlet 中都添加身份验证的代码显然会对编程造成很大的麻烦，也会增加多余的代码。而 Servlet 过滤器可以截取从客户端发送到服务器的请求，并做出处理答复。它的主要功能是验证用户是否来自可信的网络、对用户提交的数据进行重新编码、从系统里获取配置的信息、过滤掉用户某些不应该出现的词汇、验证用户是否已经登录、可以验证客户端的浏览器是否支持当前的应用等。

7.1.2 Servlet 过滤器用户登录验证模块设计

建立一个过滤器涉及下列 5 个步骤：

（1）建立一个实现 Filter 接口的类。这个类需要实现 3 个方法，分别是：doFilter、init 和 destroy。doFilter 方法包含相关的逻辑代码，init 方法进行初始化操作，destroy 方法进行清除。

（2）在 doFilter 方法中增加过滤代码。doFilter 方法的第一个参数为 ServletRequest 对象。此对象给过滤器提供了对请求对象（包括表单数据、cookie 和 HTTP 请求头）的完全访问。第二个参数为 ServletResponse，通常在简单的过滤器中忽略此参数。最后一个参数为 FilterChain，此参数用来调用过滤器链上另外的 Servlet 或 JSP 页。

（3）调用 FilterChain 对象的 doFilter 方法。Filter 接口的 doFilter 方法获取一个 FilterChain 对象作为它的一个参数。在调用此对象的 doFilter 方法时，激活下一个相关的过滤器。如果没有另一个过滤器，则 Servlet 或 JSP 页面被激活。

（4）对相应的 Servlet 和 JSP 页面注册过滤器。在部署描述符文件（web.xml）中使用 filter 和 filter-mapping 元素。

过滤器应用控制流程图如图7.1所示。

图7.1 过滤器应用控制流程图

7.1.3 Servlet过滤器用户登录验证模块实现

第一步：创建过滤器SessionFilter，在cn.E-STORE.servlet包中，选择"New"命令，创建一个class文件，单击"Add…"按钮，增加过滤器接口javax.servlet.Filter。创建Servlet过滤器界面如图7.2所示。

图7.2 创建Servlet过滤器界面

打开cn.E-STORE.servlet包，默认生成的类SessionFilter.java，代码如下所示：

```java
package cn.estore.servlet;
import java.io.IOException;
import javax.servlet.Filter;
import javax.servlet.FilterChain;
import javax.servlet.FilterConfig;
import javax.servlet.ServletException;
import javax.servlet.ServletRequest;
import javax.servlet.ServletResponse;

public class SessionFilter implements Filter {
    public void destroy() {
        // TODO Auto-generated method stub
    }
    public void doFilter(ServletRequest arg0, ServletResponse arg1,
            FilterChain arg2) throws IOException, ServletException {
        // TODO Auto-generated method stub
    }
```

```java
    public void init(FilterConfig arg0) throws ServletException {
        // TODO Auto-generated method stub
    }
}
```

第二步：在 SessionFilter 中定义 FilterConfig 对象，添加 init 和 destory 方法，管理其生命周期。新定义 FilterConfig 类型的对象 config，为其生成 get/set 方法，添加的代码如下：

```java
public FilterConfig config;//配置参数对象
public void setFilterConfig(FilterConfig config) {
    this.config = config;
}
public FilterConfig getFilterConfig() {
    return config;
}
```

添加 init()和 destory()方法，添加的代码如下：

```java
public void destroy() {
    this.config = null;
}

public void init(FilterConfig filterConfig) throws ServletException {
    this.config = filterConfig;
}
```

第三步：在 doFilter 方法中增加过滤相关代码。

在添加过滤业务逻辑前，先导入下述三个包：

```java
import javax.servlet.http.HttpServletRequest;
import javax.servlet.http.HttpServletResponse;
import javax.servlet.http.HttpServletResponseWrapper;
```

修改 doFilter 方法，添加过滤相关代码：

```java
//在 doFilter 方法中放入过滤行为
public void doFilter(ServletRequest request, ServletResponse response, FilterChain chain) throws IOException, ServletException {
    HttpServletRequest httpreq = (HttpServletRequest) request;
    HttpServletResponse httpres = (HttpServletResponse) response;
    HttpServletResponseWrapper wrapper = new HttpServletResponseWrapper((Http- ServletResponse) response);
    //通过配置参数对象 config 获取配置信息中的初始化参数"loginstrings"（需要过滤的页面）
    String loginStrings = config.getInitParameter("logonStrings");
    //获取配置信息中的初始化参数"includeStrings"（需要过滤的页面！）
    String includeStrings = config.getInitParameter("includeStrings");
    //没有登录则需要重定向到的页面
    String redirectPath = httpreq.getContextPath() + config.getInitParameter ("redirectPath");
    //过滤器测试过滤行为，disabletestfilter 初始值为"N"
    String disabletestfilter = config.getInitParameter("disabletestfilter");
    if (disabletestfilter.toUpperCase().equals("Y")) {
        chain.doFilter(request, response);
        return;
    }
    String[] logonList = logonStrings.split(";");
    String[] includeList = includeStrings.split(";");
```

```
    Object user = httpreq.getSession().getAttribute("user");// 获取
Session 中的用户对象
    Object manager=httpreq.getSession().getAttribute("manager");// 获取
Session 中管理员用户对象
    if (user == null&&manager==null) {
      if (!this.isContains(httpreq.getRequestURI(), includeList)) {
       chain.doFilter(request, response);
       return;
      }
      if (this.isContains(httpreq.getRequestURI(), logonList)) {
       chain.doFilter(request, response);
       return;
      }
      wrapper.sendRedirect(redirectPath);
    } else {
      chain.doFilter(request, response);
    }
}
```

在 SessionFilter 的过滤器中定义了 4 个初始化参数 loginStrings、includeStrings、redirectPath、disabletestfilter；我们通过 Config 类中的 getInitParamenter()方法获得，即：

在 doFilter 方法中，还涉及字符串比较方法 isContains(String container, String[] regx)方法，该方法判断 container 是否包含在 regx 中。在 SessionFilter.java 类中添加方法 isContains，代码如下：

```
public static boolean isContains(String container, String[] regx) {
//字符串比较函数，判断 container 是否包含在 regx 中
boolean result = false;
for (int i = 0; i < regx.length; i++) {
if (container.indexOf(regx[i]) != -1) {
   return true;
  }
 }
return result;
}
```

第四步：对相应的 Servlet 和 JSP 页面注册过滤器。修改部署描述符文件（web.xml），在<web-app>和</web-app>元素间添加 filter 和 filter-mapping 元素。

```
...
<filter>
   <filter-name>SessionFilter</filter-name>
   <filter-class>cn.estore.servlet.SessionFilter</filter-class>
   <init-param>
     <param-name>loginStrings</param-name>
       <param-value>index.jsp;main.jsp;productsSoldRank.jsp;
          showCategory.jsp;showFindProductsByName.jsp;
          showProductDiscount.jsp;showProductOriginal.jsp,
          userLoginResult.jsp;userRegister.jsp;userRegisterResult.jsp
       </param-value>
   </init-param>
      .
      .
      .
</filter>
<filter-mapping>
   <filter-name>SessionFilter</filter-name>
   <url-pattern>/*</url-pattern>
</filter-mapping>
...
```

在\<filter\>元素中包含两个必要的子元素\<filter-name\>和\<filter-class\>，\<filter-name\>用来定义过滤器的名称为 SessionFilter，\<filter-class\>定义过滤器实现类，它的完整路径为 cn.E-STORE.servlet.SessionFilter；子元素\<init-parm\>用于设置过滤器的初始化参数，其中又包含子元素\<param-name\>与\<param-value\>，其中\<param-name\>元素用于声明初始化参数的名称，而\<param-value\>用于指定初始化参数的值。

完整的 web.xml 文件代码如下：

```xml
<?xml version="1.0" encoding="UTF-8"?>
<web-app version="2.5" xmlns="http://java.sun.com/xml/ns/javaee"
xmlns:xsi="http://www.w3.org/2001/XMLSchema-instance"
xsi:schemaLocation="http://java.sun.com/xml/ns/javaee
http://java.sun.com/xml/ns/javaee/web-app_2_5.xsd">
<welcome-file-list>
    <welcome-file>pages/product/main.jsp</welcome-file>
</welcome-file-list>
<servlet>
    <description>OrderContorller</description>
    <display-name>OrderContorller</display-name>
    <servlet-name>OrderServlet</servlet-name>
    <servlet-class>cn.estore.servlet.OrderServlet</servlet-class>
</servlet>
<servlet-mapping>
    <servlet-name>OrderServlet</servlet-name>
    <url-pattern>/OrderServlet</url-pattern>
</servlet-mapping>
<listener>
    <listener-class>cn.estore.servlet.OnLineCount</listener-class>
</listener>
<filter>
    <filter-name>struts2</filter-name>
    <filter-class>
            org.apache.struts2.dispatcher.ng.filter.StrutsPrepareAndExecuteFilter
    </filter-class>
</filter>
<filter-mapping>
    <filter-name>struts2</filter-name>
    <url-pattern>*.action</url-pattern>
</filter-mapping>
<filter>
    <filter-name>encoding</filter-name>
    <filter-class>cn.estore.servlet.EncodingFilter</filter-class>
    <init-param>
       <param-name>encoding</param-name>
       <param-value>gb2312</param-value>
    </init-param>
</filter>
<filter-mapping>
    <filter-name>encoding</filter-name>
    <url-pattern>/*</url-pattern>
</filter-mapping>
<filter>
    <filter-name>SessionFilter</filter-name>
    <filter-class>cn.estore.servlet.SessionFilter</filter-class>
    <init-param>
       <param-name>loginStrings</param-name>
       <param-value>index.jsp;main.jsp;productsSoldRank.jsp;
          showCategory.jsp;showFindProductsByName.jsp;
```

```xml
                    showProductDiscount.jsp;showProductOriginal.jsp;
                    userLoginResult.jsp;userRegister.jsp;userRegisterResult.jsp
            </param-value>
        </init-param>
        <init-param>
            <param-name>includeStrings</param-name>
            <param-value>.jsp;.html;</param-value>
        </init-param>
        <init-param>
            <param-name>redirectPath</param-name>
            <param-value>pages/product/main.jsp </param-value>
        </init-param>
        <init-param>
            <param-name>disabletestfilter</param-name>
            <param-value>Y</param-value>
        </init-param>
    </filter>
    <filter-mapping>
        <filter-name>SessionFilter</filter-name>
        <url-pattern>/*</url-pattern>
    </filter-mapping>
    <servlet>
        <servlet-name>SessionServlet</servlet-name>
        <servlet-class>cn.estore.servlet.SessionFilter</servlet-class>
    </servlet>
    <servlet-mapping>
        <servlet-name>SessionServlet</servlet-name>
        <url-pattern >/SessionServlet</url-pattern>
    </servlet-mapping>
</web-app>
```

7.1.4 Servlet 过滤器技术特性分析

1. Servlet 过滤器工作原理

Servlet 过滤器接收请求并生成响应对象。过滤器会检查请求对象，决定将该请求转发给哪一个组件，或者中止该请求并直接向客户端返回一个响应。如果请求被转发了，它将被传递给下一个资源（其他过滤器、Servlet 或 JSP 页面）。当请求被过滤器处理后，一个响应将以相反的顺序发送出去，这样就给每个过滤器都提供了根据需要处理响应对象的机会。

过滤器是 Servlet 2.3 技术规范引入的一种新的 Web 应用程序组件。过滤器位于用户和 Web 应用程序之间，用于检查和修改两者之间的请求和响应。

过滤器作为一种 Web 应用程序组件，可以传输或修改用户请求与 Servlet 响应。它可以在用户请求到达 Servlet 之前对请求进行处理，也可以在响应离开 Servlet 之后修改响应信息，过滤器工作原理如图 7.3 所示。

> **提示**：在过滤器截获响应对象时，如果输出流被 Servlet 关闭了，那么过滤器就不能够再改变输出流中的响应信息。因此如果需要修改响应信息，在 Servlet 的实现代码中，应当使用刷新输出流，而不能够关闭输出流。

```
PrintWriter out=response.getPrintWriter();
…
out.flush(); //如果希望有过滤器截获并处理响应信息,此处不能用 out.close()代替
out.flush()
```

图 7.3 过滤器工作原理图

我们可以实现多个过滤器,这些过滤器就形成了一个"过滤器链",过滤器链的实现与维护工作是由 Servlet 容器负责实现的。在每个 Filter 对象中,可以使用容器传入 doFilter 方法的 FilterChain 参数引用该过滤器链。FilterChain 接口定义了一个 doFilter 方法,用于将请求/响应继续沿链向后传送,其工作过程如图 7.4 所示。

过滤器链中不同过滤器的先后执行顺序是在部署文件 web.xml 中设定的。最先截取客户请求的过滤器将最后才能截取 Servlet 响应信息。

图 7.4 过滤器链的工作原理图

2. 创建 Servlet 过滤器

Servlet 过滤器主要涉及三个接口,分别是 Filter 接口、FilterChain 接口与 FilterConfig 接口,这三个接口都位于 javax.servlet 包中。

(1) Filter 接口。

定义一个过滤器对象必须要实现此接口,接口中有 3 个方法,如表 7.1 所示。

表 7.1 Filter 三个接口

接口中的方法	说明
public void init(FilterConfig filterConfig)	过滤器初始化,每个实例只调用一次
public void doFilter(ServletRequest request, ServletResponse response, FilterChain chain)	过滤处理请求和响应请求
public void destroy()	结束生命周期

(2) FilterChain 接口。

此接口由容器实现,只有一个方法 void doFilter(ServletRequest req) throw IOException, ServletException,用于将过滤器处理的请求或响应传递给下一个过滤器对象。

(3) FilterConfig 接口。

FilterConfig 接口由容器实现,以获取过滤器初始化期间的参数,主要方法如表 7.2 所示。

表 7.2　FilterConfig 接口方法

接 口 方 法	说　　明
Public String getFilterName()	返回过滤器名称
Public String getInitParameter(String name)	返回初始化参数名称为 name 的参数值
Public Enumeration getInitParameterNames()	返回所有初始化参数名的枚举集合
Public ServletContext getServletContext()	返回 Servlet 上下文对象

Servlet 过滤器本身不产生请求和响应对象，它只能提供过滤作用。Servlet 过滤器能够在 Servlet 调用之前检查 Request 对象，修改 Request Header 和 Request 内容；若在 Servlet 被调用之后检查 Response 对象，修改 Response Header 和 Response 内容，要实现以下的操作：

（1）建立一个实现 Filter 接口的类 public class SessionFilter implements Filter。所有过滤器都必须实现 javax.servlet.Filter。这个接口包含三个方法，分别为 doFilter、init 和 destroy。

```
public void doFilter(ServletRequset request, ServletResponse response,
FilterChain chain)thows ServletException, IOException
```

每当调用一个过滤器（即每次请求与此过滤器相关的 Servlet 或 JSP 页面）时，就执行其 doFilter 方法。正是这个方法包含了大部分过滤逻辑。第一个参数为与传入请求有关的 ServletRequest。对于简单的过滤器，大多数过滤逻辑是基于这个对象的。如果处理 HTTP 请求，并且需要访问诸如 getHeader 或 getCookies 等在 ServletRequest 中无法得到的方法，就要把此对象构造成 HttpServletRequest。

第二个参数为 ServletResponse。除了在两个情形下要使用以外，通常忽略这个参数。首先，如果希望完全阻塞对相关 Servlet 或 JSP 页面的访问，可调用 response.getWriter 并直接发送一个响应到客户端。其次，如果希望修改相关的 Servlet 或 JSP 页面的输出，可把响应包含在一个收集所有发送到它的输出的对象中。然后，在调用 Serlvet 或 JSP 页面后，过滤器可检查输出，如果合适就修改它，之后发送到客户端。

doFilter 的最后一个参数为 FilterChain 对象。对此对象调用 doFilter 以激活与 Servlet 或 JSP 页面相关的下一个过滤器。如果没有另一个相关的过滤器，则对 doFilter 的调用激活 Servlet 或 JSP 本身。

```
public void init(FilterConfig config) thows ServletException
```

Init()方法只在此过滤器第一次初始化时执行，不是每次调用过滤器都执行它。对于简单的过滤器，可提供此方法的一个空体，但有两个原因需要使用 init()方法。首先，FilterConfig 对象提供对 Servlet 环境及 web.xml 文件中指派的过滤器名的访问。因此，利用 init()方法将 FilterConfig 对象存放在一个字段中，以便 doFilter 方法能够访问 Servlet 环境或过滤器名；其次，FilterConfig 对象具有一个 getInitParameter 方法，它能够访问部署描述符文件（web.xml）中分配的过滤器初始化参数。

```
public void destroy()
```

大多数过滤器简单地为此方法提供一个空体，不过，可利用它来完成诸如关闭过滤器使用的文件或数据库连接池等清除任务。

（2）将过滤行为放入 doFilter 方法。doFilter 方法为大多数过滤器的关键部分。每当调用一个过滤器时，都要执行 doFilter。对于大多数过滤器来说，doFilter 执行的步骤是基于传入的信息的。因此，可能要利用作为 doFilter 的第一个参数提供的 ServletRequest 对象。这个对象常构造为 HttpServletRequest 类型，以提供对该类的更特殊方法的访问。

（3）调用 FilterChain 对象的 doFilter 方法。Filter 接口的 doFilter 方法以一个 FilterChain 对象作为它的第三个参数。在调用该对象的 doFilter 方法时，激活下一个相关的过滤器。这个过程一般持续到链中最后一个过滤器为止。在最后一个过滤器调用其 FilterChain 对象的 doFilter 方法时，激活 Servlet 或 JSP 页面自身。但是，链中的任意过滤器都可以通过不调用其 FilterChain 的 doFilter 方法中断这个过程。在这样的情况下，不再调用 JSP 页面的 Serlvet，并且中断此调用过程的过滤器负责将输出提供给客户端。

3. Servlet 过滤器的配置

Servlet 过滤器是一个 Web 组件，与 Servlet 类似，也需要在 web.xml 应用配置文件中进行配置部署。这需要从两个方面进行配置部署。

首先是过滤器的 Web 应用定义，包含<filter></filter>元素；其次是 Web 应用的过滤器映射配置。

（1）过滤器定义。在<filter>元素中又包含两个必要的子元素<filter-name>和<filter-class>，用来定义过滤器的名称和过滤器相关的 Java 类的路径，此外还包含 4 个子元素<init-parm>、<icon>、<display-name>和<descryiption>。子元素<init-parm>用于设置过滤器的初始化参数，其中又包含两个常用的子元素，<param-name>与<param-value>。其中，<param-name>元素用于声明初始化参数的名称，<param-value>用于指定初始化参数的值。具体代码可参考 7.1.3 节。

（2）过滤器的映射配置。可以将过滤器映射到一个或多个 Servlet 和 JSP 文件，也可以映射到任意的 URL。

映射到一个或多个 JSP 文件，代码如下：

```
<filter-mapping>
    <filter-name>filterstation</filter-name>
    <url-pttern>/jsp/filename.jsp</url-pattern>
</ filter-mapping >
```

说明：名称为 filterstation 的过滤器映射到工作空间下的 jsp 目录下的 filename.jsp 文件。如果将文件名改为*.jsp 就可以映射到 jsp 目录下的所有 jsp 文件。

映射到一个或多个 servlet 文件中时使用的代码如下：

```
<filter-mapping>
    <filter-name>FilterName</filter-name>
    <url-pttern>/FilterName1</url-pattern>
</ filter-mapping >
<filter-mapping>
    <filter-name>FilterName</filter-name>
    <url-pttern>/FilterName2</url-pattern>
</ filter-mapping >
```

说明：与映射到的 JSP 文件不同之处是其提供的不是路径，而是 Servlet 名称。其中 FilterName1 和 FilterName2 的 Servlet 都被映射到 FilterName 过滤器上。

映射到任意的 URL 时使用的代码如下：

```
<filter-mapping>
    <filter-name>FilterName</filter-name>
    <url-pttern>/*</url-pattern>
</ filter-mapping >
```

说明：只要把"/*"写入<url-pttern>和</url-pattern>元素之间即可。

7.2 Servlet 过滤器知识总结

过滤器是一个程序，它先于与之相关的 Servlet 或 JSP 页面运行在服务器上。过滤器可附加到一个或多个 Servlet 或 JSP 页面上，并且可以检查进入这些资源的请求信息。在这之后，过滤器可以作如下的选择：

（1）以常规的方式调用资源（即调用 Servlet 或 JSP 页面）。
（2）利用修改过的请求信息调用资源。
（3）调用资源，但在发送响应到客户机前对其进行修改。
（4）阻止该资源调用，代之以转到其他的资源，返回一个特定的状态代码或生成替换输出。

过滤器提供了以下几个重要好处：

（1）它以一种模块化的或可重用的方式封装公共的行为。
（2）利用它能够将高级访问决策与表现代码相分离。
（3）过滤器使我们能够对许多不同的资源进行批量性的更改。

提示：过滤器只在与 Servlet 规范 2.3 版本兼容的服务器上有作用。如果 Web 应用需要支持旧版服务器，就不能使用过滤器。

7.3 过滤器典型应用：字符编码过滤器

在使用 JSP 页面进行中文字符输出时，常常遇到字符编码出错的问题，这里可以编写下面这样一个字符编码过滤器来解决字符编码不统一所带来的乱码问题，然后将这个过滤器应用到 Sevlet 或 JSP 页面上。

首先编写字符编码过滤器类，具体实现代码如下：

```java
package com.filter;

import javax.servlet.FilterChain;
import javax.servlet.ServletRequest;
import javax.servlet.ServletResponse;
import java.io.IOException;
import javax.servlet.Filter;
import javax.servlet.http.HttpServletRequest;
import javax.servlet.ServletException;
import javax.servlet.FilterConfig;

public class EncodingFilter implements Filter{
    protected FilterConfig filterConfig;
    private String targetEncoding = "gb2312";

    /**
     *初始化过滤器,和一般的 Servlet 一样，它也可以获得初始参数
     */
    public void init(FilterConfig config) throws ServletException {
        this.filterConfig = config;
        //从配置文件中获得字符编码格式
```

```java
            this.targetEncoding = config.getInitParameter("encoding");
        }

        /**
         *进行过滤处理，这个方法最重要，所有过滤处理的代码都在此实现
         */
        public void doFilter(ServletRequest srequest, ServletResponse sresponse, FilterChain chain)
            throws IOException, ServletException {
            System.out.println("使用以下方法对请求进行编码：encoding="+targetEncoding);
            HttpServletRequest request = (HttpServletRequest)srequest;
            // 设置字符编码格式
            request.setCharacterEncoding(targetEncoding);
            // 把处理权发送到下一个
            chain.doFilter(srequest,sresponse);
        }

        public void setFilterConfig(final FilterConfig filterConfig){
            this.filterConfig=filterConfig;
        }

        //销毁过滤器
        public void destroy(){
            this.filterConfig=null;
        }
    }
```

其次，在web.xml中进行过滤器注册和参数配置，具体配置信息如下：

```xml
<?xml version="1.0" encoding="UTF-8"?>
<web-app version="2.5" xmlns="http://java.sun.com/xml/ns/javaee"
  xmlns:xsi="http://www.w3.org/2001/XMLSchema-instance"
  xsi:schemaLocation="http://java.sun.com/xml/ns/javaee
  http://java.sun.com/xml/ns/javaee/web-app_2_5.xsd">
<filter>
  <filter-name>encoding</filter-name>
  <filter-class>com.filter.EncodingFilter</filter-class>
  <init-param>
    <param-name>encoding</param-name>
    <param-value>gb2312</param-value>
  </init-param>
</filter>
<filter-mapping>
  <filter-name>encoding</filter-name>
  <url-pattern>/*</url-pattern>
</filter-mapping>
</web-app>
```

当用户访问系统中任意的JSP或者Servlet时，就会调用字符编码过滤器，对字符编码进行设置，避免出现字符乱码问题。

练习题

一、选择题

1. 以下关于过滤器的说法中正确的是（　　）。

A. 过滤器负责过滤的 Web 组件只能是 Servlet
B. 过滤器能够在 Web 组件被调用之前检查 ServletRequest 对象，修改请求头和请求正文的内容，或者对请求进行预处理
C. 所有自定义的过滤器类都必须实现 javax.servlet.Filter 接口
D. 在一个 web.xml 文件中配置的过滤器可以为多个 Web 应用中的 Web 组件提供过滤

2. 以下关于过滤器的生命周期的说法中正确的是（   ）。
   A. 当客户请求访问的 URL 与为过滤器映射的 URL 匹配时，Servlet 容器将先创建过滤器对象，再依次调用 init(),doFilter()和 destroy 方法
   B. 当客户请求访问的 URL 与为过滤器映射的 URL 匹配时，Servlet 容器将先调用过滤器的 doFilter()方法
   C. 当 Web 应用终止时，Servlet 容器将先调用过滤器对象的 destroy 方法，然后销毁过滤器对象
   D. 当 Web 应用启动时，Servlet 同期会初始化 Web 应用的所有过滤器

3. 以下选项中属于 Filter 接口的 doFilter()方法的参数类型的是（   ）。
   A. ServletRequest   B. ServletResponse
   C. FilterConfig   D. FilterChain

4. Filter 为 HttpServlet1 提供过滤。Filter1 的 doFilter()方法的代码如下：
```
public void doFilter(ServletRequest servletRequest,
            ServletResponse servletResponse, FilterChain filterChain) {
    System.out.print("one");
    filterChain.doFilter(servletRequest, servletResponse);
    System.out.print("two");
}
```

HttpServlet1 的 service()方法的代码如下：
```
public void service(ServletRequest request,ServletResponse response)
    throws ServletException, IOException {
  System.out.print("before");
  PrintWriter out = reponse.getWriter();
  out.print("hello");
  System.out.print("after");
}
```

当客户端请求访问 HttpServlet1 时，在 Tomcat 控制台将得到什么结果（   ）。
   A. one two before hello after
   B. one before after two
   C. one before hello after two
   D. before after one two

5. 在 web.xml 文件中已经为 RequestFilter 类配置了如下<filter>元素：
```
<filter>
    <filter-name>RequestFilter</filter-name>
    <filter-class>mypack.RequestFilter</ filter-class>
</filter>
```

以下选项中使得 RequestFilter 能够为 out.jsp 过滤的是（   ）。
   A. ```
      <filter-mapping>
            <filter-name> RequestFilter</filter-name>
              <url-pattern>/out.jsp</url-pattern>
        </ filter-mapping>
      ```
   B. ```
      <filter-mapping>
            <filter-name> mypack.RequestFilter </filter-name>
              <url-pattern>/out.jsp</url-pattern>
        </ filter-mapping>
      ```
   C. ```
      <filter-mapping>
            <filter-name> RequestFilter </filter-name>
      ```
      ```

```
            <url-pattern>/out </url-pattern>
        </ filter-mapping>
    D. <filter-mapping>
            <filter-name> RequestFilter </filter-name>
            <url-pattern>/*</url-pattern>
        </ filter-mapping>
```

6. 以下关于过滤器的说法中正确的是（   ）。
    A. 在 web.xml 中使用<filter-mapping>元素部署 filter，使用其子元素<servlet-name>将过滤器映射到 Servlet 或者 JSP
    B. 部署过滤器使用的<filter-mapping>元素，其先后顺序是无所谓的
    C. 在 web.xml 中声明 filter 时使用<filter>元素，该元素只能包含两个子元素
    D. 在 web.xml 中可以在<filter>元素下使用<init-param>为该 filter 设置初始化参数

7. 以下关于过滤器的说法中错误的是（   ）。
    A. Filter 接口中定义了三个方法，init(),doFilter(),destroy()
    B. 过滤器的 doFilter()方法在请求和响应经过该过滤器时都会被调用
    C. 在 web.xml 中声明 filter 时使用<filter>元素，该元素只能包含两个子元素
    D. 在 web.xml 中使用<filter-mapping>元素部署 filter，使用其子元素<url-pattrern>将过滤器映射到 Servlet 或者 JSP

二、简答题

1. 观察下面的 web.xml，写出请求信息到达 servlet1，servlet2，servlet3 分别要经过哪些过滤器？

```
<filter-mapping>
    <filter-name>filter1</filter-name>
    <servlet-name>servlet1</servlet-name>
</filter-mapping>
<filter-mapping>
    <filter-name>filter1</filter-name>
    <servlet-name> servlet2</servlet-name>
</filter-mapping>
<filter-mapping>
    <filter-name>filter1</filter-name>
    <servlet-name> servlet3</servlet-name>
</filter-mapping>
<filter-mapping>
    <filter-name>filter2</filter-name>
    <servlet-name>servlet2</servlet-name>
</filter-mapping>
<filter-mapping>
    <filter-name>filter3</filter-name>
    <servlet-name> servlet2</servlet-name>
</filter-mapping>
<filter-mapping>
    <filter-name>filter3</filter-name>
    <servlet-name> servlet3</servlet-name>
</filter-mapping>
```
    servlet1：
    servlet2：
    servlet3：

2. 简述过滤器的基本编写过程。

3. 如果不使用过滤器实现用户授权验证功能，我们可以用什么技术来达到同样的"用户授权验证"功能？

三、操作题

请使用过滤器实现用户访问权限控制。例如，后台管理用户使用的 JSP 文件存放在 Admin 文件夹中，只有后台登录的用户才可以访问，前台登录用户不能访问！请编写过滤器来实现。

第 8 章
使用监听器实现在线人数统计

本章要点：
- Servlet 监听器开发技术
- 在线人数统计功能模块设计与实现
- Servlet 监听器技术特性分析
- Servlet 监听器的典型应用

8.1 使用 Servlet 监听器实现在线人数统计

8.1.1 在线人数统计功能分析

在系统运行过程中，有时需要了解当前使用系统的用户的信息。有多少人在使用系统？具体又是哪些人在使用系统？一般做法是结合登录和退出功能设计计数器，即当用户输入用户名密码进行登录的时候计数器加 1，然后当用户单击"退出"按钮退出系统的时候计数器减 1。

这种处理方式存在一些缺点，例如：用户正常登录后，可能会忘记单击"退出"按钮，而直接关闭浏览器，导致计数器减 1 的操作没有及时执行；网站中还经常有一些内容是不需要登录就可以访问的，比如查看商品，在这种情况下也无法使用上述方法进行在线人数统计。

图 8.1　显示在线人数页面

下面，我们就使用 Servlet 监听器来解决这个问题，用户登录后显示如图 7.1 所示页面，即使非正常退出也能正确显示在线用户数目。

8.1.2 Servlet 监听器模块设计

我们可以利用 Servlet 规范中定义的事件监听器（Listener）来解决这个问题，实现准确的在线人数统计功能。

对每一个正在访问的用户，服务器会为其建立一个对应的 HttpSession 对象。当一个浏览器第一次访问网站的时候，服务器会新建一个 HttpSession 对象，并触发 HttpSession 创建事件。如果注册了 HttpSessionListener 事件监听器，则会调用 HttpSessionListener 事件监听器的 sessionCreated 方法。相反，当这个浏览器访问结束或者超时的时候，服务器会销毁相应的 HttpSession 对象，触发 HttpSession 销毁事件，同时调用所注册 HttpSessionListener 事件监听器的 sessionDestroyed 方法。

可见，当一个用户开始访问的时候会执行 sessionCreated( )方法，当用户访问结束时会执行 sessionDestroyed()方法。这样只需要在 HttpSessionListener 实现类的 sessionCreated 方法中让计数器加 1，在 sessionDestroyed 方法中让计数器减 1，就能实现了网站在线人数的监听。

通过以上分析，可以通过 Session 监听器的 javax.servlet.http.HttpSessionListener 接口和 ServletContext 监听器的 javax.servlet.ServletContextListener 接口提供的功能来实现在线人数统计和在线用户监听。

8.1.3 Servlet 监听器编程详解

根据上述对在线监听功能的分析，我们得到 OnLineCount 在线人数统计监听器的详细实现步骤如下。

第一步：创建监听器类 OnlineCount.java。通过 New 命令创建一个 class 文件，该类是实现 ServletContextListener、HttpsessionListener 接口的监听处理器类，具体设置如图 8.2 所示。

图 8.2 创建 Servlet 监听器界面

生成代码如下：

```java
public class OnlineCount implements ServletContextListener, HttpSession- Listener{
    public void contextInitialized(ServletContextEvent sce){
        //应用程序初始化时启动
    }
    public void contextDestroyed(ServletContextEvent sce){
    //应用程序卸载时启动
    }
    public void sessionCreated(HttpSessionEvent se){
    //当有用户访问时启动
    }
    public void sessionDestroyed(HttpSessionEvent se){
    //当有用户退出时启动
    }
}
```

> 注意：此时必须实现以上4个方法！

第二步：为监听行为添加代码。

（1）为用户访问监听行为添加代码。

将参数 counter 设置为 ServletContext 对象的属性，这个属性在服务器运行期间一直有效，当 session 对象创建时，将 counter 的值加 1。将改变了的 counter 值再次保存到 ServletContext 对象中。

```java
public void sessionCreated(HttpSessionEvent se){
    HttpSession session=se.getSession();
    ServletContext context=session.getServletContext();
    Integer counter=(Integer)context.getAttribute("counter");
    counter=new Integer(counter.intValue()+1); //在线人数加1
    context.setAttribute("counter", counter);
}
```

（2）为用户退出监听行为添加代码。

当 session 对象销毁时，将 counter 的值减 1。将改变了的 counter 值再次保存到 ServletContext 对象中。

```java
public void sessionDestroyed(HttpSessionEvent se){
    HttpSession session=se.getSession();
    ServletContext context=session.getServletContext();
    Integer counter=(Integer)context.getAttribute("counter");
    counter=new Integer(counter.intValue()-1); //在线人数减1
    context.setAttribute("counter", counter);
}
```

（3）为应用程序初始化添加代码

在系统运行初始化时，同时创建计数器，并将计数器的初始值设置为 0。

```java
public void contextInitialized(ServletContextEvent sce){
    ServletContext context=sce.getServletContext();
    Integer counter=new Integer(0);
    context.setAttribute("counter", counter); //初始化在线人数计数器
}
```

（4）为应用程序卸载添加代码。

当卸载应用程序时，删除计时器参数。

```java
public void contextDestroyed(ServletContextEvent sce){
    ServletContext context=sce.getServletContext();
    context.removeAttribute("counter");//删除在线人数计数器
}
```

第三步：将 Session 监听器配置到 web.xml 配置文件中。

```xml
…
<listener>
    <listener-class>com.mycompany.Servlet.OnlineCount</listener-class>
</listener>
…
```

第四步：显示在线用户的监听结果。
在需要显示的 JSP 页面 pages/common/leftParts/onLineNumber.jsp 中加入如下代码：

```jsp
<td>
  <font color="orange">在线人数
    <%
        if(application.getAttribute("counter")!= null){
    %>
    <%=application.getAttribute("counter")%>
    <%}else{ %>1
    <%}%>
  </font>
</td>
```

显示效果如图 7.1 所示，OnlineCount.java 的完整代码如下：

```java
package cn.estore.servlet;
import javax.servlet.ServletContext;
import javax.servlet.ServletContextEvent;
import javax.servlet.ServletContextListener;
import javax.servlet.http.HttpSession;
import javax.servlet.http.HttpSessionEvent;
import javax.servlet.http.HttpSessionListener;
/*
 * 在线人数统计
 */
public class OnLineCount implements
    ServletContextListener , HttpSessionListener{
    public void sessionCreated(HttpSessionEvent se) {
        // TODO session 创建时启动
        HttpSession session=se.getSession();
        ServletContext context=session.getServletContext();
        //counter 存放在线人数
        int counter= Integer.valueOf(
                    context.getAttribute("counter").toString());
        counter=counter+1;
        context.setAttribute("counter", counter);
    }
    public void sessionDestroyed(HttpSessionEvent se) {
        // TODO session 销毁时启动
        HttpSession session=se.getSession();
        ServletContext context=session.getServletContext();
        //counter 存放在线人数
        int counter=Integer.valueOf(
                    context.getAttribute("counter").toString());
        counter=counter-1;//退出时在线人数减 1
        context.setAttribute("counter", counter);
    }
    public void contextDestroyed(ServletContextEvent arg0) {
        // TODO Auto-generated method stub
        ServletContext context=arg0.getServletContext();
        context.removeAttribute("counter");
    }
    public void contextInitialized(ServletContextEvent arg0) {
        // TODO 应用程序初始化时启动
        ServletContext context=arg0.getServletContext();
        int counter=0;
        context.setAttribute("counter", counter);
    }
}
```

8.1.4 Servlet 监听器技术特性分析

1. Servlet 事件监听器简介

Servlet 事件监听器与 Java 的 GUI 事件监听器类似，一般情况下按监听的对象划分，Servlet 事件监听器可以分为：

（1）用于监听应用程序环境对象（ServletContext）的事件监听器。
（2）用于监听用户会话对象（HttpSession）的事件监听器。
（3）用于监听请求消息对象（ServletRequest）的事件监听器。

按监听的事件类项划分，Servlet 事件监听器可以分为：

（1）用于监听域对象自身的创建和销毁的事件监听器。
（2）用于监听域对象中的属性的增加和删除的事件监听器。
（3）用于监听绑定到 HttpSession 域中的某个对象的状态的事件监听器。

Servlet 规范中为每种事件监听器都定义了相应的接口，在编写事件监听器程序时只须实现这些接口就可以了。Servlet 事件监听器需要在 Web 应用程序的部署文件（web.xml）中进行注册，一个 Web.xml 可以注册多个 Servlet 事件监听器。当发生被监听对象创建、修改、销毁等事件时，Web 容器就会产生相应的事件对象（如 ServletcontextEvent、ServletRequestEvent 或 HttpSessionEvent），同时 Web 容器将调用与之相应的 Servlet 事件监听器对象的相应方法，用户在这些方法中编写的事件处理代码即被自动执行。

2. 监听域对象的创建、改变和销毁

在一个 Web 应用程序的整个运行周期内，Web 容器会创建和销毁 3 个重要的对象：ServletContext，HttpSession，ServletRequest。在 Servlet 2.4 规范中定义了 3 个接口：ServletContextListener，HttpSessionListener，ServletRequestListener。这三个接口对应的实现对象将分别监听 ServletContext，HttpSession，ServletRequest 对象的创建、修改和销毁等事件。

（1）在 ServletContextListener 接口中定义了两个事件处理方法，分别是 contextInitialized() 和 contextDestroyed()。

```
public void contextInitialized(ServletContextEvent sce)
```

这个方法接收一个 ServletContextEvent 类型的事件对象参数，该方法在应用程序部署时激发。contextInitialized 可以通过这个事件对象参数获得当前被创建的 ServletContext 对象。

```
public void contextDestroyed(ServletContextEvent sce)
```

这个方法接收一个 ServletContextEvent 类型的事件对象参数，该方法在应用程序卸载时激发。contextDestroyed 可以通过这个事件对象参数获得当前被卸载的 ServletContext 对象。

（2）在 HttpSessionListneter 接口中共定义了两个事件处理方法，分别是 sessionCreated() 和 sessionDestroyed()。

```
public void sessionCreated(HttpSessionEvent se)
```

这个方法接收一个 HttpSessionEvent 类型的事件对象参数，该方法在容器创建一个新的 Session 对象时激发。sessionCreated 可以通过这个参数获得当前被创建的 HttpSession 对象。

```
public void sessionDestroyed(HttpSessionEvent se)
```

这个方法接收一个 HttpSessionEvent 类型的事件对象参数，该方法在容器销毁一个 Session

对象时激发。sessionDestroyed 可以通过这个参数获得当前被销毁的 HttpSession 对象。

（3）在 ServletRequestListener 接口中定义了两个事件处理方法，分别是 requestInitialized() 和 requestDestroyed()。

```
public void requestInitialized(ServletRequestEvent sre)
```

这个方法接收一个 ServletRequestEvent 类型的事件对象参数，在容器创建一个新的 Request 请求对象时激发。requestInitialized 可以通过这个参数获得当前被创建的 ServletRequest 对象。

```
public void requestDestroyed(ServletRequestEvent sre)
```

这个方法接收一个 ServletRequestEvent 类型的事件对象参数，在容器销毁一个 Request 请求对象时激发。requestDestroyed 可以通过这个参数获得当前被销毁的 ServletRequest 对象。

可以看出 3 个监听器接口中定义的方法非常相似，执行原理与应用方式也相似，在 Web 应用程序中可以注册一个或者多个实现某一接口的事件监听器，Web 容器在创建或销毁某一对象（如 ServletContext，HttpSession）时就会产生相应的事件对象（如 ServletcontextEvent、ServletRequestEvent 或 HttpSessionEvent），接着依次调用每个事件监听器中的相应处理方法，并将产生的事件对象传递给这些方法。

在本章的在线人数统计功能实现中，我们监听以下 4 个事件即可。

（1）当应用程序部署时，容器会创建一个 ServletContext 上下文参数，此时会激发 contextInitialized(ServletContextEvent sce)方法，完成对在线人数计数器的初始化。

（2）当应用程序卸载时，容器会销毁程序的 ServletContext 上下文，此时会激发 contextDestroyed(ServletContextEvent sce)方法，完成对在线人数计数器的删除。

（3）当有用户访问时容器会创建一个 Session 对象，此时会激发 session Created（HttpSessionEvent se）方法，完成对在线人数加 1 的动作。

（4）当有用户离开时容器会销毁一个 Session 对象，此时会激发 sessionDestroyed（HttpSessionEvent se）方法，完成对在线人数减 1 的动作。

8.2 Servlet 监听器知识总结

1. Servlet 监听器介绍

和 Servlet 过滤器一样，Servlet 监听器也是在 Servlet 2.3 规范中引入的一项重要功能，并且在 Servlet 2.4 版本中得到了增强。用一句话来概括 Servlet 监听器的作用，那就是增加 Web 的事件处理机制，更好地监视和控制 Web 应用状态的变化。

Servlet 监听器是 Web 应用程序事件模型的一部分，当 Web 应用中的某些状态发生变化时，Servlet 容器将产生相应的事件，此时监听器来接收和处理这些事件。

在 Servlet 2.4 中有 8 个监听器，6 个事件，根据监听对象的类型和范围，可以分为 3 类：ServletContext 事件监听器、HTTPSession 事件监听器和 ServletRequest 事件监听器。具体如下表所示。

监听对象	监听器接口	对应的 Event 类
ServletContext	ServletContextListener	ServletContextEvent
	ServletContextAttributeListener	ServletContextAttributeEvent

续表

监听对象	监听器接口	对应的 Event 类
HTTPSession	HttpSessionListener	HttpSessionEvent
	HttpSessionActivationListener	
	HttpSessionAttributeListener	HttpSessionBindingEvent
	HttpSessionBindingListener	
ServletRequest	ServletRequestListener	ServletRequestEvent
	ServletRequestAttributeListener	ServletRuquestAttributeEvent

2. Servlet 上下文监听

Servlet 上下文监听可以监听 ServletContext 对象的创建、删除，以及属性添加、删除和修改操作，此监听器需要用到如下两个编程接口。

（1）ServletContextListener 编程接口。此接口存放在 javax.servlet 包内，主要实现监听 ServletContext 的创建和删除。

ServletContextListener 接口提供两个方法，也被称为"Web 应用程序的生命周期方法"。下面分别介绍这两个方法。

    contextInitialized(ServletContextEvent event)

方法说明：应用程序被加载及初始化时激发。

    contextDestoryed(ServletContextEvent event)

方法说明：应用程序被关闭时激发。

（2）ServletAttributeListener 编程接口。此接口存放在 javax.servlet 包内，主要实现监听 ServletContext 属性的添加、删除和修改。

ServletAttributeListener 接口提供以下 3 个方法。

    attributeAdded(ServletContextAttributeEvent event)

方法说明：如果有对象被加入 Application 的范围时激发。

    attributeReplaced(ServletContextAttributeEvent event)

方法说明：如果在 Application 的范围内有对象取代另一个对象时激发。

    attributeRemoved(ServletContextAttributeEvent event)

方法说明：如果有对象被从 Application 的范围移除时激发。

3. HTTP 会话监听

HTTP 会话监听（Httpsession）信息，有 4 个接口可以进行监听。

（1）HttpSessionListener 编程接口。HttpSessionListener 接口实现监听 Http 会话创建、销毁。此接口提供了以下两个方法。

    sessionCreated(HttpSessionEvent event)

方法说明：创建新的 Session 对象时被激发。

    sessionDestoryed(HttpSessionEvent event)

方法说明：Session 对象被销毁时激发。

注意：HttpSessionEvent 类的主要方法为 getSession()，可以使用此方法回传一个 Session 对象。

(2) HttpSessionActivationListener 编程接口。HttpSessionActivationListener 接口实现监听 Http 会话中属性的变化。此接口提供以下 3 个方法。

`attributeAdded(HttpSessionBindingEvent event)`

方法说明：若有对象被加入 Session 范围时激发。

`attributeReplaced(HttpSessionBindingEvent event)`

方法说明：若在 Session 范围，有对象取代另一个对象时激发。

`attributeRemoved(HttpSessionBindingEvent event)`

方法说明：如果有对象从 Session 范围内被移除时激发。

注意：HttpSessionBindingEvent 类主要有三个方法：getName()、getsession()、getValues()。

(3) HttpBindingListener 编程接口。HttpBindingListener 接口实现监听 Http 会话中对象的绑定信息。它是唯一不需要在 web.xml 中设定 Listener 的，此接口提供以下两个方法。

`valueBound(HttpSessionBindingEvent event)`

方法说明：当有对象加入 Session 范围时会被自动调用。

`valueUnBound(HttpSessionBindingEvent event)`

方法说明：当有对象从 Session 范围内移除时会被自动调用。

(4) HttpSessionAttributeListener 编程接口。HttpSessionAttributeListener 接口实现监听 Http 会话中属性的设置请求。此接口提供以下两个方法。

`SessionDidActivate(HttpSessionEvent event)`

方法说明：Session 对象的状态变为有效状态时激发。

`SessionWillPassivate(HttpSessionEvent event)`

方法说明：Session 对象的状态变为无效状态时激发。

4. Servlet 请求监听

在 Servlet 2.4 规范中，一旦能够在监听程序中获取客户端的请求，就可以对请求进行统一处理。

(1) ServletRequestListener 编程接口。ServletRequestListener 接口提供了以下两个方法。

`requestInitialized(ServletRequestEvent event)`

方法说明：ServletRequest 对象被加载及初始化时激发。

`requestDestoryed(ServletRequestEvent event)`

方法说明：ServletRequest 对象被销毁时激发。

(2) ServletRequestAttributeListener 编程接口。ServletRequestAttributeListener 接口提供了以下 3 个方法。

`attributeAdded(ServletRequestAttributeEvent event)`

方法说明：有对象被加入 request 范围时激发。

`attributeReplaced(ServletRequestAttributeEvent event)`

方法说明：在 request 范围内有对象取代另一个对象时激发。

attributeRemoved(ServletRequestAttributeEvent event)

方法说明：有对象被从 request 范围移除时激发。

5. Servlet 请求监听器应用实例

对客户端请求进行监听的技术是在 Servlet 2.4 版本之后才出现的。一旦监听程序能够获得客户端请求，就可以对所有客户端请求进行统一处理。例如，校园网的内部信息资源如果只允许在校园网内部访问，对远程访问则发出提示信息并拒绝访问，这就可以通过监听客户端请求，从请求中获取到客户端的网络地址，并通过网络地址来作出相应的处理。如果是校园网内部 IP 地址则可以访问，如果是校园网内部 IP 地址以外的则发出提示信息并拒绝访问。

以下是实现客户端请求监听的一个简单的应用示例，读者可以在这个简单程序基础上进行二次开发来完成对远程访问的控制。

```java
package servlet;
import java.io.FileOutputStream;
import java.io.PrintWriter;
import javax.servlet.ServletRequest;
import javax.servlet.ServletRequestAttributeEvent;
import javax.servlet.ServletRequestAttributeListener;
import javax.servlet.ServletRequestEvent;
import javax.servlet.ServletRequestListener;
public class MyRequestListener implements
        ServletRequestListener,ServletRequestAttributeListener{
    public void requestDestroyed(ServletRequestEvent arg0) {
        //对销毁客户端请求进行监听
        print("reqeust destroyed");
    }
    public void requestInitialized(ServletRequestEvent arg0) {
        //对实现客户端请求进行监听
        print("Request init");
        ServletRequest sr = arg0.getServletRequest();   //初始化客户端请求
        print(sr.getRemoteAddr());                       //获得请求客户端的地址
    }
    public void attributeAdded(ServletRequestAttributeEvent arg0) {
        //对属性的添加进行监听
        print("attributeAdded('"+arg0.getName()+"','"+arg0.getValue()+"')");
    }
    public void attributeRemoved(ServletRequestAttributeEvent arg0) {
        //对属性的删除进行监听
        print("attributeRemoved('"+arg0.getName()+"','"+arg0.getValue()+"')");
    }
    public void attributeReplaced(ServletRequestAttributeEvent arg0) {
        //对属性的更改进行监听
print("attributeReplaced('"+arg0.getName()+"','"+arg0.getValue()+"')");
    private void print(String message){
        //调用该方法在 txt 文件中打印出 message 字符串信息
        PrintWriter out = null;
        try{
            out = new PrintWriter(new
                    FileOutputStream("d:\\output.txt", true));
            out.println(new java.util.Date().toLocaleString()+
                " Request-Listener: "+message);
```

```
            out.close();
        }
        catch(Exception e) {
            e.printStackTrace();
        }
    }
}
```

程序说明：该监听器类实现了 ServletRequestListener 和 ServletRequestAttributeListener 两个接口，ServletRequestListener 接口中定义的两个方法对客户端请求的创建和销毁进行监听；ServletRequestAttributeListener 接口类对请求中的属性添加、修改和删除进行监听。

下面编写 JSP 程序进行测试，代码如下：

```
<%
    out.println("Test RequestListener");
    request.setAttribute("username","zzb1");  // 在请求中设置一个用户
username 属性
    request.setAttribute("username","zzb2");  //修改之上添加的 username 属性
    request.removeAttribute("username");      //删除创建的 username 属性
%>
```

8.3 Servlet 监听器的典型应用：在线用户监听器

监听器的作用是监听 Web 容器的有效事件，它由 Servlet 容器管理，利用 Listener 接口监听某个执行程序，并根据此程序的需要作出适当的响应。下面的程序通过监听器实现查看用户在线的情况，程序开发步骤如下：

（1）创建 UserInfoList.java 类文件，用来存储在线用户并可以对在线用户进行添加和删除等具体操作，此文件代码如下：

```
package com.listener;
import java.util.*;

public class UserInfoList {
/*利用 private static 成员产生唯一的 UserInfoList 类的对象，防止在类外产生新的对象*/
    private static UserInfoList user = new UserInfoList();
    private Vector vector = null;
    public UserInfoList() {
      this.vector = new Vector();
    }
/*外界使用的 getInstance 方法获取 UserInfoList 实例对象*/
    public static UserInfoList getInstance() {
        return user;
    }
/*增加用户*/
    public boolean addUserInfo(String user) {
      if (user != null) {
      this.vector.add(user);
      return true;
      } else {
      return false;
      }
```

```
    /*获取用户列表*/
    public Vector getList() {
       return vector;
    }
    /*移除用户*/
    public void removeUserInfo(String user) {
       if (user != null) {
      vector.removeElement(user);
       }
    }
}
```

(2) 创建 UserInfoTrace.java 类文件，实现 valueBound（HttpSessionBindingEvent arg0)和 valueUnbound（HttpSessionBindingEvent arg0)两个方法。当有对象加入 Session 时 valueBound() 方法会自动被执行。当有对象从 Session 移除时 valueUnbound()方法会自动被执行。在 valueBound()和 valueUnbound()方法里面都加入了输出信息的功能，可以使用户在控制台中更清楚的了解执行过程，代码如下：

```
package com.listener;
import javax.servlet.http.HttpSessionBindingEvent;

public class UserInfoTrace implements HttpSessionBindingListener {
    private String user;
    private UserInfoList container = UserInfoList.getInstance();
    public UserInfoTrace() {
      user = "";
    }
    /*设置在线监听人员*/
    public void setUser(String user) {
      this.user = user;
    }
    /*获取在线监听人员*/
    public String getUser() {
      return this.user;
    }
    public void valueBound(HttpSessionBindingEvent arg0) {
      System.out.println("上线" + this.user);
    }
    public void valueUnbound(HttpSessionBindingEvent arg0) {
      System.out.println("下线" + this.user);
      if (user != "") {
        container.removeUserInfo(user);
      }
    }
}
```

(3) 创建启动页面 default.jsp 和在线用户处理页面 showUser.jsp，在 showUser.jsp 页面中设置 Session 的 MaxInactiveInteral 值为 30 秒，这样可以限定 Session 的生命周期，此 showUser.jsp 页面文件代码如下：

```
<%@ page contentType="text/html; charset=gb2312" language="java"
import= "java.sql.*"%>
<%@ page import="java.util.*"%>
<%@ page import="com.listener.*"%>
<html>
  <head>
    <meta http-equiv="Content-Type" content="text/html; charset=gb2312">
```

```jsp
    <title>使用监听查看在线用户</title>
    <link href="css/style.css" rel="stylesheet" type="text/css">
  </head>
<%
  UserInfoList list=UserInfoList.getInstance();
  UserInfoTrace ut=new UserInfoTrace();
  String name=request.getParameter("user");
  ut.setUser(name);
  session.setAttribute("list",ut);
  list.addUserInfo(ut.getUser());
  session.setMaxInactiveInterval(30);
%>
  <body>
    <div align="center">
     <table  width="506"   height="246"   border="0"   cellpadding="0"
cellspacing ="0" background="image/ background2.jpg">
      <tr>
      <td align="center"><br>
       <textarea rows="8" cols="20">
      <%
       Vector vector=list.getList();
       if(vector!=null&&vector.size()>0){
       for(int i=0;i<vector.size();i++){
       String account=(String)vector.elementAt(i);
       account=new String(account.getBytes("ISO8859_1"), "GBK");
                                 //将account对象中的数据转换成中文
        out.println(account);
       }
       }
      %>
     </textarea><br><br>
      <a href="default.jsp">返回</a>

       </td>
        </tr>
     </table>
    </div>
   </body>
  </html>
```

default.jsp 页面的代码如下：

```jsp
     <%@  page  contentType="text/html;  charset=gb2312"  language="java"
import = "java.sql.*" %>
   <html>
    <head>
    <meta http-equiv="Content-Type" content="text/html; charset=gb2312">
    <title>使用监听查看在线用户</title>
    </head>
   <script language="javascript">
     function checkEmpty(form){
      for(i=0;i<form.length;i++){
        if(form.elements[i].value==""){
         alert("表单信息不能为空");
         return false;
        }
      }
     }
    </script>
     <link href="css/style.css" rel="stylesheet" type="text/css">
```

```
<body>
    <div align="center">
      <table    width="506"    height="170"   border="0"   cellpadding="0"
cellspacing= "0" background= "image/background1.jpg">
      <tr>
       <td align="center">
      <form       name="form"       method="post"        action="showUser.jsp"
onSubmit="return checkEmpty(form)">
        <input type="text" name="user"><br><br>
        <input type="submit" name="Submit" value="登录">
        </form>
        </td>
      </tr>
        </table>
        </div>
        </body>
        </html>
```

如图 7.3 所示,在文本框中输入用户名,单击"登录"按钮,运行结果如图 7.4 所示,在对话框中显示所有已经登录用户的名称。

图 8.3　测试监听的登录页面

图 8.4　测试监听主页面

相比过滤器,监听器的实现比较简单,主要是使用一个 Java 类实现监听器的接口,然后在 web.xml 文件中进行相关配置,配置方法如下:

```
<listener>
    <listener-class>监听器名</listener-class>
</listener>
```

练习题

一、选择题

1. 为了监视 ServletContext 对象的变更,就需要编写一个 Java 类实现哪个监听器(　　)。
   A. EventListener   B. ServletContextAttributeListener
   C. ActionListener   D. ServletContextListener
2. 为了监视 ServletContext 对象的属性变更,就需要编写一个 Java 类实现哪个监听器(　　)。
   A. EventListener   B. ServletContextAttributeListener
   C. ActionListener   D. ServletContextListener
3. 下面说法中错误的是(　　)。
   A. 当 Web 应用程序启动或关闭时均会触发 ServletContextEvent 事件
   B. 当 Web 应用程序启动时会调用 ServletContextListener 的 contextInitialized()方法

C．当 Web 应用程序关闭时会调用 ServletContextListener 的 contextDestroy()方法
D．当 Web 应用程序启动或关闭时均会触发 ServletContextAttributeEvent 事件

4．下面说法中错误的是（　　）。
A．当 ServletContext 对象的任何属性发生变化就会触发 ServletContextAttributeEvent 事件
B．为 ServletContext 对象增加新属性时会调用 ServletContextAttributeListener 的 AttributeAdded()方法
C．只有在为 ServletContext 对象增加属性或删除属性时才会触发 ServletContextAttributeEvent 事件
D．为 ServletContext 对象更改属性时会调用 ServletContextAttributeListener 的 attributeReplaced()方法

5．以下关于监听器的说法中正确的是（　　）。
A．部署监听器使用<listener>元素，该元素包含两个子元素<listener-name>和<listener-class>
B．<listener>元素应该定义在<servlet>元素下
C．部署监听器使用<listener>元素，该元素包含一个子元素<listener-class>
D．一个 Web 应用只能注册一个监听器

6．在使用 HttpSession 维护当前在线人数的 Web 应用中，当一个新客户登录到 Web 应用时（　　）。
A．一个 HttpSessionEvent 对象将被送往 Web 应用的 HttpSessionListener 监听器
B．一个 ServletContextEvent 对象将被送往 Web 应用的 ServletContextListener 监听器
C．一个 HttpSessionEvent 对象将被送往 Web 应用的 ServletContextListener 监听器
D．一个 HttpSessionCreateEvent 对象将被送往 Web 应用的 HttpSessionListener 监听器
E．一个 HttpSessionActivationEvent 对象将被送往 Web 应用的 HttpSessionActivationListener 监听器

7．在创建会话对象时，容器会通知会话监听器并调用其（　　）方法。
A．invalidate　　　　B．sessionCreate　　　　C．sessionCreated　　　　D．sessionInit

二、简答题

简述编写监听器的基本过程。

三、操作题

1．编写一个局域网监听器，本地访问可以不用登录就能直接进入主页面 Index.jsp，如果是远程访问则需要将请求转到登录页面 Login.jsp。

2．编写一个用户监听器，将每个登录用户访问的网站页面全部记录下来写入一个数据库。

第 9 章 基于 Struts 框架的应用开发

Struts 为 Java Web 应用提供了现成的通用框架。Struts 可以大大提高 Web 应用的开发速度。如果没有 Struts，开发人员将不得不首先花费大量的时间和精力来设计、开发自己的框架。在 Web 应用中恰当地使用 Struts，可使开发人员只需将精力放在解决业务问题上，提高开发效率。

📖 **本章要点：**

- Struts 框架产生的背景
- Struts 框架与 MVC 模式的关系
- Struts 框架的优点
- Struts 框架的体系构成
- Struts 核心组件
- 使用 MyEclipse 开发 Struts 应用的流程
- ManagerAdd 应用开发

9.1　Struts 基础

9.1.1　什么是 Struts

Struts 是 Java Web 项目开发中最经典的框架技术，是目前软件企业招聘 Java 软件人才的必备技能。Struts 的发展经历了从 Struts1 到 Struts2 的转变。其中 Struts1 是 Apache 软件基金会下的 Jakarta 开源项目的一部分，该项目是 Apache 组织下的一套 Java 解决方案和开源软件。在 Craig R.McClanahan（Apache Struts Framework 创始人）工作的基础上，Apache Struts 开发小组在 2001 年开发完成了 Struts1.0。Struts 框架的推出，不仅极大地简化了 JavaEE 服务器端开发技术中的 JSP 和 Servlet 编程实现，而且也保证了应用系统是基于 MVC 架构而开发实现的。它不仅简化了 JavaEE Web 编程模型，并提供了一种快速高效的构建 Web 应用程序的方法，同时它还产生了一个庞大的开源技术社区。Struts 框架自从诞生之日起，就获得了 Apache Jakarta 开源社区的普遍关注。

随着技术的进步，Struts1 的局限性也越来越多地暴露出来，制约着 Struts1 的继续发展。Struts1 与 JSP、Servlet 耦合度很高，导致了一些严重问题。首先是 Struts1 的表示层技术单一，不能和 FreeMarker、Velocity 等视图层模板技术进行整合；其次 Struts1 与 Servlet API 紧耦合使应用程序难于测试；最后 Struts1 代码严重依赖于 Struts1 API，属于侵入性框架。

为了从 Struts 中吸取经验，克服其不足，2007 年，Apache 发布 Struts2.0，Struts2 是 Struts 的下一代产品（目前版本是 2.3），是在 Struts1 和 WebWork 框架基础上进行整合的全新的 Struts 框架。其全新的 Struts 体系结构与 Struts1 体系结构差别巨大。Struts2 以 WebWork 为核心，采用拦截器机制来处理用户的请求，这样的设计也使得业务逻辑控制器能够与 Servlet 完全脱离。

> 提示：Struts 框架的名称 Struts 是英文 Strut 的复数形式，而 Strut 中文意思为"支柱"和"支撑"的意思。Struts 框架之所以叫 Struts，是因为设计者希望 Struts 框架能够成为 JavaEE Web 应用系统的"支撑"。

9.1.2 Struts 框架产生的原因

由于应用系统的开发者在进行 J2EE Web 应用的系统开发中，随着系统业务功能的要求越来越复杂，使得开发者在设计和实现系统时代码的复用性、可移植性，以及代码的可扩展性等方面提出了更高的要求。不使用框架技术将导致许多重复性的开发工作，并且系统维护也比较困难。

Struts 框架的提出和产生，主要是为了能够使开发者在构建基于标准的 J2EE Web 技术的 Web 应用系统时更加简单和高效，并隐藏了烦琐的框架部分具体的实现细节；从整体上减轻构建 J2EE Web 应用项目的设计和开发的负担，并为 Web 应用系统提供异常处理和数据库连接池等公共技术服务与支持，从而为应用系统提供基础功能服务。Struts 框架为应用系统开发者提供了一个统一的标准 Web 应用框架，这样可以让应用系统的开发者能够专注于应用系统的业务逻辑功能的具体实现。

9.2 管理员登录功能的开发

本节将以 E-STORE 的后台管理员登录功能的开发为例向读者展示 Struts2 的开发流程。为了让初学者能够抓住 Struts2 开发过程的重点，我们将 JSP 页面做一定的简化，将登录成功 JSP 页面替换为只是显示"登录成功"的静态页面，在第 10 章会对登录功能进行完整的介绍。

9.2.1 功能说明

与 E-STORE 电子商城的前台登录相似，后台管理员必须先登录才能执行进行相应管理操作。E-STORE 后台登录页面和登录成功页面如图 9.1 所示。

图 9.1 E-STORE 后台登录页面

图 9.1 E-STORE 后台登录页面（续）

9.2.2 流程分析与设计

1. 设计数据库

（1）数据表的概念设计。

管理员信息实体。管理员信息实体包括管理员编号、管理员名称、密码、管理员真实姓名、年龄、管理员类型标识等属性。其中管理员类型标识用来区分管理员的类型，字段是"1"表示为超级管理员，"0"表示为普通管理员。

（2）数据表的逻辑结构。

管理员信息表结构。管理员信息表用来保存 E-STORE 中所有管理员的信息，数据表命名为 tb_manager，该表的结构见表 9.1。

表 9.1 tb_manager 表的结构

字 段 名	数据类型	是否为空	是否为主键	默 认 值	描 述
id	int(4)	No	Yes		ID（自动编号）
name	varchar(50)	Yes			管理员名称
password	varchar(50)	Yes			登录密码
real_name	varchar(50)	Yes			真实姓名
sign	bit(1)	No			类型标识

（3）在数据库中创建表。在数据库中创建 tb_manager 数据表并添加测试数据。

2. 功能实现流程设计

（1）用户在 userLogin.jsp 页面中填写登录用户名和密码，以请求参数的形式提交给核心控制器 FilterDispatcher；

（2）FilterDispatcher 读取 struts.xml，根据配置信息调用 ManagerAction 来处理客户请求；

（3）ManagerAction 中获取客户端提交的数据；

（4）ManagerAction 调用 ManagerDao 类的 login 方法；

（5）若登录验证成功，跳转至登录成功页面 success.jsp；

（6）登录验证失败则跳转至错误页面 error.jsp。

后台登录验证功能流程图如图 9.2 所示。

第 9 章 基于 Struts 框架的应用开发

图 9.2 后台登录验证功能流程图

9.2.3 编程详解

后台登录是在系统中开发的第一个基于 Struts2 的功能模块，需要在原工程中引入 Struts 的支持。

1. 为工程引入 Struts 支持

由于 MyEclipse 10 中已经包含了对 Struts 的支持，我们可以在工程中直接导入，在 Package Explorer 中选中当前工程，执行 "MyEclipse→Project Capabilities→Add Struts Capabilities" 菜单命令，如图 9.3 所示，这样 Struts 类库就被导入到当前 Web 应用中。本例中选择的 Struts 版本为 Struts2.1，Struts 2 filter name 采用默认设置，URL pattern 选择 "/*"，单击 "Finish" 按钮完成设置。如图 9.4 所示。

图 9.3 选择 "Add Struts Capabilities" 命令

图 9.4 为工程添加 Struts 支持

设置成功后可以看到在工程的源文件夹 src 下生成了 struts.xml，目前该文件只是一个空文件，还没有完成具体的配置工作；此外引入 Struts 支持后，web.xml 文件也发生了变化。web.xm 的完整代码代码如下：

```xml
<?xml version="1.0" encoding="UTF-8"?>
<web-app version="2.5"
  xmlns="http://java.sun.com/xml/ns/javaee"
  xmlns:xsi="http://www.w3.org/2001/XMLSchema-instance"
  xsi:schemaLocation="http://java.sun.com/xml/ns/javaee
  http://java.sun.com/xml/ns/javaee/web-app_2_5.xsd">
<welcome-file-list>
  <welcome-file>index.jsp</welcome-file>
</welcome-file-list>
<filter>
<filter-name>struts2</filter-name>
<filter-class>
org.apache.struts2.dispatcher.ng.filter.StrutsPrepareAndExecuteFilter
</filter-class>
</filter>
<filter-mapping>
<filter-name>struts2</filter-name>
<url-pattern>/*</url-pattern>
</filter-mapping></web-app>
```

Struts2 框架是基于 MVC 模式进行开发的，它提供了一个核心过滤器（也称核心控制器），用于过滤客户端请求并将这些请求统一处理。当我们请求一个 Action 时，需要把请求委托给 FilterDispatcher 过滤器，该过滤器会通过我们请求的 Action 的名字来查找 struts.xml 配置文件，找到该 Action 所对应的实际类，并执行对应的方法。我们在为 E-STORE 工程引入 Struts 支持时，通过图 9.4 所示设置 MyEclipse 帮我们修改了 web.xml，添加了过滤器 StrutsPrepareAndExecuteFilter，并指定了要映射到该过滤器的 URL 样式，匹配该样式的请求都会被 Web 容器交由 StrutsPrepareAndExecuteFilter 来处理。"/*"表示所有请求都由该过滤器处理。

2. 创建登录页面 userLogin.jsp

userLogin.jsp 与前台登录页面很相似，都需要包括一个 form 提交表单，但是 Struts 中的表单不是提交给某个 JSP，而是提交给控制器来验证。

```
<form name="form" method="post" action="<%=path%>/manager/login">
```

Form 表单的提交对象是<%=path%>/manager/login，显然这里配置了用来处理用户请求的 Action 组件。在 E-STORE 的前台开发中用户的请求提交给 JSP 或者 Servlet，而运用 Struts 框架后，用户请求则提交给了 Action 组件。userLogin.jsp 中的 Form 表单完整代码如下：

```html
<form name="form" method="post" action="<%=path%>/manager/login">
   <table width="547" height="294" border="0" align="center"
      cellpadding="0" cellspacing="0"
      background="../../systemImages/bg-land.jpg">
   <tr>
   <td width="125"> </td>
   <td width="422" valign="bottom">
     <table width="411" border="0">
       <tr>
         <td width="55" height="38"><font color="#9A6634"><strong>用户名：
         </strong></font></td>
```

```html
        <td width="104"><input name="user.username" type="text"
          class="bgtext" size="15"></td>
        <td width="45">  <font color="#9A6634"><strong>密码:
          </strong></font></td>
        <td width="113"><input name="user.password"
          type="password" class="bgtext" size="15"></td>
        <td width="72"><div align="right">
          <input name="提交" value="登录 " type="submit"></div></td>
      </tr>
      <tr>
        <td height="30" colspan="5"><div align="right">
        <%if (request.getAttribute("reslut") != null) {%>
        <P align="center"><%=request.getAttribute("reslut")%></P>
        <%}%></div></td>
      </tr>
      <tr>
        <td height="30" colspan="5">
          <div align="right">
          <a href="../product/main.jsp" class="a1">返回</a>  
          </div></td>
      </tr>
    </table>
    </td>
  </tr>
</table>
</form>
```

2. 创建登录成功页面 success.jsp 和登录失败页面 error.jsp

在实际项目中，后台管理员登录成功后将进入后台主页面 main.jsp，而这个 JSP 页面由于要完成后台包括商品、管理员、订单等的管理，页面内容较为复杂，为了屏蔽细节，我们在第一个 Struts 实例中只是用一个静态页面 success.jsp 来替代该主页面。登录失败页面 error.jsp 打印出登录失败的信息。由于这两个 JSP 页面较为简单，代码由读者自己完成。

3. 创建 ManagerAction.java

Action 组件是 Struts 中的核心组件。该组件需要完成接收用户的请求，获取用户提交数据，调用业务逻辑组件完成数据库操作等功能。

一个 Action 就是一段只有特定 URL 请求才会被执行的代码。前面我们已经讲过过滤器 StrutsPrepareAndExecuteFilter 会过滤客户端的请求，并根据请求的信息来调用相应的 Action 实例。Action 在 Struts2 中充当着控制器的角色，当请求到达 Action 后，Action 将调用业务逻辑组件处理请求，并决定页面跳转的方向。Action 执行的结果通常都是要呈现给用户一个对应的 JSP 或者 HTML 页面。例如，下例 ManagerAction 的 login 方法中当登录验证成功后，将返回一个字符串"success"，StrutsPrepareAndExecuteFilter 过滤器将根据这个返回的字符串查找 struts.xml 配置文件，获得该字符串对应的跳转页面。稍后将会讲解 struts.xml 的配置方法。ManagerAction 代码如下：

```java
package cn.estore.struts.aciton;
import cn.estore.struts.dao.ManagerDao;
import cn.estore.struts.entity.ManagerEntity;
import com.opensymphony.xwork2.ActionSupport;
/**
 * 后台用户管理
 * */
public class ManagerAction extends ActionSupport {
  private ManagerDao dao = new ManagerDao();
```

```
    private ManagerEntity manager = new ManagerEntity();
    public ManagerEntity getManager() {
        return manager;
    }
    public void setManager(ManagerEntity manager) {
        this.manager = manager;
    }
    private String result;
    public String getResult() {
        return result;
    }
    public void setResult(String result) {
        this.result = result;
    }
    /**
     * 登录
     */
    public String login() {
        String name = manager.getName();
        String pwd = manager.getPassword();
        manager = dao.selectOne(name, pwd);
        if (manager == null) {
            setResult("您输入的账号或密码不存在！！！");
        } else {
            setManager(manager);
        }
        return SUCCESS;
    }
}
```

Struts2 中的的 Action 类是一个普通的 Java 类，定义的 login 方法用来完成登录验证。Action 类编程中有两个需要我们重点关注的点，一是如何获取 session 等隐含对象；二是如何在 Action 类中获得客户端提交的数据，这两个知识点的有关内容将在本章的 9.3 节进行详细介绍。

4. 创建 ManagerDao.java 和 ManagerEntity.java

ManagerDao.java 封装了与管理员有关的数据库操作。后台管理员登录验证时调用 login 方法：

```
    public ManagerEntity login(String name, String password)
```

该方法将用户输入的用户名和密码与数据库的管理员用户信息进行对比，验证登录信息是否合法，如果登录成功该方法将返回用户对象。类中调用 DBConnection.java 获得数据库连接，ManagerDao.java 代码如下：

```
package cn.estore.dao;
import java.sql.*;
import cn.estore.entity.ManagerEntity;
import cn.estore.util.DBConnection;
/**
 * UserDao 类封装对表 tb_manager 的数据库操作
 */
public class ManagerDao {
    private Connection connection = null;     //定义连接的对象
    private PreparedStatement ps = null;      //定义预准备的对象
    private DBConnection jdbc = null;         //定义数据库连接对象
    public ManagerDao() {
        jdbc = new DBConnection();
        connection = jdbc.connection;         //利用构造方法取得数据库连接对象
```

```java
}
/*验证用户名、密码与数据库用户信息是否匹配*/
public ManagerEntity login(String name, String password) {
ManagerEntity user= new ManagerEntity();
  try {
    ps = connection.prepareStatement("select * from tb_manager where name=?
        and password=?");
    ps.setString(1, name);
    ps.setString(2, password);
    ResultSet rs = ps.executeQuery();
    while (rs.next()) {//验证成功后
       user.setId(Integer.valueOf(rs.getString(1)));
      user.setUsername(rs.getString(2));
      user.setPassword(rs.getString(3));
      user.setRealname(rs.getString(3));
      user.setSign(Integer.valueOf(rs.getString(5)));
  }}
  catch (SQLException ex) {
    System.out.println("数据库操作失败："+ex);}
  return user;}
}
```

ManagerEntity.java 是用来封装用户信息的实体类，编码时使用 MyEclipse 自动生成成员变量的 get 和 set 方法，其包含的属性如下：

```java
private Integer id;
private String username;
private String password;
private String realname;
private Integer sign=Integer.valueOf("-1");
```

5．修改配置文件 struts.xml

在 Action 创建完成后，还需要为其配置一个 URL，这样在 StrutsPrepareAndExecuteFilter 过滤器才知道哪一个 URL 对应哪一个 Action。当截获到访问该 URL 的请求时，过滤器就调用对应的 Action 并执行对应的方法处理请求。

```xml
<?xml version="1.0" encoding="UTF-8" ?>
<!DOCTYPE struts PUBLIC "-//Apache Software Foundation//DTD Struts Configuration 2.1//EN" "http://struts.apache.org/dtds/struts-2.1.dtd">
<struts>
 <package name="manager" extends="struts-default" namespace="/manager">
   <action name="login" class="cn.estore.struts.aciton.ManagerAction"
      method="login">
   <result name="success">/pages/background/admin/main.jsp</result>
   <result name="error">/pages/background/admin/error.jsp</result>
   </action>
 </package>
</struts>
```

在 Action 创建 Struts.xml 中定义了一个名为"manager"的包，在配置文件中引入包可以便于对多个 Action 组件进行分类管理。在"manager"包下定义了名为"login"的 Action。除了为 Action 配置一个 URL 外，还需要为 Action 关联一个或多个结果页面，当 Action 执行完后返回一个结果字符串，这个结果字符串对应的页面就会被呈现给用户。例如在 ManagerAction 中当登录成功后返回"success"，则对应的页面 main.jsp 将返回给用户。

在 MyEclipse 开发环境中配置文件 stuts.xml 在 src 源文件目录下，当部署 Web 应用时，配置文件 stuts.xml 将被复制到 WebRoot\WEB_INF\classes 目录下。

6. 添加 JDBC 驱动

将数据库驱动拷贝到 WebRoot\WEB_INF\lib 文件夹下。

7. 部署应用与测试

（1）部署本 Web 应用系统。本例中使用的服务器为 Tomcat，在 MyEclipse 中已经配置好 Tomcat，然后将本示例中的 Web 项目部署到目标服务器 Tomcat 中。

（2）启动服务器。

（3）部署，如图 9.5 所示。

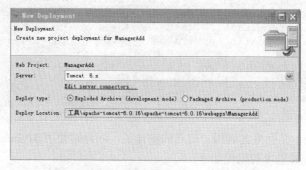

图 9.5　将应用部署到 Tomcat

（4）在浏览器中输入"http://localhost:8080/ManagerAdd/managerInsert.jsp"。添加成功后的页面效果如图 9.1 所示。

9.3　Struts2 知识拓展

9.2 节中我们通过后台管理员"登录"功能的开发，对基于 Struts2 的 Web 应用开发方法有了基本的了解。本节将对 Struts2 中的相关知识点进行详细讲解。

9.3.1　Struts2 的工作原理

Struts2 中使用拦截器来处理用户请求，从而允许用户的业务控制器 Action 与 Servlet 分离。Struts2 的工作原理如图 9.6 所示，用户请求提交后经过多个拦截器拦截后交给核心控制器 FilterDispatcher 处理。核心控制器读取配置文件 struts.xml，根据配置文件中的信息指定由某一个业务控制器 Action 来处理用户数据。业务控制器调用某些模型组件进行逻辑处理，在处理过程中可以调用其他模型组件共同完成数据的处理。Action 处理完成后会返回给核心控制器 FilterDispatcher 一个处理结果，核心控制器根据返回的处理结果读取配置文件 struts.xml，根据配置文件中的配置信息，决定下一步跳转到哪一个页面或者调用哪一个 Action。

一个客户端请求在 Struts2 框架中处理的过程大概有以下几个步骤：

（1）客户提交请求到达服务器；

（2）请求被提交到一系列的过滤器或者拦截器，最后到达 FilterDispatcher（核心控制器角色）；

（3）FilterDispatcher 读取配置文件 struts.xml，根据配置信息调用某个 Action 来处理客户请求；

第9章 基于 Struts 框架的应用开发

图 9.6　Struts2 工作原理

（4）Action 处理后，返回处理结果，FilterDispatcher 根据 struts.xml 的配置找到对应的跳转页面。

> 提示：Struts2 框架执行过程中，一个客户请求会获得 Struts2 类库中许多类的支持，真正的执行流程也会涉及很多细节，在此部分没有过多提及这些细节问题，是为了向读者展示简明的开发流程，方便初学者理解。

由图 9.6 可知，在 Struts2 中涉及的组件类型分别有控制器组件、业务逻辑组件和视图组件，其中控制器组件由分为核心控制器 FilterDispatcher 和业务控制器。其中核心控制器由 Struts2 框架提供，业务控制器、业务逻辑组件（模型组件）及视图组件则需要开发人员自己实现。

核心控制器 FilterDispatcher 负责拦截所有用户的请求，如果用户请求满足匹配条件，该请求将被转入到 Struts2 框架处理。

在 Struts2 中业务控制器组件可以是一个普通的类，该类实现项目的业务控制，该类被调用后通常返回一个字符串，通过在配置文件中做出相关配置，从而实现页面跳转。

Struts2 中的模型组件通常由 Javabean 或者 EJB 来实现，这些组件用来完成真正的用户业务逻辑。

Struts2 视图组件除了有 HTML、JSP、Struts2 标签以外，还可以采用模板技术作为视图技术，如 FreeMarker、Velocity 技术，由于篇幅所限，本书不做介绍。读者可以查阅相关资料。

9.3.2　Struts2 的控制器组件

在基于 MVC 的应用程序开发中，控制器组件的主要功能是从客户端接收数据、调用模型组件进行数据处理以及决定返回给客户某个视图。下面分别对 Struts2 的核心控制器 FilterDispatcher 和业务控制器 Action 进行介绍。

1. FilterDispatcher 控制器

基于 MVC 的 Java Web 框架需要在 Web 应用程序中加载一个核心控制器，Struts2 框架需要加载的是 FilterDispatcher。FilterDispatcher 是一个过滤器，是 Struts2 的核心控制器，控制着整个 Java Web 项目中数据的流向和操作。如前所述，FilterDispatcher 需要在 web.xml 中进行配置，除了用 web.xml 配置文件配置核心控制器 FilterDispatcher 外，Struts2 控制数据的操作时还需要用到另外一个配置文件 struts.xml。

用户请求提交给核心控制器 FilterDispatcher 后，具体由哪个业务控制器 Action 来完成，是在 struts.xml 中事先配置好的，根据配置文件 struts.xml 中的数据，核心控制器 FilterDispatcher 调用某个具体的业务控制器 Action 来完成数据的处理，处理完数据后把处理结果通过其他对象返回给核心控制器 FilterDispatcher，核心控制器根据 struts.xml 配置文件的配置，决定下一步的操作。

2．Action 控制器

Action 控制器是 Struts2 中的业务控制器，可以不实现任何接口或者不继承任何 Struts2 类，Action 类是一个基本的 Java 类，具有很高的可重用性。Action 中不实现任何业务逻辑，只是负责组织和调度业务逻辑组件。Struts2 的 Action 类具有很多优势：

（1）Action 类完全是一个 POJO（Plain Old Java Object，简单的 Java 对象），实际上就是一个普通的 JavaBean，但是为了避免和 EJB 混淆而另选了一个简称，所以 Action 具有良好的代码复用性。

（2）Action 类不需要和 Servlet API 关联，降低了与 Servlet 的耦合度，所以应用与测试比较简单。

（3）Action 类的 execute()方法仅返回一个字符串作为处理结果，该处理结果可以传到任何视图或者另外一个 Action。

9.3.3 模型组件

模型组件可以是实现业务逻辑的模块，如 JavaBean、POJO 或者 EJB。在实际的项目开发中，对模型组件的区别和定义是比较模糊的，实际上也超出了 Struts2 框架的范围。Struts2 框架的业务控制器不会对用户请求进行实质的处理，用户请求最终由模板组件负责处理，业务控制器 Action 只是提供处理场合，是负责调度模型组件的调度器。

9.3.4 struts.xml 配置文件

struts.xml 配置文件是 Struts2 框架中最核心的配置文件，主要是用来配置和管理 Action 组件及对应的映射页面。在这个配置文件中，开发人员可以配置拦截器、Action 和 result 的映射等。部署 Web 应用时，配置文件 stuts.xml 一般放在 WebRoot\WEB_INF\classes 目录下，该目录下的 struts.xml 将被 Struts2 框架自动加载。管理员登录功能的配置项代码如下：

```xml
<package name="manager" extends="struts-default" namespace="/manager">
    <action name="login" class="cn.estore.struts.aciton.ManagerAction"
        method="login">
    <result name="success">/pages/background/admin/main.jsp</result>
    <result name="error">/pages/background/admin/error.jsp</result>
    </action>
</package>
```

在 struts.xml 中有"常量"、"Bean"、"包含"、"包"、"命名空间"、"Action"、"结果"和"拦截器"等配置。下面对 struts.xml 配置文件的几个主要配置项进行剖析，其他的配置项读者可以自行查阅。

1．package 配置

Struts2 的包类似于 Java 的包，起到一个分类的作用，提供了将 Action、result 和拦截器等组织为一个逻辑单元的一种方式，简化了维护工作。在 struts.xml 配置文件中，与 Web 应用相关的设置都在包中定义。

与 Java 中的包不同的是，Struts2 中的包可以扩展另外的包，从而继承原有包的所有定义，包括所有的 action、result 和拦截器等，并可以添加自己所特有的配置，从这一点上看，Struts2 中的 package 的继承更像 Java 中的类的继承。

package 元素的属性见下表。

属　性	是否必需	作　用
name	是	指定 package 的名字
extends	否	指定 package 要继承的包
namespace	否	指定 package 的命名空间
abstract	否	声明 package 为抽象的（不常用）

在 9.2 的案例的配置文件中已经用到了 name 属性、extends 属性和 namespace 属性。

```
<package name="manager" extends="struts-default" namespace="/manager">
```

案例中 package 的 name 属性值为"manager"，该包的名字为"manager"；package 的 extends 属性值为"struts-default"，该包继承于 struts-default 包，struts-default 包定义在 struts-default.xml 中。struts-default.xml 配置文件是 Struts2 的基础配置文件，为框架提供默认设置，这个文件包含在 struts2 的核心 JAR 包中，有兴趣的读者可以自行查阅。package 的 namespace 属性值为"/manager"，客户端访问时需要将该字符串添加到访问路径中。9.2 案例中 ManagerAction 的访问路径为<%=path%>/manager/login，其中"/manager"就是 ManagerAction 的命名空间，"/login"是 ManagerAction 的调用方法对应的名称。

2．namespace 配置

package 元素的 namespace 属性可以为包中的 Action 指定不同的命名空间，此处的命名空间类似于 Java 中的命名空间。Struts2 提供了对默认命名空间的支持，默认的命名空间用字符串""来表示。当我们没有为一个 package 指定 namespace 属性时，该 package 就具备了默认的命名空间。当我们请求一个 Action 时，如果请求的命名空间中没有找到该 Action，那么 Struts2 将会自动到默认的命名空间中去寻找。Struts2 框架还提供了以"/"命名的根名称空间，如果直接请求 Web 应用程序上下文路径下的 Action，那么框架会自动到根名称空间下去寻找；如果在根名称空间没有找到，则会自动转到默认命名空间去寻找匹配的 Action。

3．Action 配置

Struts2 中 Action 类的配置能够让 Struts2 的核心控制器知道 Action 的存在，并可以通过调用该 Action 来处理用户请求。Struts2 使用包来组织和管理 Action。Action 在 struts.xml 中的配置格式如下：

```
<action name="名称" class="Action 对应的类">...</action>
```

<action>元素的常用属性如下所示：

（1）name：客户端发送请求的地址名称，必选项。
（2）class：指定 Action 对应的实现类，可选项。
（3）method：指定 Action 类中处理方法名，可选项。
（4）converter：指定 Action 类型转换器的完整类名，可选项。

例如在本章的管理员登录中 Action 配置如下：

```
<action name="login" class="cn.estore.struts.aciton.ManagerAction"
    method="login">
```

<action>的 name 属性值为"login",给属性定义了用来访问该 Action 的名称,class 属性值指定了该 Action 所在的位置,其中 cn.E-STORE.struts.action 是包名,ManagerAction 是 Action 对应的类。method 方法指定了该 Action 对应的方法名称,当此 Action 被请求时,这个方法将被调用。

4. 结果配置

<result>元素用来为 Action 的处理结果指定一个或多个视图,配置 Struts2 中逻辑视图和物理视图之间的映射关系。结果配置在 struts.xml 中的配置格式如下:

```
<result name="字符串值">...</result>
```

<result>元素的常用属性如下所示:
(1) name:指定 Action 返回的逻辑视图,必选项。
(2) type:指定结果类型定向的文件,该文件可以是 JSP 文件或者 Action 类,可选项。
例如,在<result name="success">/pages/background/admin/main.jsp</result>中 name 属性的值指定了逻辑视图的名称,当在 Action 中完成处理后,将会返回该名称,例如 ManagerAction 中将 return "success",则该逻辑视图被调用,逻辑视图对应的物理视图的完整路径为:/pages/background/admin/main.jsp,其中/pages/background/admin/是 JSP 文件所在的文件夹位置。

9.3.5 表单数据接收

在传统的 Web 应用程序中开发人员通过调用 HttpServletRequest 类的 getParameter(String name)的方法从请求对象中获取前台表单提交上来的数据,如我们在第 3,4,5 章对表单数据的获取都是采用这种方法。而 Struts2 框架本身提供了多种方式来获取表示层表单提交的数据。

1. 使用 Action 的属性来接收用户输入的数据

在某些应用场合中,客户端表单包含的数据量很小,可能不需要专门为这些数据创建一个 JavaBean 对象,此时我们只需要直接接收这些参数即可。这个时候我们就可以直接使用 Action 的属性来接收用户输入的数据,例如在 9.2 节中"登录"功能中,我们就可以用 ManagerAction 的属性来直接接收用户输入的用户名和密码。此时的 ManagerAction 代码如下:

```
package cn.estore.struts.aciton;
import java.util.Map;
import cn.estore.dao.ManagerDao;
import cn.estore.entity.ManagerEntity;
import com.opensymphony.xwork2.ActionContext;
/**
 * 后台用户Action
 *
 */
public class ManagerAction{
  /* 用户登录验证*/
  public String login() throws Exception {
    Map<String, Object> session =
        ActionContext.getContext().getSession();//获得session对象
    ManagerDao managerDao = new ManagerDao();
    ManagerEntity login = managerDao.login(user.getUsername(),
        user.getPassword());//验证用户输入用户名、密码,若合法则返回当前用户对象
    if (login != null) {
      session.put("user", login);//将用户对象保存到session对象中
```

```
            return "success";
        } else {
            return "failure";}}
/*后台用户实体,用来接收客户端输入*/
private String name;
private String password;
public String getPassword() {
    return password;
}
public String getPassword() {
    return password;
}
public void setName(String name) {
    this.name = name;
}
public void setPassword(String password) {
    this.password = password;
}
}
```

ManagerAction 中定义了 name 和 password 两个属性,并分别定义了其 get 和 set 方法,用来接收用户输入的用户名和密码。需要注意的是这两个属性的 set 方法的名称与 userLogin.jsp 中页面的 input 的 name 属性必须相同,才能完成数据的接收。此时对应的 userLogin.jsp 中的用户名和密码的 input 表单项的 name 属性应该分别为 "name" 和 "password"。

2. 使用领域对象来接收用户输入的数据

当用户输入数据的量比较大时,使用 Action 属性来接收用户的输入就会显得繁琐。Struts2 提供了使用领域对象的方式来接收用户输入。

在 9.2 节的后台 "登录" 功能实现中就是使用了领域对象。

首先创建了领域对象 ManagerEntity.java;

在 ManagerAction 中定义 ManagerEntity 对象 user,并定义该对象的 get 和 set 方法;

修改 userLogin.jsp 中的用户名和密码的 input 表单项的 name 属性应该分别为 "user.name" 和 "user.password"。使用领域对象和使用 Action 属性两种方法都可以完成数据的接收,二者是等价的。

9.3.6 访问 request、session、application 对象

Struts2 中的 Action 与 Servlet API 完全分离,体现了 Action 与 Servlet API 的非耦合性,也是对 Struts1 的 Action 最大的改进。但是在实现业务逻辑处理时,经常还需要访问 Servlet 中的一些对象,包括 request、session 和 application 等。Struts2 框架提供了 ActionContext 类,在 Action 中可以通过该类获取 Servlet 的参数。

1. 与 Servlet API 解耦的方式获取

Struts2 与 Servlet API 的解耦使得 Action 组件的单元测试更加方便,但是同时我们无法像 Struts1 那样直接获得 request、session 和 application 对象的访问,这就决定了 Struts2 的 Action 中对这些隐含对象的访问方式将发生变化。好在我们 9.2 节的案例中已经实现了对 session 对象的访问,似乎也不是很复杂。

在 Struts2 的 Action 中,直接使用了对应的 Map 对象来访问这三个对象,其操作结果等同于我们直接操作这个三个对象。要获取这三个 Map 对象,我们可以使用 com.opensymphony.xwork2.ActionConxt 类。ActionContext 类是 Action 执行的上下文,在 ActionContext 中保存

了 Action 执行所需的一组对象，包括 parameters、request、session、application、locale 等。
ActionContext 类定义了如下方法用于获取 HttpServletRequest、HttpSession 和 ServletContext 对应的 Map 对象。

Public Object get(Object key)

ActionContext 类没有提供 getRequest()、getResponse()这样类似的方法来获取封装了 HttpServletRequest、HttpServletResponse 对应的 Map 对象。要得到请求或响应的 Map 对象，你需要为 get()方法传递参数"request"或"response"。如：

```
ActionContext context = ActionContext.getContext();
Map request = (Map)context.get("request");
Map response = (Map)context.get("response");
```

Public Map getSession()

获取封装了 HttpSession 的 Map 对象。

Public Map getApplication()

获取封装了 ServletContext 的 Map 对象。

在 9.2 的例子中 ManagerAction 中就是采用这种方法获得 session 对象的。

```
Map<String, Object> session =ActionContext.getContext().getSession()
```

2. 与 Servlet API 耦合的方式获取

在 Struts2 的 Action 中，我们也可以使用与 Servlet API 耦合的方式来获取 request、response、session、application 等对象。我们知道，Action 与 Servlet API 解耦和使得我们在测试时可以不依赖于 Web 容器。但是有的时候，在实际的项目开发中，需要直接依靠于 Servlet API 来获取这几个对象。好在 Struts2 也为我们提供了与 Servlet API 耦合的方式来获取 request、response、session、application 等对象。我们可以使用 org.apache.struts2.ServletActionContext 的静态方法获取这些对象。

Public static HttpServletRequest getRequest()

获取 HttpServletRequest 对象。

Public static HttpServletResponse getResponse()

获取 HttpServletResponse 对象

Public static ServletContext getServletContext()

获取 ServletContext 对象。

ServletActionContext 类并没有定义直接获取 session 对象的方法，不过有了 request 对象后，就可以很方便地获取 session 对象了，可以通过 request.getSession()方法获得。

9.4 小结

管理员登录功能是从 E-STORE 的后台的用户管理模块中抽取出的一个子功能模块，这个案例的目的是让初学者迅速学会怎么使用 Struts2 框架，为了达到这个目的，笔者对该例子进行了一定的简化，如 JSP 页面的设计、数据验证、页面流程设计等方面都进行了简化。

第 9 章 基于 Struts 框架的应用开发

读者学习的重点：一是使用 MyEclipse 工具创建 Struts 应用的方法；二是 Struts 应用开发的层次划分。9.2 节中开发流程按照从视图层（JSP）→控制层（Action）→模型层（业务逻辑组件+业务实体类）→数据持久化层（DAO 类+持久化实体类）的顺序来开发应用。清晰的层次划分使得开发过程很轻松。

练习题

一、选择题

1. 在 Struts 框架的视图中可包含哪些组件（　　）。
   A．JSP
   B．Servlet
   C．Action
   D．代表业务逻辑或者业务数据的 JavaBean
   D．EJB 组件
   F．自定义 JSP 标签

2. 在 Struts 框架的控制器中可以包含哪些组件（　　）。
   A．JSP
   B．Action
   C．代表业务逻辑或者业务数据的 JavaBean
   D．FilterDispatcher
   E．自定义 JSP 标签

3. 在 Struts 框架的模型中可包含哪些组件（　　）。
   A．JSP
   B．Action
   C．代表业务逻辑或者业务数据的 JavaBean
   D．EJB 组件
   E．自定义 JSP 标签

4. 视图层的 JSP 文件主要借助哪个技术，从而把负责业务逻辑和流程控制的 Java 程序代码从 JSP 文件中分离出去（　　）。
   A．自定义 JSP 标签　　B．HTML 技术　　C．EL 表达式　　D．JavaScript

5. 在 Struts 框架中，业务模型通常是由（　　）来表示的。
   A．Action 对象
   B．ActionServlet 对象
   C．JavaBean 对象
   D．JSP 页面

6. 在某个基于 Struts 框架的 Web 应用中，RegisterForm 为一个继承自 ActionForm 的类。当框架调用其 validate 方法返回（　　）时，表示该 ActionForm 的状态是一致的。
   A．true　　　B．false　　　C．null　　　D．ActionErrors

7. 某 Web 应用是基于 Struts 构架创建的。其 struts-config.xml 有如下片断：

```
<action-mappings>
  <action name="registerForm" type="com.mycompany.struts.RegisterAction"
      validate="true"
      Input="/register.jsp" scope="session"
      path="/registerAction">
    <forward name="success" path="/success.html" />
    <forward name="failure" path="/failure.html" />
  </action>
</action-mappings>
```

类 RegisterAction 的 perform 方法如下：

```
public ActionForward perform(ActionMapping actionMapping,
ActionForm actionForm,
HttpServletRequest httpServletRequest,
HttpServletResponse httpServletResponse) {
String username = rf.getUserName();
String password1 = rf.getPassword1();
String password2 = rf.getPassword2();
```

```
if (! password1.equals(password2)){
    //TODO:在此添加代码
}
```

为了满足以下条件：

当 password1 不等于 password2 时，将客户请求转向到 failure.html 则应使用选项（   ）的代码替换 TODO 注释。

    A．return actionMapping.findForward("failure");

    B．return actionMapping.findForward("failure.html");

    C．actionMapping.findForward("failure ");

    D．actionMapping.findForward("failure.html");

8. Struts 框架中，一个名为（   ）的配置文件十分重要，它保存了大量的与 Struts 框架运行相关的映射信息。

    A．Struts-config.xml   B．Struts.cfg

    C．Web.cfg   D．Web.xml

9. 在使用 Struts 框架的 Web 应用中，ActionServlet 要对某个 ActionForm 对象的属性进行设置之前，该 ActionForm 类的（   ）方法会被调用。

    A．doUpdate   B．reset   C．init   D．validate

二、简答题

1．请描述 Struts 框架的体系构成。
2．Struts 框架系统的核心组件有哪些？
3．请描述 Struts 框架的系统工作原理和工作流程。
4．为什么在 Struts 框架的控制层设计中要采用 ActionServlet 和 Action 组件？
5．为什么 Struts 框架中没有提供对模型层的支持？

三、操作题

应用 Struts2 框架开发 3.1 节中的商品展示模块。

第 10 章 后台用户管理模块

本章要点：

- 后台管理总体规划
- 管理员登录功能模块设计与实现
- 管理员查询功能模块设计与实现
- 管理员添加功能模块设计与实现
- 管理员删除功能模块设计与实现
- 管理员密码修改功能模块设计与实现
- 会员查询功能模块设计与实现
- 会员删除功能模块设计与实现
- Struts2 的拦截器
- Action 接口和 ActionSupport 类
- Struts2 异常处理
- Struts2 标签库

在第 9 章中我们学习了如何使用 Struts 框架来构建一个 Web 应用。本章将继续进行 E-STORE 的开发，利用 Struts 框架来完成 E-STORE 后台用户管理模块的开发。

在第 2 章中已经向大家展示了 E-STORE 后台管理的功能模块组成，E-STORE 后台管理主要包括用户管理、商品信息管理、商城信息管理等。用户管理模块包括后台管理员和会员管理，后台管理员包括管理员登录、管理员查询、管理员添加和管理员删除等功能；会员管理包括会员信息查询，会员删除等功能。在用户管理模块部分，不同的用户对应于不同的权限，只有拥有相应权限的用户才可以应用某种功能。

（1）系统用户分为会员和管理员两类，管理员又可以分为超级管理员和普通管理员。不同类型的用户具有严格的权限划分。

（2）会员是电子商城的客户，注册会员可以修改自己的密码，完成前台一系列操作，如登录、购物等操作。

（3）普通管理员除了具有会员的权限外，还可以登录后台，完成商品管理，订单管理和商城信息管理等功能。

（4）超级管理员除了具有普通管理员权限外，还有管理普通管理员的权限。

在系统开发过程中，我们从超级管理员的角度完成系统功能创建，当普通管理员登录后台后系统将依据数据库中的权限标志位隐藏"后台管理员"功能。

本章将依次完成以下功能：

（1）管理员登录。

（2）管理员查询。
（3）管理员添加。
（4）管理员删除。
（5）管理员密码修改。
（6）会员查询。
（7）会员删除。

10.1　E-STORE 后台总体规划

图 10.1　E-STORE 工程文件示意图

在第 3 章～第 5 章中，E-STORE 工程使用 JSP+JavaBean 实现了前台商品展示、前台会员登录管理、购物车等模块；第 6 章中使用 JSP+JavaBean+Servlet 实现了订单管理模块。本章开始的基于 Struts 框架的后台管理模块开发仍然在原有的 E-STORE 工程基础上进行，最终生成一个完整的版本。为了合理组织 E-STORE 的各个功能组件，需要添加若干个包用来存放 Struts 相关组件。

后台开发完成后的工程示意图如图 10.1 所示。

后台开发相关文件的位置描述如下：

（1）JSP 存放在 WebRoot/pages/admin。
（2）实体类存放在 com.E-STORE.struts.entity。
（3）Action 类存放在 com.E-STORE.struts.action。
（4）数据操作类存放在 com.E-STORE.struts.dao。

10.2　管理员登录

10.2.1　功能说明

第 9 章中已经初步完成了管理员登录功能的设计与实现，只是为了简化流程，第 9 章的登录成功页面使用了静态页面替代。本章的第一个模块是在第 9 章的基础上，完善登录功能模块的开发。

如前所述，普通管理员和超级管理员登录后的页面有所不同，普通管理员登录成功后显示管理员登录状态，可以进行商品管理、会员管理、修改密码、订单管理、公告信息、友情链接、安全退出等操作。普通管理员登录成功后的页面如图 10.2 所示。

图 10.2　普通管理员登录成功后的页面

而超级管理员登录成功后不仅具有普通管理员的所有权限之外，还能对普通管理员进行管理，如图 10.3 所示。

图 10.3 超级管理员登录成功后的页面

10.2.2 流程分析与设计

（1）用户在 userLogin.jsp 页面中提供用户登录的信息，由用户输入登录用户名和密码，访问 form 表单里指定的 action，并将用户名和密码封装在 manager 对象中。

（2）根据 struts.xml 文件中的配置调用 clsss 类即 ManagerAction.java 类中 method 方法 login()。

（3）login()方法中，以用户名和密码为参数调用 ManagerDao 类的 selectOne()方法，查询数据库表。

（4）查询结果为空，对 result 进行赋值"用户不存在"，查询结构不为空对 result 不操作，将 result 参数传到 landResult.jsp 页面。

（5）验证 result 是否为空。若不为空，则登录失败，页面提示重新登录，系统页面返回到登录页面。

（6）result 为空字符串，则登录成功，页面跳转至前台商品展示页面，同时将用户信息保存在会话中，以供该管理员本次在网站访问时使用。

10.2.3 编程详解

在第 9 章中讲解了登录模块的开发流程，但是登录成功后是一个静态页面，而实际上登录成功后应该出现管理员的登录主页面。管理员主页面包括三个区域，左边是各个管理模块的入口菜单，可以通过点击菜单进入某个管理界面；主页面的上部是快捷菜单，包括商品查询、大类别查询和小类别查询；中间区域是显示主窗口，显示具体的内容。登录功能在第 9 章中已经实现大部分内容，在本节不再赘述，本节重点讲解登录主页面的开发过程。

1. landResult.jsp

在 ManagerAcion 中登录验证时如果产生错误，则错误信息被保存在 result 变量中，当验证成功后用户信息被保存在 manager 对象中，无论是验证成功还是失败都将页面转到 landResult.jsp。

landResult.jsp 将对登录结果进行判断，如果登录出错，将弹出提示框并返回登录页面；如果验证成功则跳转到后台主页面 main.jsp，其实现代码如下：

```
<%if(request.getAttribute("result")==null){%>
<%
  session.setAttribute("manager",request.getAttribute("manager"));
```

```
       %>
       <script type="text/javascript">window.location.href
               ='<%=path%>/pages/admin/main.jsp';</script>
       <%}else{%>
       <script type="text/javascript">
   alert('<%=request.getAttribute("result")%>');history.go(-1);</script>
       <%}%>
```

如上所示，当 result 属性为空时，表示没有出错信息，则将 manager 对象保存到 session 属性中，然后跳转到后台主页面。

如果 result 属性不为空时，表示登录过程失败，弹出提示框，将 result 的值在提示框中显示出来。

```
   alert('<%=request.getAttribute("result")%>');
   history.go(-1);
```

然后返回上一页，要求用户重新登录，其中 history.go(-1)表示返回上一页。

landResult.jsp 的完整代码如下：

```
<%@ page language="java" import="java.util.*" pageEncoding="utf-8"%>
<%@ page import="java.sql.*" errorPage="" %>
<%
String path = request.getContextPath();
String basePath = request.getScheme()+"
://"+request.getServerName()+":"+request.getServerPort()+path+"/";
%>
<html>
<head>
 <link href="../../css/css.css" rel="stylesheet" type="text/css">
<meta http-equiv="Content-Type" content="text/html; charset=gb2312">
<title>登录结果</title>
</head>
<body>
<%if(request.getAttribute("result")==null){%>
  <%
    session.setAttribute("manager",request.getAttribute("manager"));
  %>
   <script type="text/javascript">
window.location.href='<%=path%>/pages/admin/main.jsp';</script>
   <%}else{%>
   <script type="text/javascript">
alert('<%=request.getAttribute("result")%>');history.go(-1);</script>
   <%}%>
</body>
</html>
```

2. main.jsp

关于后台主页面的设计与前台的主页面开发流程相似，具体的设计可以参考前台主页面 main.jsp。

后台的 main.jsp 中将包含 3 个 JSP 文件，分别为 top.jsp、left.jsp、statusBarNavigation.jsp，分别用来显示顶部快捷菜单、左边主菜单和底部状态栏。

（1）main.jsp 页面

main.jsp 是后台登录主页面，它使用 JSP 的 include 动作包含了其他 3 个 JSP 文件 main.jsp

的代码如下:

```jsp
<%@ page language="java" import="java.util.*" pageEncoding="utf-8"%>
<html>
<head>
<title>电子商城的后台</title>
</head>
    <link href="../../css/css.css" rel="stylesheet" type="text/css">
<body>
<jsp:include page="top.jsp" flush="true"/>
<table width="100%" border="0" align="center" cellpadding="0"
        cellspacing="0">   <tr><td width="300" valign="top">
            <jsp:include page="left.jsp" flush="true" /></td>
        <td width="724" align="center" valign="top" bgcolor="#FFFFFF">
        <br>
        <table width="723" height="25" border="0"
       cellpadding="0" cellspacing="0" background="../../image/bg_02.jpg">
    <tr>
        <td><div align="center"><strong>后台管理</strong></div></td>
    </tr>
    </table>
    </td>
    </tr>
</table><jsp:include page="statusBarNavigation.jsp" flush="true" />
</body>
</html>
```

（2）top.jsp

top.jsp 用来获取登录用户信息。当管理员登录成功后会将登录信息存入到 session 中，因此可以利用 session 对象的 getAttribute("manager")方法获取 ManagerEntity 对象。如果 session 过期，则要求重新登录，其实现代码如下：

```jsp
<%
    if (session.getAttribute("manager") == null) {
        out.print("<script type='text/javascript'>
            alert('您已经与服务器断开连接，请重新登录！');
            window.location.href='userLogin.jsp';</script>");} else {
    ManagerEntity manager = (ManagerEntity)session
                        .getAttribute("manager");
%>
```

top.jsp 中提供了商品查询、大类别查询、小类别查询、返回首页的链接，其中商品查询、大类别查询和小类别查询分别对应一个 Action 的操作。<%=path %>/product/list 表示调用 ProductAction 的名为 list 对应的 Action 的操作。

```jsp
<%=new Date().toGMTString()%>
```

top.jsp 的完整代码如下：

```jsp
<%@page import="java.text.SimpleDateFormat"%>
<%@page import="java.util.Date"%>
<%@page import="cn.estore.struts.entity.ManagerEntity"%>
<%@ page language="java" import="java.util.*" pageEncoding="utf-8"%>
<%
    String path = request.getContextPath();
    String basePath = request.getScheme() + "://"
            + request.getServerName() + ":" + request.getServerPort()
            + path + "/";%>
<%  if (session.getAttribute("manager") == null) {
```

```
            out.print("<script type='text/javascript'>
                    alert('您已经与服务器断开连接,请重新登录!');
                    window.location.href='userLogin.jsp';</script>");
            } else {ManagerEntity manager = (ManagerEntity) session
                                    .getAttribute("manager"); %>
            <table width="100%" height="66" border="0" align="center"
    cellpadding="0" cellspacing="0" background="<%=path%>/image/bg_01.jpg">
      <tr>
        <td valign="top"><table width="770" border="0" align="center">
          <tr>
            <td width="413" height="53" valign="bottom">
              <div align="right"></div></td>
            <td width="347" valign="bottom" align="right"><font color="#FFFFFF">
              <a href="<%=path %>/product/list">商品查询</a> |
              <a href="<%=path %>/product/selectBig">大类别查询</a> |
              <a href="<%=path %>/product/selectSmall">小类别查询</a> |
              <a href="<%=path %>/pages/admin/main.jsp">返回首页</a></font></td>
          </tr>
        </table></td>
      </tr>
    </table>
    <table width="100%" border="0" align="center" cellpadding="0"
        cellspacing="0" bgcolor="#000000">
      <tr>
        <td width="15" height="25"> </td>
        <td width="579"><font color="#FFFFFF">
              当前登录:<%=manager.getName()%></font></td>
        <td width="194"><font color="#FFFFFF">
              今天是<%=new Date().toGMTString()%></font></td>
      </tr>
    </table>
    <%}%>
```

(3) left.jsp

left.jsp 页面完成后台的导航工作,登录管理员可以通过 left.jsp 提供的链接进入到不同的功能页面。分别包括商品管理、会员管理、后台管理员管理、修改密码和安全退出等功能。

其中的后台管理员模块的只对超级管理员开放权限,也就是说当普通管理员登录后将无法看到管理员模块的链接。

用来实现管理员身份判断语句为 if(manager.getSign()==1),只有当 manager 的 sign 字段为 "1" 表示当前管理员为超级管理员,否则为普通管理员。当普通管理员登录后,对应位置的该链接变成"修改密码"。

```
    <a href="<%=path %>/pages/admin/manager/managerUpdatePassword.jsp">修
改密码    </a>
```

"安全退出"链接调用的 JavaScript 方法 quit 代码如下:

```
function quit() {
  if(confirm("确定要退出后台吗?")){
    window.location.href="<%=path%>/pages/product/main.jsp";
  }}
```

(4) statusBarNavigation.jsp

statusBarNavigation.jsp 页面中显示版权信息。

10.3 管理员查询

10.3.1 功能说明

管理员查询属于后台管理员模块的子功能，前面已经介绍过，只有超级管理员才有管理管理员的权限，所以只有超级管理员能查询普通管理员。超级管理员登录后在 left.jsp 中有"后台管理员"链接，单击该链接将出现管理员查询结果页面，如图 10.4 所示。

图 10.4 管理员查询结果页面

10.3.2 流程分析与设计

1. 功能实现流程设计

（1）在 main.jsp 页面（包含 left.jsp）中单击超级链接"后台管理员"。

（2）修改配置文件 struts.xml，增加 selectManager 配置项。

（3）为 ManageAction 中增加处理方法 selectManager。

（4）为 ManagerDao 增加 selectManager 方法，该方法查询所有的管理员信息并将结果保存在 managerList 对象中。

（5）创建 managerSelect.jsp 页面。

管理员查询功能流程图如图 10.5 所示。

图 10.5 管理员查询功能流程图

10.3.3 编程详解

修改 ManagerDao.java

为 ManagerDao 增加方法 selectManager，该方法查询所有的管理员信息，返回管理员列表。具体实现代码如下：

```java
//查看所有管理员
public List<ManagerEntity> selectManager() {
    List<ManagerEntity> list = new ArrayList<ManagerEntity>();
    ManagerEntity manager = null;
    try {
        ps = connection.prepareStatement("select * from tb_manager where sign=? order by id DESC");
        ps.setInt(1, 0);
        ResultSet rs = ps.executeQuery();
        while (rs.next()) {
            manager = new ManagerEntity();
            manager.setId(rs.getInt(1));
            manager.setName(rs.getString(2));
            manager.setPassword(rs.getString(3));
            manager.setReal_name(rs.getString(4));
            manager.setSign(rs.getInt(5));
            list.add(manager);
        }
    }
    catch (SQLException ex) {
    }
    return list;
}
```

2. 修改 ManagerAction.java

为 ManagerAction 增加方法 selectManager，该方法调用 ManagerDao 完成数据查询，将分页数据保存起来等待传递给 JSP 文件。具体实现代码如下：

```java
//查询所有的管理员信息
public String selectManager() {
    managerList = null;
    managerList = dao.selectManager();
    int pageNumber = managerList.size();      // 计算出有多少条记录
    int maxPage = pageNumber;                  // 计算有多少页数
    String number = i;
    if (maxPage % 6 == 0) {
        maxPage = maxPage / 6;
    } else {
        maxPage = maxPage / 6 + 1;
    }
    if (number == null) {
        number = "0";
    }
    this.number=number;
    this.maxPage=String.valueOf(maxPage);
    this.pageNumber = String.valueOf(pageNumber);
    return SUCCESS;
}
```

selectManager()方法将查询的管理员信息保存在 managerList 列表对象中,并将此 managerList 对象作为 request 对象的一个属性。为了实现"分页"功能还需要保存另外 3 个属性,number 表示当前是第几页,初始化为第"0"页,maxPage 为计算总页数,pageNumber 为总记录数,规定每页显示"6"条记录。将 number,pageNumber,maxPage 保存在 request 的相应属性中。

3. 创建 managerSelect.jsp

在 managerSelect.jsp 中分页显示管理员信息,首先利用 request 对象获得传递的数据,其实现代码如下:

```
List list=(List)request.getAttribute("managerList");
//从 request 对象中获取管理员信息列表
int number=Integer.parseInt((String)request.getAttribute("number"));
//获取当前是第几页
int maxPage=Integer.parseInt((String)request.getAttribute("maxPage"));
//获取总页数
Int pageNumber=Integer.parseInt((String)request.getAttribute
("pageNumber"));//获取总记录数
```

有了 number,maxPage,pageNumber 就可以计算出当前页面需要显示哪些记录,实现代码如下:

```
int start=number*6;              //开始条数
int over=(number+1)*6;           //结束条数
int count=pageNumber-over;       //还剩多少条记录
if(count<=0){
  over=pageNumber;
  }
```

如果当前页为最后一页,需要调整最后一条记录。得到 start 和 over 以后只要从 list 中获取到相应记录即可,其实现代码如下:

```
<%
        for (int i = start; i < over; i++) {
            ManagerEntity form = (ManagerEntity) list.get(i);%>
            <tr bgcolor="#FFFFFF">
                <td height="30">
                    <div align="center"><%=form.getId()%></div>
                </td>
                <td>
                    <div align="center"><%=form.getName()%></div>
                </td>
                <td>
                    <div align="center"><%=form.getReal_name()%></div>
                </td>
            </tr>
<%}%>
```

分页信息显示如下:

```
<td width="13%">
   共为<%=maxPage%>页
</td>
<td width="16%">
   共有<%=pageNumber%>条记录
</td>
<td width="14%">
```

```
       当前为第<%=number + 1%>页
    </td>
```

分别显示总页数，总记录数和当前页码。

```
<td width="19%">
   <%if ((number + 1) == 1) { %>上一页
   <%} else {%>
   <a href="<%=path %>/manager/selectManager.action?i=<%=number - 1%>">
     上一页 </a>
  </td><%}%>
```

如果当前页是第一页则直接显示空链接"上一页"，否则显示"上一页"链接，该链接将number值减1后传递给管理员查询逻辑 selectManager.action。

```
<td width="18%"><%if (maxPage <= (number + 1)) {%>下一页
   <%} else {%>
   <a href="<%=path %>/manager/selectManager.action?i=<%=number + 1%>">
     下一页 </a>
  </td><%}%>
```

如果当前页是最后一页则直接显示空链接"下一页"，否则显示"下一页"链接，该链接将number值加1后传递给管理员查询逻辑 selectManager.action。

managerSelect.jsp 完整的代码如下：

```jsp
<%@ page language="java" import="java.util.*" pageEncoding="utf-8"%>
<%@page import="java.sql.*"%>
<%@page import="java.util.*"%>
<%@page import="cn.estore.struts.entity.ManagerEntity"%>
<%
  String path = request.getContextPath();
    String basePath = request.getScheme()+"://"+request.getServerName()+
                 ":"+request.getServerPort()+path+"/";%><%
  ManagerEntity manager=(ManagerEntity)session.getAttribute("manager");
  int sign=manager.getSign();
  List list=(List)request.getAttribute("managerList");
  int number=Integer.parseInt((String)request.getAttribute("number"));
  int maxPage=Integer.parseInt((String)request.getAttribute("maxPage"));
  Int pageNumber=
  Integer.parseInt((String)request.getAttribute("pageNumber"));
  int start=number*6;             //开始条数
  int over=(number+1)*6;          //结束条数
  int count=pageNumber-over;/    /还剩多少条记录
  if(count<=0){
     over=pageNumber;}%>
<script Language="JavaScript">
  function deleteManager(date) {
   if(confirm("确定要删除吗？")){
     window.location="managerAction.do?action=4&id="+date;}}
  </script>
<html>
  <head>
    <meta http-equiv="Content-Type" content="text/html; charset=gb2312">
       <title>电子商城的后台</title>
    </head>
    <link href="css/css.css" rel="stylesheet" type="text/css">
    <body>
       <jsp:include page="../top.jsp" flush="true" />
```

```html
<table width="100%" border="0" align="center" cellpadding="0"
    cellspacing="0">
    <tr>
    <td width="300" valign="top"><jsp:include page="../left.jsp"
        flush="true" /></td>
    <td width="724" align="center" valign="top" bgcolor="#FFFFFF">
    <br>
 <table width="723" height="25" border="0" cellpadding="0"
        cellspacing="0" background="<%=path %>/image/bg_02.jpg">
    <tr><td><div align="center">
    <strong>管理员信息的查询</strong></div></td></tr>
    </table><br>
    <table width="90%" border="0" cellspacing="0" cellpadding="0">
    <tr><td width="300"height="20" colspan="4">
    <div align="right"><a href="<%=path%>
        /pages/admin/manager/managerUpdatePassword. jsp">
    修改您的密码    </a>   </div></td> <tr>
    </table>
    <table width="90%" border="1" cellpadding="1" cellspacing="1"
            bordercolor="#FFFFFF" bgcolor="#CCCCCC">
    <tr>
    <td width="300"height="25">
    <div align="center">数据编号</div>
    </td><td width="20%">
    <div align="center">管理员用户名</div>
    </td><td width="20%">
    <div align="center">管理员姓名</div>
    </td><td width="44%">
    <div align="center">操作</div>
    </td></tr>
    <%for (int i = start; i < over; i++) {
        ManagerEntity form = (ManagerEntity) list.get(i);
    %>
      <tr bgcolor="#FFFFFF"><td height="30">
         <div align="center"><%=form.getId()%></div>
     </td><td><div align="center"><%=form.getName()%></div>
     </td><td><div align="center"><%=form.getReal_name()%>
        </div></td><td><div align="center">
     <a href="deleteManager.action?id=<%=form.getId()%>">删除
</a></div></td></tr>
    <%}%>
    </table><br>
    <table width="90%" border="0" align="center"  cellpadding="0"
    cellspacing="0">
    <tr align="center">
    <td width="13%">共为<%=maxPage%>页</td>
    <td width="16%">共有<%=pageNumber%>条记录</td>
    <td width="14%">当前为第<%=number + 1%>页</td>
    <td width="19%">
    <%if ((number + 1) == 1) {%>上一页<%} else {%>
        <a href="<%=path %>/manager/selectManager.action?
            i=<%=number - 1%>">上一页  </a></td><%}%>
    <td width="18%">
    <%if (maxPage <= (number + 1)) {%>下一页<%} else {%>
        <a href="<%=path %>/manager/selectManager.action?
            i=<%=number + 1%>">下一页  </a></td>
    <%}%>
```

```
            <%if (sign == 1) {%>
            <td width="20%"><div align="right">
              <a href="<%=path %>
                  /pages/admin/manager/managerInsert. jsp">
              添加管理员  </a>    </div> </td>
            <%} else {%>
            <%}%></tr>
            </table></table>
            <jsp:include page="../statusBarNavigation.jsp" flush="true"/>
     </body>
 </html>
```

4. 修改配置文件 struts.xml

在 manager 包空间中，增加 selectManager.action 的配置项，实现代码如下：

```
<action name="selectManager" class="cn.estore.struts.aciton.ManagerAction"
        method="selectManager">
    <result name="success">
        /pages/admin/manager/managerSelect.jsp
    </result>
</action>
```

在该 action 的属性中，class 指定了调用的 ManagerAction 类，method 指定要调用类中的 selectManager 方法，方法运行结束之后若返回"success"，则结果将转向到 managerSelect.jsp 页面，显示所有管理员信息。

10.3.4 Struts2 的拦截器

拦截器是 Struts2 的核心组件，Struts2 的大部分功能都是通过拦截器实现的。拦截器（Interceptor）体系（包含大量的内置拦截器）是 Struts2 的一个重要组成部分，大量的内置拦截器实现了 Struts2 的大部分功能。Struts2 的核心控制器 FilterDispatcher 在第 9 章中已经做了介绍。当 FilterDispatcher 拦截到用户发送的请求后，将会调用一系列的内置拦截器对用户请求进行处理，之后再调用自定义的 Action 类的方法来处理请求。例如，servlet-config 拦截器将 HTTP 请求中的 HttpServletRequest 实例和 HttpServletResponse 实例传给 Action；国际化拦截器对国际化资源进行操作；文件上传拦截器 fileUpload 将文件信息传给 Action；数据校验拦截器对数据校验信息进行拦截；params 拦截器将 HTTP 请求的参数解析出来，并将这些解析出来的参数设置为 Action 的属性。

Struts2 中的拦截器需要在 struts.xml 中进行配置，当不需要使用该拦截器时，在配置文件中删除该配置项即可。Struts2 的拦截器在原理上类似于可插拔式的组件，因此 Struts2 框架具有良好的可扩展性。拦截器实现了面向切面编程（Aspect-Oriented Programming, AOP）的设计思想，拦截器是 AOP 的一种实现。AOP 是目前软件开发的一个热点，也是 Spring 框架的重要内容，利用 AOP 可以对业务逻辑的各个部分进行隔离，从而使得业务逻辑各个部分的耦合度降低，提高程序的可复用性，提高开发效率。

1. 拦截器接口（Interceptor）

在项目开发中，Struts2 内置的拦截器可以完成项目的大部分功能的的开发，但是某些与项目相关的功能则需要自定义拦截器来实现，比如用户输入内容的控制等。自定义拦截器需要实现 Strut2 所提供的 Interceptor 接口，通过实现该接口可以实现拦截器类。Interceptor 接口的代码如下：

```
import com.opensymphony.xwork2.ActionInvocation;
import java.io.Serializable;
public interface Interceptor extends Serializable{
    void destroy();
    void init();
    String intercept(ActionInvocation invocation) throws Exception;
}
```

该接口提供了 3 个方法。

（1）destroy()方法：该方法与 init()方法对应，在拦截器执行完成之后释放 init()方法里面打开的资源。

（2）init()方法：由拦截器在执行之前调用，主要用于初始化系统资源，如打开数据库资源等。

（3）interceptor(ActionInvocation Invocation)方法：该方法是拦截器的核心方法，实现具体的拦截操作，返回一个字符串作为逻辑视图。

2. 抽象拦截器（AbstractInterceptor）

在 Java 语言中，有时候通过一个抽象类来实现某个接口，在抽象类中提供了接口方法的空实现，这样在编写实现类的时候，可以直接继承抽象类，不需要的方法就可以不实现。Struts2 中也提供了拦截器接口对应的抽象类 AbstractInterceptor，该类对 init()方法和 destroy()方法提供了空实现，这样在开发自定义拦截器时只需要实现 interceptor 抽象方法，该抽象类的代码如下：

```
import com.opensymphony.xwork2.ActionInvocation;
public abstract class AbstractInterceptor implements Interceptor{
    public void destroy(){}
    public void init(){}
    public abstract intercept(ActionInvocation invocation) throws Exception;
}
```

使用拦截器接口和抽象拦截器，用户可以自己定义需要的拦截器，实现可定制的需求。

10.4 管理员添加

10.4.1 功能说明

超级管理员可以为系统添加新的管理员用户，添加的管理员为普通管理员。添加管理员时需要注册"用户名"、"密码"、"姓名"等字段，添加管理员页面如图 10.6 所示。

添加成功后跳转至管理员查询页面，可以看到查询页面已经显示刚添加的管理员信息，如图 10.7 所示。

图 10.6　添加管理员页面

图 10.7　添加管理员成功页面

10.4.2　流程分析与设计

1. 功能实现流程设计

（1）创建 managerInsert.jsp，提供 Form 表单提交添加管理员所需数据。
（2）为 ManagerAction 添加 managerInsert 方法。
（3）为 ManagerDao 添加 insertManager 方法，insertManager 方法完成数据添加功能。
（4）修改配置文件 struts.xml

管理员添加功能流程图如图 10.8 所示。

图 10.8　管理员添加功能流程图

10.4.3　编程详解

1. 创建视图 managerInsert.jsp

在 managerInsert.jsp 中，表单提交前先对数据进行验证，表单验证由 JavaScript 方法 checkEmpty(form)完成，具体实现代码如下：

```
<script type="text/javascript">
    function checkEmpty(form) {
        for (i = 0; i < form.length; i++) {
            if (form.elements[i].value == "") {
                alert("表单信息不能为空");
                return false;
            }
        }
```

```
    }
</script>
```

表单验证用户提交的数据是否为空，若为空时弹出如图 10.9 所示的对话框。不为空时将数据提交至 ManagerAction。如果 ManageAction 中判断用户名已经存在，则将出错信息保存在 request 的属性 insertReslut 中，并返回 managerInsert.jsp 页面。managerInsert.jsp 的代码如下：

图 10.9 表单数据为空

```jsp
<%@page language="java" import="java.util" pageEncoding="utf-8"%>
<%
  String path = request.getContextPath();
  String basePath = request.getScheme() + "://"
        + request.getServerName() + ":" + request.getServerPort()
        + path + "/";%>
<% String insertResult = (String)request.getAttribute("insertResult");
  if(insertResult != null){%>
<script language="javascript">alert("要添加的用户已存在！");</script>
<%}%>
    <script type="text/javascript">
      function checkEmpty(form) {
        for (i = 0; i < form.length; i++) {
            if (form.elements[i].value == "") {
                alert("表单信息不能为空");
                return false;}}}
    </script>
<head>
<meta http-equiv="Content-Type" content="text/html; charset=gb2312">
<title>电子商城的后台</title>
</head>
<html>
<link href="css/css.css" rel="stylesheet" type="text/css">
<body>
  <jsp:include page="../top.jsp" flush="true" />
  <table width="100%" border="0" align="center" cellpadding="0"
        cellspacing="0"><tr>
      <td width="300" valign="top"><jsp:include page="../left.jsp"
        flush="true" /></td>
      <td width="724" align="center" valign="top" bgcolor="#FFFFFF"><br>
        <table width="723" height="25" border="0" cellpadding="0"
            cellspacing="0" background="image/bg_02.jpg">
          <tr> <td><div align="center">
            <strong>添加管理员信息</strong></div></td>
          </tr>
        </table> <br>
        <form action="<%=path%>/manager/insertManager"
            onsubmit="return checkEmpty(this)">
        <table width="58%" border="1" cellpadding="1" cellspacing="1"
            bordercolor="#FFFFFF" bgcolor="#CCCCCC">
          <tr>
            <td width="23%" height="30"><div align="center">
                用户名</div></td>
            <td width="77%" bgcolor="#FFFFFF">  <input
                name="manager.name" type="text" size="35"></td>
          </tr>
            <tr><td height="30"><div align="center">密 码</div></td>
            <td   bgcolor="#FFFFFF">    <input   name="manager.password"
```

```
            type="password" size="35"></td>
                </tr>
                <tr>
                    <td height="30"><div align="center">姓 名</div></td>
                    <td bgcolor="#FFFFFF"><input name="manager.real_name"
                        type="text" size="35">
                        <input name="sign" type="hidden" value="0"></td>
                </tr>
            </table><br> <input type="image" class="input1"
                src="<%=path %>/image/save.jpg" width="51" height="20">
                    <a href="#" onClick="javascript:managerForm.reset()">
                        <img src="<%=path %>/image/clear.gif"></a>  
 
                    <a href="#" onClick="javasrcipt:history.go(-1)">
                        <img src="<%=path %>/image/back.gif"></a>
        </form>
    </table>
    <jsp:include page="../statusBarNavigation.jsp" flush="true" />
</body>
</html>
```

2. 修改 ManagerAction.java

为 ManagerAction 添加方法 managerInsert。先获得包含用户提交数据的 ManagerEntity；以 ManagerEntity 中的用户名 name 和密码 password 为参数，调用 ManagerDAO 的 selectOne() 方法查看该用户是否已经存在（该方法在管理员登录时用到），如果该管理员用户已经存在，则将出错信息保存到 request 对象的属性 insertResult 中，返回 ERROR，然后根据 struts.xml 配置跳转至 managerInsert.jsp 页面。在 managerInsert.jsp 中将显示出错信息。

如果用户不存在则调用 insertManager() 方法完成插入操作，管理员添加成功后返回 success，跳转到 managerSelect.jsp 页面：managerInsert 方法的代码如下：

```java
public String insertManager(){
    ManagerEntity m = dao.selectOne(manager.getName()
            , manager.getPassword());
    if(m != null){
        insertResult="用户以存在！";
        return ERROR;}
    dao.insertManager(manager);
    return SUCCESS;
}
```

3. 修改 ManagerDao.java

为 ManagerDao 增加 insertManager() 方法，该方法以 ManagerEntity 为参数：

```java
//管理员添加
public void insertManager(ManagerEntity form) {
  try {
      ps = connection.prepareStatement
          ("insert into tb_manager values (?,?,?,?)");
      ps.setString(1, form.getName());
      ps.setString(2, form.getPassword());
      ps.setString(3, form.getReal_name());
      ps.setInt(4, 0);
      ps.executeUpdate();
      ps.close();
  }
  catch (SQLException ex) {
  }
}
```

4. 修改 struts.xml

在 manager 命名空间中，增加 insertManager 的配置项，实现代码如下：

```xml
<action name="insertManager" class="cn.estore.struts.aciton.ManagerAction"
    method="insertManager">
    <result name="success" type="redirectAction">selectManager</result>
    <result name="error" >/pages/admin/manager/managerInsert.jsp</result>
</action>
```

在 insertManager.action 的配置项中，class 指定了要调用的类是 ManagerAction 类，method 指定要调用的方法是 insertManager，方法运行结束之后若返回 success，流程将转向 selectManager.action；若返回 error，流程将转到 managerInsert.jsp 页面，重新填写要添加的管理员信息。其中的 type="redirectAction"，表示重定向。

10.4.4 Action 接口与 ActionSupport 类

在第 9 章的 Struts2 开发中我们已经对 Action 组件进行了介绍，Action 组件可以是一个普通的 Java 类，不需要依赖于框架本身，Action 组件的特性体现了架构的松散耦合性。但是在实际的开发中，需要对开发的 Action 组件进行规范，统一编程接口，在这种情况下可以使用 Struts2 提供的 Action 接口，该接口定义了 Struts2 中 Action 应该遵循的规范，该接口（Action.java）的代码如下：

```java
public interface Action{
    //常量声明
    public static final String SUCCESS = "success";
    public static final String NONE = "none";
    public static final String ERROR = "error";
    public static final String INPUT = "input";
    public static final String LOGIN = "login";
    //方法声明
    public String execute() throws Exception;
}
```

在 Action.java 接口中定义了 5 个字符串常量，这些常量是作为控制器的 execute()方法的返回值。此外还定义了 execute()方法，Action 的实现类必须实现该方法，方法完成控制逻辑，返回一个字符串。

除了 Action 接口外，Struts2 还定义了 Action 接口的默认抽象类 ActionSupport，该类提供了包括数据验证、获取国际化信息等默认方法。因此用户编写业务控制器类的时候继承了 ActionSupport 类，将会大大简化业务控制器类的开发。在 struts.xml 中配置 Action 时，如果没有指定该 Action 的 class 属性，系统将自动使用 ActionSupport 作为业务控制器。

10.5 管理员删除

10.5.1 功能说明

超级管理员具有删除普通管理员的权限。在管理员信息的查询页面（见图 10.7）中可以通过单击"删除"链接完成删除某个管理员操作，如图 10.10 所示。

图 10.10　管理员删除页面

单击"确定"按钮即删除该管理员。在删除结果页面中提示删除成功信息，在新的管理员查询列表中已经将"b"删除，如图 10.11 所示。

图 10.11　删除结果页面

10.5.2　流程分析与设计

功能实现流程设计

在 managerSelect.jsp 页面中增加"删除"链接，此链接中添加了是否确认删除的脚本，若确认删除，则传递 id 值，调用 deleteManager.action 完成删除操作。

```
<div align="center">
    <a onclick="mydel()" href="javascript:if(confirm('确定要删除吗?'))
        window.location.href='<%=path%>/manager/deleteManager?
        id='+<%=form.getId()%>">删除
    </a>
```

删除成功后将，将根据 struts.xml 里的配置跳转到 selectManager.action，然后执行此 action 中的方法 selectManager()，然后在根据 struts.xml 配置，跳转至 managerSelect.jsp 页面。管理员删除功能流程图如图 10.12 所示。

图 10.12　管理员删除功能流程图

10.5.3 编程详解

1. 修改 ManagerDao.java 类

在该类中添加方法 deleteManager，方法根据管理员 id，从数据库 tb_manager 表中删除管理员，实现的代码如下：

```java
//删除管理员
public void deleteManager(int id) {
    try {
        ps = connection.prepareStatement("delete from tb_manager where id=?");
        ps.setInt(1, id);
        ps.executeUpdate();
        ps.close();
    }
    catch (SQLException ex) {
    }
}
```

2. 修改 ManagerAction.java

为 ManagerAction 添加方法 deleteManager，该方法先获得参数"id"；以 id 为参数调用 ManagerDAO 的 deleteManager 方法。

```java
/**
 * 删除管理员
 */
public String deleteManager(){
    int managerId = Integer.parseInt(id);
    dao.deleteManager(managerId);
    return SUCCESS;
}
```

删除成功之后将返回 SUCCESS，然后根据 struts.xml 配置，执行名称为 selectManager 的 Action 组件，最后跳转至 managerSelect.jsp 页面。

3. 修改 struts.xml

在 manager 命名空间中增加 deleteManager.action 的配置项，代码如下：

```xml
<action    name="deleteManager"    class="cn.estore.struts.aciton.ManagerAction"
        method="deleteManager">
    <result name="success" type="redirectAction">selectManager</result>
</action>
```

在该 action 的配置项中，class 指定了调用的 ManagerAction 类，method 指定了要调用的方法为 deleteManager，方法执行成功后若返回"success"，流程将转向 selectManager.action，由该 action 查询所有的管理员，并将查询结果在 managerSelect.jsp 页面上显示出来。

10.5.4 Struts2 异常处理

在开发 Web 应用的过程中需要处理各种各样的异常。有些异常是由于业务逻辑引起的，这些异常通常无法利用声明去处理，只能通过编程去解决。但是还有一些异常却可以通过声明去处理，主要包括以下三种：一是系统或者资源加载异常，这些异常往往与业务逻辑无关，比如由于网络中断而导致的数据库连接失败；二是需要对用户的操作进行重定向，例如当用户在未登录状态下访问某些页面，系统要求用户先登录再执行其他操作；三是与资源相关的异常，例如唯一性约束冲突的异常或数据并发修改异常等。上述的三种异常都可以通过声明式进行处理，为配置文件添加配置项完成异常的捕获。

Struts2 的异常处理是通过在 struts.xml 进行配置来进行的，当 Struts2 框架捕获到异常时，则跳转到对应的 JSP 文件中来处理异常。下面用一个例子来说明异常的捕捉：

```xml
<package name="manager" extends="struts-default" namespace="/manager">
    <action name="login" class="cn.estore.struts.aciton.ManagerAction"
        method="login">
    <exception-mapping result="excep" exception="java.lang.Exception"/>
    <result name="success">/pages/background/admin/main.jsp</result>
    <result name="excep">/pages/background/admin/error.jsp</result>
    </action>
</package>
```

上述配置中，如果 ManagerAction 抛出了异常，系统捕获该异常后，会根据 exception-mapping 元素的 result 属性与 result 元素进行匹配，从而转到 result 元素所对应的 error.jsp 中。

Struts2 的异常处理是通过在 struts.xml 中配置<exception-mapping>元素来完成的，配置该元素时，需要指定 exception 和 result 两个属性。其中 exception 属性指定 Action 出现的异常所映射的异常类型，result 指定 Action 抛出异常时，系统转入该属性值对应的 action 或者 global-results 中配置的 result 元素。

10.6 管理员密码修改

10.6.1 功能说明

图 10.13 密码修改页面

已登录管理员可以修改自己的密码，修改密码之前必须正确输入旧密码。密码修改页面如图 10.13 所示。

密码修改成功后，返回到登录页面，在此页面中，跳出密码修改成功提示窗口，管理员使用新密码重新登录。

10.6.2 流程分析与设计

1. 功能实现流程设计

（1）创建 JSP 页面 managerUpdatePassword.jsp，修改密码时需要输入原密码、新密码、再次输入新密码以确认。

（2）为 ManagerAction.java 增加方法 updatePassword。

（3）为 ManagerDAO.java 增加方法 updateManagerPassword，该方法完成密码修改，密码修改成功后页面跳转至后台登录页面 userLogin.jsp，要求管理员重新登录，并在此页面显示"密码修改成功"提示窗口。

密码修改开发流程图如图 10.14 所示。

10.6.3 编程详解

1. 创建视图 managerUpdatePassword.jsp

管理员修改密码前必须先登录系统。登录后 session 对象保存了用户信息，可以通过 session 对象获得管理员对象。

```
ManagerEntity form = (ManagerEntity)
session.getAttribute("manager");
```

managerUpdatePassword.jsp 中利用 JavaScript 脚本完成数据验证，验证的内容包括输入框是否为空、旧密码是否正确、两次输入的新密码是否一致。

图 10.14　密码修改功能流程

> **提示**：这种验证大大减轻了控制器部分的逻辑复杂程度，当视图提交的数据经过验证后，控制器部分只须进行简单的数据库操作即可。

用来完成数据验证的 JavaSrcipt 脚本如下：

```javascript
<script type="text/javascript">
function checkEmpty(form) {
  for (i = 0; i < form.length; i++) {
      if (form.elements[i].value == "") {
      alert("表单信息不能为空");
          return false;
       }
   }
   if (document.form.selectPassword.value != document.form.old.value) {
      window.alert("您输入原来的密码不正确，请重新输入");
      return false;
   }
   if(document.getElementById("password").value !=
         document.form.passwordNext.value) {
      window.alert("您两次输入的密码不一致，请重新输入");
      return false;
   }
   return true;
}
</script>
```

其中，document.form.selectPassword.value!=document.form.old.value，左边是通过隐藏表单提交的原密码；右边是用户输入的原密码；document.getElementById("password").value != document.form.passwordNext.value 分别对应用户输入的两次新密码。

2. 修改 ManagerAction.java

为 ManagerAction 添加方法 updatePassword。updatePassword 方法实现逻辑很简单，只须调用 ManagerDAO.java 的 updateManagerPassword 方法就可以实现密码修改。

updatePassword 方法的代码如下：

```
/**
 * 更改管理员密码
 */
public String updatePassword(){
  manager.setName(name);
  dao.updateManagerPassword(manager);
  result="密码修改成功！";
  return SUCCESS;
}
```

3. 修改 ManagerDao.java 类

为 ManagerDao 添加方法 updateManagerPassword，该方法以 ManagerEntity 为参数，将实现管理员密码的修改功能，实现的代码如下：

```
//更改管理员密码
public void updateManagerPassword(ManagerEntity form) {
  try {
    ps = connection.prepareStatement("update tb_manager set password=?
                                      where name=?");
    ps.setString(1, form.getPassword());
    ps.setString(2, form.getName());
    ps.executeUpdate();
    ps.close();
  }
  catch (SQLException ex) {
  }
}
```

4. 修改 struts.xml

在 manager 命名空间中，增加 updateManagerPassword.action 的配置项，代码如下：

```
<action    name="updateManagerPassword"    class="cn.estore.struts.
aciton.
          ManagerAction" method="updatePassword">
  <result name="success">/pages/admin/userLogin.jsp</result>
</action>
```

在该 action 的配置项中，class 指定了调用的类为 ManagerAction，method 指定了要调用的方法为 updatePassword，方法运行结束之后返回 success，则流程转到 userLogin.jsp，用户用刚刚修改的密码重新登录后台。

10.6.4 Struts2 标签库

Struts2 标签库是 Struts2 框架的重要组成部分。标签库的应用简化了 JSP 的开发，使得页面风格更加清晰，大大提高了开发的效率。Struts2 的标签库的功能已经非常完备，既提供了表示层的数据处理，又提供了基本的流程控制等功能。

在早期的 Web 应用开发中，JSP 大量使用 Java 脚本来完成页面功能，因此页面中混杂了大量的 Java 脚本和 HTML 标签，使得页面的可读性和可维护性变得很差。JSP 标签（JSTL）的引入大大规范了开发的流程，可以应用简单的标签完成复杂的功能，页面的业务逻辑和格式处理可以清晰地划分开来，便于程序开发人员和网站美工人员的各自分工。

Struts2 标签库的功能非常复杂，标签库可以替代 JSTL 标签库。在 Struts2 框架开发中应用

Struts2 标签库可以提高开发效率。Struts2 的标签分成以下三类：用户界面标签，主要用来生成 HTML 元素的标签；非 UI 标签，主要包括用来数据访问和逻辑控制的标签；Ajax 标签，用来支持 Ajax 技术。Struts2 中将所有标签都定义在一个 URL 为 "/struts-tags" 的命名空间下。Struts2 提供了标签的处理类和标签的描述文件 struts-tags.tld，Struts2 的核心类库 struts2-core-2.0.jar 包含这些处理类和描述文件，下面是代码的 struts-tags.tld 文件的结构：

```xml
<?xml version="1.0" encoding="utf-8" ?>
<!DOCTYPE taglib PUBLIC "-//Sun Microsystems, Inc.//DTD JSP Tag Library 1.2//EN" "http://java.sun.com/dtd/web-jsptaglibrary_1_2.dtd">
<taglib>
    <tlib-version>2.2.3</tlib-version>
    <jsp-version>1.2</jsp-version>
    <!--标签库的默认短名-->
      <short-name>s</short-name>
      <!--标签库的默认 uri-->
    <uri>/struts-tags</uri>
    <display-name>"Struts Tags"</display-name>
    ......
</taglib>
```

为了能够在 JSP 中引用 Struts2 的标签库，必须使用 taglib 指令导入该标签库，<%@taglib prefix="s" uri="/struts-tags"%>，其中 taglib 指令的两个属性功能如下：prefix 属性指定标签的前缀，此处指定标签的前缀为 "s"，表示在使用标签时，需要加上前缀 "s"，例如 "<s:property>"。uri 属性指定标签库描述文件的路径。

下面用一个 JSP 的例子来说明标签的使用，代码如下：

```jsp
<%@page language="java" import="java.util" pageEncoding="utf-8"%>
<%@taglib prefix="s" uri="/struts-tags"%>
<html>
<head>
<meta http-equiv="Content-Type" content = "text/html; charset=UTF-8">
<title>用户注册</title>
</head>
<body>
用户名：
<s:property value = "name"/>  <br>
密码：
<s:property value = "password"/>  <br>
真实姓名：
<s:property value = "realName"/>  <br>
</body>
</html>
```

上述代码的 JSP 文件，先使用 tablib 指令导入 Struts2 标签库，再使用 property 标签输出 name、password 和 realName 三个属性的值。

由于篇幅的限制，本书中不对标签进行详细讲解，读者可以阅读相关书籍。

10.7　会员查询

10.7.1　功能说明

注册会员可以完成前台购物，但是为了方便管理，后台管理员必须对所有注册会员进行管理，比如查看当前系统所有的注册会员、删除会员信息等。管理员在查看会员信息之前必须先登录。登录后，管理员在后台主页面通过链接可以直接查看当前的会员信息，如图 10.15 所示。查看编号为 1005 的会员的详细信息，如图 10.16 所示。

图 10.15　查看当前会员信息页面

图 10.16　查看会员详细信息页面

10.7.2　流程分析与设计

在第 4 章开发前台会员登录模块时已经创建数据表 tb_customer，本节将使用该表。

（1）管理员用户登录后，在后台主页面 main.jsp 中单击超级链接"会员管理"。
（2）创建 MemberAction.java，增加 selectAll()方法。
（3）创建 MemberDAO.java，增加 selectAll()方法和 selectMemberById 方法。
（4）修改 struts.xml 配置文件。
（5）创建 selectMember.jsp 页面。
（6）创建 memberInfo.jsp 页面。

查看会员信息功能流程图如图 10.17 所示。

图 10.17　查看用户信息流程图

10.7.3 编程详解

关于后台主页面 main.jsp 的设计前面已进行了讲解，通过单击 main.jsp 中的"会员管理"超级链接进入会员信息查看页面。

```
<a href="<%=path%>/member/selectAll">会员管理</a>
```

下面详细介绍会员信息查看功能的实现。

1. 创建 MemberEntity.java

为会员信息表 tb_customer 创建 Entity 类 MemberEntity，创建过程参照 ManagerEntity。

2. 创建数据访问类 MemberDao.java

为了区别起见，将第 4 章中开发的 tb_customer 表访问对象 CustomerDAO.java 针对网站后台应用重新开发为 MemberDAO.java，作为后台对 tb_customer 表的访问。

（1）在该类中增加方法 selectAll()。selectAll() 方法查询数据表 tb_customer，查询得到的每条记录用来填充生成一个 MemberEntity 类型对象，最终记录集保存在 List 类型对象中。代码如下：

```java
     * 查询所有的会员
     */
    public List<MemberEntity> selectAll() {
        List<MemberEntity> list = new ArrayList<MemberEntity>();
            // list 必须要 new 一下，不然会报空指针
        try {
            ps = connection
                    .prepareStatement("select * from tb_customer order by id");
            ResultSet rs = ps.executeQuery();
            while (rs.next()) {
                MemberEntity member = new MemberEntity();
                member.setId(rs.getInt(1));
                member.setName(rs.getString(2));
                member.setPassword(rs.getString(3));
                member.setReal_name(rs.getString(4));
                member.setMobile(rs.getString(5));
                member.setEmail(rs.getString(6));
                member.setQuestion(rs.getString(7));
                member.setAnswer(rs.getString(8));
                list.add(member);
            }
        } catch (Exception e) {
        }
        return list;
    }
```

（2）在该类中增加方法 selectMemberById()。selectMemberById() 方法以会员的 ID 为条件查询数据库，得到某个具体的会员的数据，方法的返回值是一个 MemberEntity 类型对象。该方法在查看会员的"详细信息"时被调用，使用的代码如下：

```java
    /**
     * 根据 id 查询会员
     */
    public MemberEntity selectMemberById(int id) {
        MemberEntity member = new MemberEntity();
        try {
```

```java
            ps = connection
                    .prepareStatement("select * from tb_customer where id=?");
            ps.setInt(1, id);
            ResultSet rs = ps.executeQuery();
            while (rs.next()) {
                member.setId(rs.getInt(1));
                member.setName(rs.getString(2));
                member.setPassword(rs.getString(3));
                member.setReal_name(rs.getString(4));
                member.setMobile(rs.getString(5));
                member.setEmail(rs.getString(6));
                member.setQuestion(rs.getString(7));
                member.setAnswer(rs.getString(8));
            }
        } catch (Exception e) {
            e.printStackTrace();
        }
        return member;
    }
```

3. 修改 MemberAction.java

为 MemberAction 添加方法 selectAll，先调用 MemberDAO.的 selectAll 方法获得所有会员信息，再计算记录总数，记录总页数，获得当前页码，将记录总数、总页数、当前页码、会员信息列表对象保存到 request 对象中。selectAll 方法的代码如下：

```java
    //查看所有会员信息
    public String selectAll() {
        list = dao.selectAll();
        int pageNumber = list.size(); // 计算出有多少条记录
        int maxPage = pageNumber; // 计算有多少页数
        String number = i;
        if (maxPage % 6 == 0) {
            maxPage = maxPage / 6;
        } else {
            maxPage = maxPage / 6 + 1;
        }
        if (number == null) {
            number = "0";
        }
        this.number=number;
        this.maxPage=String.valueOf(maxPage);
        this.pageNumber = String.valueOf(pageNumber);
        return SUCCESS;
    }
```

（2）添加方法 selectMemberById()，该方法调用 MemberDAO 的 selectMemberById()方法以会员 ID 为条件查询数据库，获得当前选择的会员信息。selectMemberById()方法的代码如下：

```java
    //查看会员详细信息
    public String selectMemberById(){
        member = dao.selectMemberById(Integer.parseInt(id));
        return SUCCESS;
    }
```

3. 创建会员信息查询页面 selectMember.jsp 和会员详细信息页面 memberInfo.jsp

（1）创建 selectMember.jsp 页面。selectMember.jsp 需要分页显示所有的会员信息。为了实现分页需要得到以下几个数据:总记录数,总页数,当前页数,每页显示的记录数,包含结果集的对象列表。这些数据已经在 ManagerAction.java 的 selectAll 方法中保存在 request 对象中,在 selectMember.jsp 页面中可以直接获取。

```jsp
<%
    List list = (List) request.getAttribute("list");
    int number = Integer.parseInt((String) request.getAttribute("number"));
    int maxPage = Integer.parseInt((String) request.getAttribute("maxPage"));
    int pageNumber =
            Integer.parseInt((String) request.getAttribute("pageNumber"));
%>
```

通过比较当前记录数和最大记录数确定当前需要显示的记录范围。

```jsp
<%
    int start = number * 6;           //开始条数
    int over = (number + 1) * 6;      //结束条数
    int count = pageNumber - over;    //还剩多少条记录
    if (count <= 0) {
      over = pageNumber;
    }
%>
```

得到显示的记录范围后就可以通过循环将对象列表显示出来。

```jsp
<%
    for (int i = start; i < over; i++) {
        MemberEntity form = (MemberEntity) list.get(i);
%>
        <tr bgcolor="#FFFFFF">
        <td height="30"><div align="center"><%=form.getId()%></div></td>
        <td><div align="center"><%=form.getName()%></div></td>
        <td><div align="center"><%=form.getReal_name()%></div></td>
        <td><div align="center"><%=form.getMobile()%></div></td>
        <td><div align="center">
        <a href="<%=path %>/member/selectMemberById?
                id=<%=form.getId()%>"> 详 细 信 息 </a>    
        <a onclick="mydel()" href="javascript:if(confirm
                (' 确 定 要 删 除 吗 ?'))window.location.href='<%=path%>/member/
                deleteMember?id='+<%=form.getId()%>">删除</a>
        </div></td>
        </tr>
<%}%>
```

(2)创建 memberInfo.jsp 页面。

在 selectMember.jsp 页面中单击"详细信息"链接获取会员的详细情况说明。需要将此会员的 id 作为参数传递给 MemberAction,MemberAction 通过查询获得一个 ManagerEntity 对象,将此对象设置为 request 对象的属性从而传递给 memberInfo.jsp。

在 memberInfo.jsp 中先获得此属性:然后在页面中将会员的相关信息显示出来即可。memberInfo.jsp 的完整代码如下:

```jsp
<%@ page language="java" import="java.util.*" pageEncoding="utf-8"%>
<%@page import="java.sql.*"%>
```

```jsp
<%@page import="java.util.*"%>
<%@page import="cn.estore.struts.entity.MemberEntity"%>
<%
    MemberEntity form=(MemberEntity)request.getAttribute("member");
%>
<html>
<head>
    <meta http-equiv="Content-Type" content="text/html; charset=gb2312">
    <title>电子商城的后台</title>
</head>
<link href="css/css.css" rel="stylesheet" type="text/css">
<body>
    <jsp:include page="../top.jsp" flush="true"/>
    <table width="100%" border="0" align="center" cellpadding="0"
            cellspacing="0">
      <tr>
        <td width="300" valign="top">
            <jsp:include page="../left.jsp" flush="true" /></td>
        <td width="724" align="center" valign="top" bgcolor="#FFFFFF"> <br>
        <table width="723" height="25" border="0" cellpadding="0"
                cellspacing="0" background="image/bg_02.jpg">
        <tr>
            <td><div align="center"><strong>查看会员的详细情况</strong></div></td>
        </tr>
        </table>
        <br>
        <table width="71%" height="130" border="1" cellpadding="1"
                cellspacing="1" bordercolor="#FFFFFF" bgcolor="#CCCCCC">
        <tr>
            <td width="300"height="26"><div align="center">数 据 编 号</div></td>
            <td width="31%"bgcolor="#FFFFFF">
        <div align="center"><%=form.getId()%></div></td>
            <td width="20%"><div align="center">会员账号</div></td>
            <td width="31%" bgcolor="#FFFFFF">
            <div align="center"><%=form.getName()%></div></td>
        </tr>
        <tr>
            <td height="25"><div align="center">会员姓名</div></td>
            <td bgcolor="#FFFFFF">
            <div align="center"><%=form.getReal_name()%></div></td>
            <td><div align="center">联系方式</div></td>
            <td bgcolor="#FFFFFF">
            <div align="center"><%=form.getMobile()%></div></td>
        </tr>
        <tr>
            <td><div align="center">电子邮件</div></td>
            <td bgcolor="#FFFFFF">
            <div align="center"><%=form.getEmail()%></div></td>
            <td height="27"><div align="center">问    题</div></td>
            <td bgcolor="#FFFFFF">
            <div align="center"><%=form.getQuestion()%></div></td>
        </tr>
        <tr>
            <td><div align="center">答    案</div></td>
            <td bgcolor="#FFFFFF">
            <div align="center"><%=form.getAnswer()%></div></td>
```

```
            </tr>
          </table>
          <table width="71%" border="0" cellspacing="0" cellpadding="0">
            <tr>
              <td width="87%" height="29"> </td>
              <td width="13%"> <a href="javascript:history.back();">返回
</a></td>
            </tr>
          </table>
        <jsp:include page="../statusBarNavigation.jsp" flush="true" />
        </body>
        </html>
```

4. 修改 struts.xml

在 manager 命名空间中，增加 selectAll.action 和 selectMemberById.action 的配置项，代码如下：

```
        <action name="selectAll" class="cn.estore.struts.aciton.MemberAction"
            method="selectAll">
          <result name="success">/pages/admin/member/selectMember.jsp</result>
        </action>
     <action name="selectMemberById" class="cn.estore.struts.aciton.
            MemberAction" method="selectMemberById">
          <result name="success">/pages/admin/member/memberInfo.jsp</result>
        </action>
```

在 selectAll.action 的配置项中，class 指定了对应的类为 ManagerAction，method 指定了要调用类中的 selectAll 方法，方法运行结束之后返回 success，流程将转到 selectMember.jsp，该页面显示所有的会员信息。

在 selectMemberById.action 的属性中，class 指定了对应的类为 ManagerAction，method 指定了要调用类中的 selectMemberById 方法，方法运行结束之后返回 success，流程将转到 memberInfo.jsp，该页面显示选定会员的详细信息。

10.8 会员删除

10.8.1 功能说明

在会员信息查看页面中将分页显示所有的会员，每个会员信息后有"删除"链接，如图 10.18 所示，单击编号为 1004 的用户，可以从数据库中删除该用户。

单击"确定"按钮完成删除，返回查询页面。新的查询页面将显示删除后的所有用户信息。

图 10.18 删除用户

10.8.2 流程分析与设计

1. 功能实现流程设计

（1）在用户查询页面单击"删除"链接：

```
<a onclick="mydel()" href="javascript:if(confirm('确定要删除吗?'))
window.location.href='<%=path%>/member/deleteMember?id='+<%=form.get
Id()%>">删除</a>
```

（2）为 MemberAction 增加 deleteMember 方法。
（3）为 MemberDao 增加 deleteMember 方法。
（4）创建 resultMember.jsp。

删除用户功能流程图如图 10.19 所示。

图 10.19　删除用户流程图

10.8.3　编程详解

1. 修改 MemberDao.java 类

在该类中添加方法 deleteMember，该方法以 MemberEntity 为参数，实现了删除会员的功能，实现的代码如下：

```java
// 删除会员
public void deleteMember(MemberEntity member) {
    try {
        ps = connection
                .prepareStatement("delete from tb_customer where id=?");
        ps.setInt(1, member.getId());
        ps.executeQuery();
    } catch (Exception e) {
    }
}
```

2. 修改 MemberAction.java

为 ManagerAction 添加方法 deleteMember。deleteMember 方法的代码如下：

```java
//删除会员
public String deleteMember(){
    member.setId(Integer.parseInt(id));
    dao.deleteMember(member);
    return SUCCESS;
}
```

3. 创建 resultMember.jsp

当该用户有订单时需要先删除订单才可以删除用户。这是由数据库的依赖决定的。
resultMember.jsp 完整的代码如下：

```jsp
<%@ page contentType="text/html; charset=utf-8" language="java" import=
"java.sql.*" %>
```

```html
<html>
<head>
<meta http-equiv="Content-Type" content="text/html; charset=gb2312">
<title>无标题文档</title>
</head>
<body>
<script language=javascript>alert('删除用户信息失败,请先删除该用户订货信息');
window.location.href='<%=path%>/member/selectAll';</script>
</body>
</html>
```

4. 修改 struts.xml

增加 deleteMember.action 配置项,代码如下:

```xml
<action name="deleteMember" class="cn.estore.struts.aciton.MemberAction"
    method="deleteMember">
    <result name="success" type="redirectAction">selectAll</result>
    <result name="error" >resultMember.jsp</result>
</action>
```

在 deleteMember 配置项中,class 指定了调用的 MemberAction 类,method 指定了要调用类中的 deleteMember 方法,方法运行结束之后若返回 SUCCESS,则流程转到 selectAll.action,显示所有会员信息;若返回 ERROR,则流程转到 resultMember.jsp 页面,显示删除失败的信息。

练习题

一、选择题

1. 以下不属于 Struts2 的动作类的常量返回值的是(   )。
   A. success   B. input   C. never   D. login
2. 以下不属于 Struts2 动作执行的结果类型是?(   )
   A. action   B. redirect   C. redirectAction D. dispatcher
3. 在 struts.xml 中。假如在一个 package 中没有配置 namespace,那么在其中配置一个 Action 名字叫做 login,它的 result 是这样配置的<result>/login.jsp</result>,已知在此配置文件中还有另一个 name 为 user 的 package 其中也有一个 Action 名字为 login,它的 result 是这样配置的<result>/loginUser.jsp</result>,那么在以下什么情况下将能访问到 login.jsp。(   )。
   A. 在根路径后输入/login   B. 在根路径后输入/user/login
   C. 在根路径后输入/login/user   D. 在根路径后输入/abc/login

二、简答题

1. Struts2 中 Action 的实现通常采用哪些方法?
2. 请描述 Struts2 框架中的配置文件 struts.xml 的程序结构要求。
3. 请描述 Struts2 框架中的 Action 组件类的程序结构要求。

三、操作题

应用 Struts2 标签库改写 10.4 节中的管理员添加模块中的 JSP 页面,完成功能开发。

第 11 章
后台商品管理模块

本章要点：

- 商品查询功能模块设计与实现
- 商品添加功能模块设计与实现
- 商品按条件查询功能模块设计与实现
- 商品删除功能模块设计与实现
- 类别查询功能模块设计与实现
- 类别添加功能模块设计与实现
- 类别删除功能模块设计与实现
- SSH 框架技术

E-STORE 前台可以展示各类商品，为了对所有的商品信息进行管理，后台需要开发商品信息管理模块，负责商品信息维护。商品信息管理模块包括商品基本信息管理和商品类别管理。其中商品信息管理包括商品查询、商品添加、特价商品设置和商品删除；商品类别管理包括大类别查询、商品小类别查询、两种类别的添加和删除。

为了便于商品管理，将商品设置属于某种大类别和小类别。大类别包括家用电器、衣帽服饰、计算机、交通工具、餐具和古玩等；小类别包括显示器、衣服、洗衣机、电视机、杯子和自行车等。

本章涉及的后台商品管理模块仍然采用 Struts2 技术来实现，在最后的知识拓展部分将介绍 Struts、Hibernate 和 Spring（SSH）框架技术的基本概念，让读者对目前主流的 Web 开发技术有全面的认识。

11.1 商品查询

11.1.1 功能说明

商品信息管理主要是实现商品信息的"增加、修改、删除、查看"。通常情况下，将查询结果页面设置为主页面。例如商品管理中，查询结果页面显示所有商品的概要信息，在页面中，针对每个商品可以查看该商品的详细信息，删除该商品，另外可以增加新商品。商品查询结果页面如图 11.1 所示。

图 11.1 商品查询结果页面

商品查询结果页面中将分页展示商品信息，每个商品将显示"商品名称"、"大类别"、"小类别"、"是否特价"、"详细信息"和"删除"等信息，其中的每个项目都是一个链接。

- 单击"商品名称"链接显示该商品的图片
- 单击"大类别"链接显示该大类别所有的商品信息
- 单击"小类别"链接显示该小类别所有的商品信息
- 单击"是否特价"链接将显示该特价种类所有的商品信息
- 单击"详细信息"链接将显示该商品的详细信息
- 单击"删除"链接将删除该商品

另外，在查询页面中有 ✦添加商品 的链接，提供添加商品的入口。
在后台主页面中单击"商品管理"链接将显示商品查询结果页面。

11.1.2 流程分析与设计

在后台的 main.jsp 包含的 left.jsp 页面中单击"商品管理"超级链接。该链接将触发商品查询功能的调用。

```
<a href="<%=path %>/product/list.action" class="a3">商品管理</a>
```

商品查询功能的实现流程如下：

（1）创建控制器类 ProductAction，并在 ProductAction 中增加 productList()方法，用来查询所有商品信息。为了实现分页功能，该方法需要获得商品列表、当前页码、每页显示商品数量等信息。

（2）创建数据实体类 ProductEntity.java。ProductEntity 用来封装商品信息，便于商品信息在不同的组件之前传递。

（3）创建数据操作类 ProductDao.java，添加 selectProduct 方法，该方法用来查询所有商品信息，查询的结果将返回商品列表信息。

（4）创建 productList.jsp 页面。JSP 页面中获得 Action 传递来的商品列表、当前页码、总页码、记录总数等信息，并利用这些信息实现分页功能。

（5）修改配置文件 struts.xml。

商品查询功能流程图如图 11.2 所示。

图 11.2　商品查询功能流程图

11.1.3 编程详解

1. 创建控制器类 ProductAction.java

ProductAction 用来实现与商品相关的逻辑控制，按照第 10 章 ManagerAction 的创建过程来创建 ProductAction。为了实现商品查询，需要为类添加 productList()方法。ProductAction 中调用 ProductDao 完成数据查询操作，因此需要将 ProductDao 定义为其成员变量：

```java
private ProductDao dao = new ProductDao();
```

productList()方法代码如下：

```java
/*查询所有商品信息*/
public String productList() {
    List list = null;
    list = dao.selectProduct();        //调用 ProductDao 获得商品信息
    int pageNumber = list.size();      // 计算出有多少条记录
    int maxPage = pageNumber;          // 计算有多少页数
    String number = i;                 //当前页码
    if (maxPage % 6 == 0) {
        maxPage = maxPage / 6;
    } else {
        maxPage = maxPage / 6 + 1;
    }
    if (number == null) {
        number = "0";
    }
    this.number=number;                //将 number 值设置为 Action 的成员属性，
                                       //从而实现数据从 Action 到 JSP 的传递
    this.maxPage=String.valueOf(maxPage);//与 number 相同
    this.pageNumber = String.valueOf(pageNumber); //与 number 相同
    this.list=list; //与 number 相同
    return SUCCESS; //执行成功后将返回"SUCCESS",将跳转到对应的 JSP 页面
}
```

productList()方法中需要为实现分页功能做好数据准备工作，包括当前的页码 number、商品记录列表 list、最大页码 maxPage 和总记录数 pageNumber，其中当前页码 number 的初始值是"0"，表示第一页，在执行翻页时，将通过参数 i 传递当前页码。

```html
<a href="<%=path %>/product/list.action?i=<%=number-1%>">上一页</a>
```

参数 i 在传递给 ProductAction 后，自动调用 i 的 set()方法赋值，这样 number 就获得了当前页码的数值，从而实现翻页。

2. 创建商品实体类 ProductEntity.java

ProductEntity.java 是用来封装商品信息的实体类，编码时使用 MyEclipse 自动生成实体类属性的 get 和 set 方法，其包含的属性定义如下：

```java
private int id;                          //商品编号，自动增加
private int category_main_id;            //商品大类别编号
private int category_branch_id;          //商品小类别编号
private String productName;              //商品名称
private String product_area;             //商品产地
private String description;              //商品描述
private String createTime;               //商品创建时间
private float market_price;              //商品市场价格
private float currentPrice;              //商品
private int number;                      //商品数量
private String picture;                  //商品图片
```

```
    private int discount;                    //是否有折扣 1有折扣,0无折扣
```

3. 创建商品操作类 ProductDao.java

创建商品操作类 ProductDao.java，添加 selectProduct 方法，selectProduct 方法查询所有商品信息，查询结果按商品编号的降序输出。方法的返回值是商品对象列表。

```
        /* 按商品编号查询所有商品 */
        public List selectProduct() {
            List list = new ArrayList();             //新建商品对象列表
            ProductEntity product = null;            //新建商品实体类
            try {
                ps = connection
                    .prepareStatement("select * from tb_product order by id DESC");
                ResultSet rs = ps.executeQuery();//按ID值降序查询所有商品信息
                /*循环访问查询结果,将每个商品信息封装成商品实体对象,最后再封装为商品对象列表返回*/
                while (rs.next()) {
                    product = new ProductEntity();
                    product.setId(rs.getInt(1));
                    product.setCategory_main_id(rs.getInt(2));
                    product.setCategory_branch_id(rs.getInt(3));
                    product.setProductName(rs.getString(4));
                    product.setProduct_area(rs.getString(5));
                    product.setDescription(rs.getString(6));
                    product.setCreateTime(rs.getString(7));
                    product.setMarket_price(rs.getFloat(8));
                    product.setCurrentPrice(rs.getFloat(9));
                    product.setNumber(rs.getInt(10));
                    product.setPicture(rs.getString(11));
                    product.setDiscount(rs.getInt(12));
                    list.add(product);
                }
            } catch (SQLException ex) {
            }
            return list;
        }
```

4. 创建 productList.jsp 页面

productList.jsp 是商品管理的主页面，页面分页显示商品信息。

```
    List list=(List)request.getAttribute("list");
    //从request对象中获取商品信息列表
    int number=Integer.parseInt((String)request.getAttribute("number"));
    //从request对象中获取当前页码
    int maxPage=Integer.parseInt((String)request.getAttribute("maxPage"));
    //从request对象中获取总页数
    int pageNumber=Integer.parseInt((String)request.getAttribute("pageNumber"));
    //从request对象中获取商品信息的总记录数
```

在分页实现商品信息时，首先计算出当前页面显示的记录的起始位置和结束为止，使用 request 对象获得 Action 传递的 number，maxPage，pageNumber 的参数值，利用这些参数可以计算出当前页面需要显示的商品信息的始末位置。

```
    int start=number*6;//start表示当前页面中需要显示的商品的起始位置
```

number 在 ProductAction 中设置的默认值为 0，因此第一次访问该页面时 start 的值为 0，也就是说默认情况下访问第一页商品信息。

```
int over=(number+1)*6;//over 表示当前页面中需要显示商品的结束位置
```

over 是当前页面显示的最后一条记录的标记。

```
int count=pageNumber-over;//还剩多少条记录
  if(count<=0){
    over=pageNumber;
  }
```

如果当前页需要显示的最后一个商品信息记录（over）已经超过总记录数 pageNumber，表明最后一页不能满页显示，需要调整结束位置，此时结束位置为 pageNumber。

获得了 start 和 over 的值后，当前页面以这两个点为始末位置显示 list 中相应记录即可。

```
<%
  for(int i=start;i<over;i++){
ProductEntity form=(ProductEntity)list.get(i);%>
<tr bgcolor="#FFFFFF">
    <td height="30"><div align="center"><%=form.getId()%></div></td>
    <td><div align="center"><a href="<%=form.getPicture()%>"
      target="_blank"><%=form.getProductName()%></a></div></td>
    <td><div align="center"><a href="<%=path%>/product
      /listByBigId.action?big=<%=form.getCategory_main_id()%>">
        <%=big.selectName(form.getCategory_main_id())%></a></div></td>
    <td><div align="center"><a href="<%=path %>/product
      /listBySmallId.action?small=<%=form.getCategory_branch_id()
%>">
        <%=small.selectName(form.getCategory_branch_id())%></a>
        </div></td>
    <td><div align="center"><a href="<%=path %>/product
      /listByDiscount.action?discount=<%=form.getDiscount()%>">
        <%if(form.getDiscount() == 0){%> 否 <%}else{%> 是 <%}%></a>
</div></td>
    <td><div align="center"><a href="<%=path %>/product
      /oneDataById.action?id=<%=form.getId()%>">详细信息</a> 
 
      <a href="<%=path %>/product
      /deleteProductById.action?id=<%=form.getId()%>">删除</a>
      </div></td>
  <%}%>  </tr>
```

在商品查询结果页面中，显示的每一个结果都是一个超级链接，可以通过链接获得更加详细的信息。

```
<%=big.selectName(form.getCategory_main_id())%>
<%=small.selectName(form.getCategory_branch_id())%>
```

对象 big 和 small 分别为大类别和小类别的数据操作类，定义如下：

```
<jsp:useBean id="big" scope="page"
    class="cn.estore.struts.dao.CategoryMainDao"/>
<jsp:useBean id="small" scope="page"
    class="cn.estore.struts.dao.CategoryBranchDao"/>
```

商品信息展示内容包括商品编号、商品名称、大类别、小类别、是否特价、详细信息和删除。

◆ 商品名称链接：

```
<a href="<%=form.getPicture()%>"
   target="_blank"><%=form.getProductName()%></a>
```

单击该链接可以显示选中商品的图片。

◆ 大类别链接：

```
<a href="<%=path %>/product/listByBigId.action?big=<%=
form.getCategory_main_id()%>"><%=big.selectName(form.getCategory_mai
n_id()
)%></a>
```

<%=big.selectName(form.getCategory_main_id())%>显示类别的名称，href="<%=path %>/product/listByBigId.action?big=<%=form.getCategory_main_id()%>"是链接指向的位置，单击该链接将转向名为 listByBigIId 的 Action，其中传递的参数为当前类别的编号，结果是显示该大类别所属的所有商品信息。

◆ 小类别链接：

```
<a href="<%=path %>/product/listBySmallId.action?small=
<%=form.getCategory_branch_id()%>"><%=small.selectName
(form.getCategory_branch_id())%></a>
```

其中<%=small.selectName(form.getCategory_branch_id())%>显示小类别的名称，<a href="<%=path %>/product/listBySmallId.action?small=<%=form.getCategory_branch_id()%>">是链接指向的位置，单击该链接将转向名为 listBySmallId 的 Action，其中传递的参数为当前小类别的编号，结果是显示小类别所属的所有商品信息。

◆ 是否特价链接与上面两个链接类似。
◆ 详细信息链接：

<a href="<%=path %>/product/oneDataById.action?id=<%=form. getId()%>">详细信息</a>详细信息链接指向的 Action 的名称为 oneDataById，传递的参数为该商品的 ID，结果是显示该商品的详细信息。

◆ 删除链接：

```
<a href="<%=path %>/product/deleteProductById.action?id=<%=form.getId()%>">
   删除</a>
```

删除链接指向的 Action 的名称为 deleteProductById，传递的参数为该商品的 ID，结果是删除当前商品。

分页显示的具体实现方法在第 3 章中已经详细阐述，这里不再赘述，读者可以参考前面的相关内容。

5. 修改配置文件 struts.xml

```
<package name="product" extends="struts-default" namespace="/product">
    <action name="list" class="cn.estore.struts.aciton.ProductAction"
        method="productList">
      <result name="success">/pages/admin/product/productList.jsp</result>
    </action>
</package>
```

在配置文件 struts.xml 中创建包 "product"，该包将定义商品相关的 Action 组件。为了显示所有商品信息，定义了名为 "list" 的 Action 组件，组件对应的实现类的完整路径为：

cn.E-STORE.struts.aciton.ProductAction，对应的方法名为 productList，当返回"success"时，对应的跳转页面为/pages/admin/product/productList.jsp。

11.2 商品添加

11.2.1 功能说明

商品查询页面中具有增加商品的入口 添加商品，可以通过这个链接进入添加商品界面，完成添加商品的功能。需要为添加的商品增加所属大类别、所属小类别、商品名称、生产厂商、商品定价、初始化特价、商品图片、简介等信息，如图 11.3 所示。

图 11.3 商品添加页面

11.2.2 流程分析与设计

功能实现流程设计
在 ProductList.jsp 有"添加商品"超级链接，单击该链接将打开添加商品页面。

```
    <a href="<%=path %>/pages/admin/product/productInsert.jsp">添加商品
</a>
```

（1）创建 productInsert.jsp 页面，该页面是利用 form 表单来提交需要添加的商品。商品的信息包括所属大类别、所属小类别、商品名称、生产厂家、商品定价、商品图片和简介等。

（2）为 ProductAction.java 增加 insertProduct()方法，该方法调用 Dao 类把表单提交的商品信息写入数据库。

（3）创建实体类 CategoryMainEntity，用来封装大类别的属性。

（4）创建实体类 CategoryBranchEntity，用来封装小类别的属性。

（5）为商品数据操作类 ProductDao.java 增加 insertProduct()方法，该方法完成添加商品信息的数据库操作。

（6）创建数据操作类 CategoryMainDao.java，增加 selectBig()方法，该方法用来查询所有的大类别信息。

（7）创建数据操作类 CategoryBranchDao.java，增加 selectOneBig()方法，该方法用来查询给定的大类别中包含的小类别信息。

（8）创建 productResult.jsp 页面，显示提示信息，并跳转到 productList.jsp 页面。

（9）修改配置文件 struts.xml。

商品添加功能流程图如图 11.4 所示。

图 11.4 商品添加功能流程图

11.2.3 编程详解

1. 创建 productInsert.jsp 页面

Form 表单中商品信息添加的元素具体内容有：所属大类别、所属小类别、商品名称、生产厂商、商品定价、初始化特价、商品图片、简介。页面具有提交、重置、返回的功能，提交表单的时候利用函数 checkEmpty() 检查表单输入内容是否合法。表单的重置用一个单击事件来完成，触发的脚本是 form.reset()，返回同重置类似。表单指向的 Action 的名称为 inserProduct，通过查找 struts.xml 文件，将表单提交给对应的 ProductAction。

```
<form action="<%=path%>/product/inserProduct.action" method="post"
                    enctype="multipart/form-data" name="form"
                    onSubmit="return checkEmpty(form)">
    <br> <input type="image" class="input1"
            src="../../../image/save.jpg" width="51" height="20">
           <a href="#" onClick="javascript:form.reset()">
        <img src="../../../image/clear.gif"></a>   
        <a href="#" onClick="javasrcipt:history.go(-1)">
        <img src="../../../image/back.gif"></a>
</form>
```

checkEmpty() 函数检测表单信息是否为空，利用 for 循环查看 form 表单元素，为空就会跳出警示框"表单信息不能为空"。isNaN()函数检测价格是否为数字，同 checkEmpty()的方法类似。

```
function checkEmpty(form){
for(i=0;i<form.length;i++){
if(form.elements[i].value==""){
alert("表单信息不能为空");
return false;
}
}
if(isNaN(document.form.originalPrice.value)){
window.alert("价格只能为数字");
return false;
}
}
```

为了显示大类别和小类别信息，需要引入 CategoryMainEntity 和 CategoryBranchEntity，并且引入数据库操作类 CategoryMainDao 和 CategoryBranchDao；对象 big 和 small 分别为大类别

和小类别的数据库操作类，定义如下：

```jsp
<%@page import="cn.estore.struts.entity.*"%>
<%@page import="java.util.*"%>
<jsp:useBean id="big" scope="page"
    class="cn.estore.struts.dao.CategoryMainDao" />
<jsp:useBean id="small" scope="page"
    class="cn.estore.struts.dao.CategoryBranchDao" />
```

调用CategoryMainDao的selectBig方法获得所有的大类列表。根据request对象的大类id调用CategoryBranchDao的selectOneBig方法获得该大类的所有小类列表：

```jsp
<%
List bigList = big.selectBig();       //获得大类的列表
String id = (String) request.getAttribute("bigId");
if (id == null || id.equals("")) { //当id值为空时，设置id值为-1
    id = "-1"; //当id值为空时，没有选择任何一个商品大类别名称，因此不会出现名称
}
int bigId = Integer.valueOf(id);
List smallList = small.selectOneBigId(bigId);// 获得该大类的所有小类列表
%>
```

定义实体类CategoryMainEntity的对象bigForm，把获取的大类列表封装在bigForm对象中。下拉列表值 value="<%=bigForm.getId()%>是选中的大类别的编号，显示的值big.selectName(bigForm.getId())是对应的大类别名称。

```jsp
<td width="300" height="26">  所属大类别</td>
    <td width="31%" bgcolor="#FFFFFF">  
        <select  id="big" name="product.category_main_id"
                                onChange="ChangeItem()">
        <option  value="">请选择</option>
        <%
        for (int i = 0; i < bigList.size(); i++) {
        CategoryMainEntity bigForm = (CategoryMainEntity) bigList.get(i);
        %>
        <option value="<%=bigForm.getId()%>">
        <%if (bigId == bigForm.getId()) { out.println("selected");
          }%>>   <%=big.selectName(bigForm.getId())%>
        </option>
        <%}%>
        </select>
    </td>
```

JavaScript脚本方法ChangeItem用来实现页面刷新。当大类别改变后ChangeItem()方法将会自动调用刷新对应的小类别信息。

```javascript
function ChangeItem(){
    var selectObj = document.getElementById("small");
    var big=document.getElementById("big").value;
    alert(big);
    $.post("<%=path%>/product/listSmallByBigId.action", {
          'bigId' : big
        }, function(data) {
```

```
            if ("error" == data) {
                selectObj.options.length = 0;
                selectObj.options[0] = new Option("无", "");
            } else {
                var dataSplit = data.split(",");
                selectObj.options[0] = new Option("请选择", "");
                for ( var i = 0; i < dataSplit.length; i++) {
                    var divisionStr = dataSplit[i].split("&");
                    selectObj.options[i + 1] = new Option(divisionStr[1],
                            divisionStr[0]);
                }
            }
        });
    }
```

定义实体类 CategoryBranchEntity 的对象 smallForm，把获取的小类列表封装在 smallForm 对象中。下拉列表选中的值是 value="<%=smallForm.getId()%>，显示的值是<%small.selectName (smallForm.getId())%>用来显示当前小类别的名称。

```
            <td width="31%" bgcolor="#FFFFFF">  <select id="small"
        name="product.category_branch_id"><option value="">请选择</option>
        <%
          for (int i = 0; i < smallList.size(); i++) {
          CategoryBranchEntity smallForm = (CategoryBranchEntity) smallList
                                                          .get(i);
        %>
        <option value="<%=smallForm.getId()%>">
            <%=smallForm.getSmallName()%></option>
    <%}%>
    </select>
```

商品图片是 file 类型的，在保存图片是首先在数据库中添加的是图片的路径，同时在 ProductAction 的 insertProduct 方法中将图片提交到服务器端。管理员添加商品成功之后，单击"商品图片"的链接会显示当前商品的图片。

```
<td height="28">  商品图片</td>
        <td colspan="3" bgcolor="#FFFFFF">   <input
                name="file" type="file" id="formFile"></td>
</tr>
```

2. 创建 ProductAction 中的 insertProduct()方法

首先在 ProductAction 中定义一个 ProductEntity 类型的私有变量 product，并且实例化。

```
    private ProductEntity product = new ProductEntity();
```

ServletActionContext.getServletContext().getRealPath("/productImages") 是用来保存 productImages 文件的路径，path 变量是把图片写入到 productImage 文件夹下面，利用 set 和 get 方法把表单提交的信息封装到 pruduct 对象中，再调用 productDao 的 insertProduct()方法执行向数据库添加商品的功能。返回的结果"success"将会到 struct.xml 配置文件中寻找跳转的页面。

```
    public String insertProduct() throws Exception {
        String  root = ServletActionContext.
            getServletContext().getRealPath("/productImages");
```

```java
                //循环上传的文件
                InputStream is = new FileInputStream(file);
                //得到图片保存的位置(根据root来得到图片保存的路径在tomcat下的该工程里)
                File destFile = new File(root);
                if (!destFile.exists() || destFile == null) {
                    // 判断指定路径是否存在,不存在则创建路径
                    destFile.mkdirs();
                }
                String path = destFile.getPath() + "/" + file.getName();
                //把图片写入到上面设置的路径里
                OutputStream os = new FileOutputStream(path);
                byte[] buffer = new byte[400];
                int length = 0;
                while((length = is.read(buffer))>0){
                    os.write(buffer, 0, length);
                }
                is.close();
                os.close();
               product.setCategory_main_id(product.getCategory_main_id());
               product.setCategory_branch_id
                              (product.getCategory_branch_id());
               product.setProductName(product.getProductName());
               product.setMarket_price(product.getMarket_price());
               product.setCurrentPrice(product.getCurrentPrice());
               product.setDescription(product.getDescription());
               product.setPicture("productImages/"+file.getName());
              dao.insertProduct(product);
              result = "添加商品信息成功";
              return "success";
            }
```

3. 创建实体类 CategoryMainEntity.java

CategoryMainEntity.java 是用来封装商品大类别的实体类,编码时使用 MyEclipse 自动生成属性的 get 和 set 方法,其包含的属性如下:

```java
    private int id=-1;/*自增编号*/
    private String name="";/*大类编号名称 bigName->name*/
    private String createTime="";  //大类编号创建时间 createTime->create_time*/
```

4. 创建实体类 CategoryBranchEntity.java

CategoryBranchEntity.java 是用来封装商品小类的实体类,编码时使用 MyEclipse 自动生成属性的 get 和 set 方法,其包含的属性如下:

```java
    private int id=-1;/*自增编号*/
    private int categoryMainId=-1;/*大类编号 bigId->category_main_id */
    private String name="";/*小类名称 samllName->name*/
    private String createTime="";/*小类创建时间 createTime->create_time*/
```

5. 创建数据库访问类 ProductDao.java

添加 insertProduct()方法,insertProduct()方法是向数据库中插入商品信息。

```java
public void insertProduct(ProductEntity form) {
    try {ps = connection.prepareStatement
    ("insert into tb_product values (?,?,?,?,?,getDate(),?,?,?,?,?)");
                ps.setInt(1, form.getCategory_main_id());
                ps.setInt(2, form.getCategory_branch_id());
                ps.setString(3, form.getProductName());
                ps.setString(4, form.getProduct_area());
                ps.setString(5, form.getDescription());
                ps.setFloat(6, form.getMarket_price());
                ps.setFloat(7, form.getCurrentPrice());
                ps.setInt(8, 0);
                ps.setString(9, form.getPicture());
                ps.setInt(10, 0);
                ps.executeUpdate();
                ps.close();
    } catch (SQLException ex) {
    }}
```

6. 创建 CategoryMainDao.java

完成有关商品大类别的数据库操作，在商品添加中需要查找所有的大类别，生成大类别列表，从而让管理员为添加的商品设置所属大类别。CategoryMainDao.java 的 selectBig 方法通过查询数据库返回所有大类别的信息。

```java
public class CategoryMainDao {
   private Connection connection = null;    // 定义连接的对象
   private PreparedStatement ps = null;     // 定义预准备的对象
   private DBConnection jdbc = null;        // 定义数据库连接对象
   public CategoryMainDao() {
       jdbc = new DBConnection();
       connection = jdbc.connection;         // 利用构造方法取得数据库连接
   }
// 全部查询的操作
   public List selectBig() {
       String sql="select * from tb_category_main order by id DESC";
       return Rs2List(sql);
   }
```

7. 创建操作类 CategoryBranchDao.java

CategoryBranchDao.java 中完成商品小类别的操作。selectOneBigId 以大类别 ID 为条件查询所属该大类别的小类别列表，查询的结果封装到 small 对象中，再封装成 list 列表返回。

```java
public class CategoryBranchDao {
   private Connection connection = null;
   private PreparedStatement ps = null;
   private DBConnection jdbc = null;
   public CategoryBranchDao() {
       jdbc = new DBConnection();
       connection = jdbc.connection;
   }
   public List selectOneBigId(Integer bigId) {
        List list = new ArrayList();
        CategoryBranchEntity small = null;
```

```
            try {
                this.ps = connection.prepareStatement
                 ("select * from tb_category_branch where category_main_id=?");
                    ps.setString(1, bigId.toString());
                    ResultSet rs = ps.executeQuery();
                    while (rs.next()) {
                            small = new CategoryBranchEntity();
                            small.setId(Integer.valueOf(rs.getString(1)));
                            small.setBigId(Integer.valueOf(rs.getString(2)));
                            small.setSmallName(rs.getString(3));
                            small.setCreateTime(rs.getString(4));
                            list.add(small);
                    }
            } catch (SQLException ex) {
            }
         return list;
        }
```

8. 修改配置文件 struts.xml

```
        <action    name="inserProduct"    class="cn.estore.struts.aciton.ProductAction"
                method="inserProduct">
        <result    name="success">/pages/admin/product/productResult.jsp</result>
        </action>
```

为了实现添加商品功能，定义了名为"insertProduct"的 Action 组件，对应的实现类的完整路径为：cn.E-STORE.struts.aciton.ProductAction，对应的方法名为 insertProduct，当返回"success"时，对应的 JSP 文件为/pages/admin/product/ productResult.jsp。

9. 创建 productRresult.jsp 页面

该页面用 request.getAttribute()方法来获取 productAction 的 insertProduct()方法中的"result"提示信息，并且以警示框的形式显示。window.location.href 中的链接表示页面将跳转到名为 list 的 Action，该 Action 用来显示所有商品信息。

```
    <script language='javascript'>
            alert('<%=request.getAttribute("result")%>');
            window.location.href='<%=path %>/product/list.action';
    </script>
```

11.3 商品按条件查询

11.3.1 功能说明

商品按条件查询指可以按照大类别、小类别、是否特价等条件查询商品信息。具体实现都是按条件查询数据库获得满足要求的商品信息。

在图 11.1 中单击是否特价中的"是"链接查看所有特价商品的信息，结果如图 11.5 所示。单击"否"链接查看所有非特价商品的信息。

图 11.5 按是否为特价商品查看商品信息

单击"大类别"链接(例如 家用电器)查询该大类别商品信息,如图 11.6 所示。

图 11.6 按大类别查看商品信息

单击"小类别"链接(例如 洗衣机)查询该小类别商品信息,如图 11.7 所示。

图 11.7 按小类别查看商品信息

下面以特价商品查询为例阐述其开发过程,其他几种条件查询开发流程可以参考特价商品查询来进行。

11.3.2 流程分析与设计

功能实现流程设计

(1) 在商品查询页面 proudctList.jsp 中单击"特价信息"中的链接"是"或者"否";

(2) 为 ProductAction 添加相应的处理方法 listByDiscount(),用来查询所有特价商品信息。为了实现分页功能,该方法需要获得特价商品列表信息、当前页码、每页显示商品数量等数据。

(3) 为 ProductDao 添加方法 selectDiscount(),查询特价商品的信息。

(4) 创建 productListDiscount.jsp 页面显示特价商品信息。

(5) 修改 struct.xml 配置文件。

按条件查询功能流程图,如图 11.8 所示。

图 11.8 按条件查询功能流程图

11.3.3 编程详解

1. 在 jsp 页面中添加链接功能

在商品查询页面单击特价信息链接"是"或者"否",自动到 struct.xml 配置文件中搜索名为 listByDiscount 的 Action 组件。

```
<a href="<%=path %>/product/listByDiscount.action?discount=
    <%=form.getDiscount()%>">
    <%if(form.getDiscount() == 0){
    %>否<%}else{ %>是<% }%>
</a>
```

2. 修改 ProductAction.java 类

为 ProductAction 类添加 listByDiscount()方法。ProductAction 中调用 ProductDao 查询特价商品信息,查询结果保存在 list 中,为了实现分页功能,Action 需要将相关属性赋值给 Action 完成数据传递。

```
public String listByDiscount() {
    List list = null;
    list = dao.selectDiscount(Integer.valueOf(discount));
    int pageNumber = list.size();   // 计算出有多少条记录
    int maxPage = pageNumber;  // 计算有多少页数
    String number = i;
    if (maxPage % 6 == 0) {
        maxPage = maxPage / 6;
    } else {
        maxPage = maxPage / 6 + 1;
    }
    if (number == null) {
        number = "0";
    }
    this.number=number;
    this.maxPage=String.valueOf(maxPage);
    this.pageNumber = String.valueOf(pageNumber);
    this.list=list;
    return SUCCESS;
}
```

3. 修改 ProductDao.java 类

为 ProductDao.java 添加 selectDiscount()方法,该方法查找特价或者非特价的商品信息。参数 discount 表示查找的商品为特价或者非特价商品,查询的商品信息集保存在 ResultSet 变量 rs 中,再将 rs 中的信息依次封装在 product 对象中,最后再将所有的 product 对象封装成 list 列表返回给 ProductAction。

```
public List selectDiscount(int discount) {
    List list = new ArrayList();
    ProductEntity product = null;
    try {
        ps = connection.prepareStatement
         ("select * from tb_product where discount=? order by id DESC");
        ps.setInt(1, discount);//给第一个问号赋值
        ResultSet rs = ps.executeQuery();
        while (rs.next()) {
```

```
                    product = new ProductEntity();
                    product.setId(rs.getInt(1));
                    product.setCategory_main_id(rs.getInt(2));
                    product.setCategory_branch_id(rs.getInt(3));
                    product.setProductName(rs.getString(4));
                    product.setProduct_area(rs.getString(5));
                    product.setDescription(rs.getString(6));
                    product.setCreateTime(rs.getString(7));
                    product.setMarket_price(rs.getFloat(8));
                    product.setCurrentPrice(rs.getFloat(9));
                    product.setNumber(rs.getInt(10));
                    product.setPicture(rs.getString(11));
                    product.setDiscount(rs.getInt(12));
                    list.add(product);
            }
        } catch (SQLException ex) {
        }
        return list;
    }
```

4. 创建 productListDiscount.jsp 页面

productListDiscount.jsp 页面用来显示特价商品的信息。显示分页所需要的信息：request.getAttribute("list")是从 request 对象中获取商品信息列表，request.getAttribute ("number")是当前页码，request.getAttribute("maxPage")是总页数，request.getAttribute ("pageNumber")是商品信息的总记录数，start 是显示商品的起始位置，over 是显示商品的结束位置，count 表示还剩多少条记录。

```
<%
    List list = (List) request.getAttribute("list");
    int number = Integer.parseInt((String) request
            .getAttribute("number"));
    int maxPage = Integer.parseInt((String) request
            .getAttribute("maxPage"));
    int pageNumber = Integer.parseInt((String) request
            .getAttribute("pageNumber"));
    int start = number * 6;              //开始条数
    int over = (number + 1) * 6;         //结束条数
    int count = pageNumber - over;       //还剩多少条记录
    if (count <= 0) {
        over = pageNumber;
    }
%>
```

具体内容是用 for 循环依次显示商品信息：

```
<%
        for (int i = start; i < over; i++) {
            ProductEntity form = (ProductEntity) list.get(i);
%>
    <tr bgcolor="#FFFFFF">
        <td height="30"><div align="center"><%=form.getId()%></div></td>
        <td><div align="center">
            <a href="<%=path %>/productImages/<%=form.getPicture()
                %>" target="_blank"><%=form.getProductName()%></a>
        </div></td>
```

```
            <td><div align="center">
                <%=big.selectName(form.getCategory_main_id())%></div></td>
            <td><div align="center">
                 <%=small.selectName(form.getCategory_branch_id())%></div
></td>
            <td><div align="center">
               <%
                  if (form.getDiscount() == 0) {
                       %>否<%} else {%>是<%}%>
               </div></td>
            <td><div align="center">
                <a href="<%=path %>/product/oneDataById.action
                                 ?id=<%=form.getId()%>">详细信息</a>
                </div></td>
                           <%}%>
        </tr>
```

显示的商品名称和详细信息都是超链接，可以通过链接获得更加详细的信息，单击"商品名称"链接可以显示选中商品的图片。

```
<a href="<%=path %>/productImages/<%=form.getPicture()
                    %>" target="_blank"><%=form.getProductName()%>
</a>
```

单击"详细信息"链接指向的 Action 的名称为 oneDataById，传递的参数为该商品的 ID，会跳转到 productInfo.jsp。

```
<a href="<%=path %>/product/oneDataById.action?
                               id=<%=form.getId()%>">详细信息
</a>
```

5. 修改 struts.xml 文件

在配置文件 struts.xml 中定义了名为"listByDiscount"的 Action 组件，组件对应的实现类的完整路径为：cn.E-STORE.struts.aciton.ProductAction，对应的方法名为 listByDiscount，当返回"success"时，对应的 JSP 文件为/pages/admin/product/ productListDiscount.jsp。

```
<action name="listByDiscount" class="cn.estore.struts.aciton.ProductAction"
                                     method="listByDiscount">
    <resultname="success">/pages/admin/product/productListDiscount.jsp
    </result>
</action>
```

productListDiscount.jsp 中可以通过大类别和小类别分别查询相应类别的商品信息。按大类别和小类别查询的开发过程与上相似。

按大类别查询开发流程如下：
（1）修改 ProductDao，为 ProductDao 添加方法 selectBig()，完成按大类别查询；
（2）修改 ProductAction，添加方法 listByBigId()；
（3）创建 goodSelectBig.jsp 页面；
（4）修改配置文件。
按小类别查询开发流程：
（1）修改 ProductDao，为 ProductDao 添加方法 selectSmall()，完成按小类别查询；

（2）修改 ProductAction，添加方法 listBySmallId()；

（3）创建 goodSelectSmall.jsp 页面；

（4）修改配置文件。

按大类别和小类别进行查询的具体实现简略，读者可以参考特价商品查询进行开发。

11.4 商品信息删除

11.4.1 功能说明

管理员可以删除某个选中的商品。在图 11.1 中单击"删除"链接可以完成删除操作。删除操作后弹出对话框如图 11.9 所示。

删除成功后页面将转至商品查询页面。

图 11.9 删除商品信息成功对话框

11.4.2 流程分析与设计

功能实现流程设计

（1）在 productList.jsp 页面中单击"删除"链接：

```
<a href="<%=path %>/product/deleteProductById.action?
                           id=<%=form.getId()%>">删除</a>
```

（2）调用 ProductAction 的 deleteProductById()方法完成删除操作，并将删除商品信息保存到 request 的属性 result 中。

（3）页面跳转至删除成功页面，弹出删除商品信息成功对话框，单击"确定"按钮后返回商品查询页面 productList.jsp。

商品信息删除功能流程图如图 11.10 所示。

图 11.10 商品信息删除功能流程图

11.4.3 编程详解

1. 在 productList.jsp 页面中添加删除功能

在 productList.jsp 页面中单击"删除"链接，链接指向的 Action 的名称为 deleteProductById()，

传递的参数为该商品的 ID，删除成功后会弹出提示框表示删除成功。

2. 修改 productAction.java 类

在 ProductAction.java 中添加方法 deleteProductById()，该方法利用传入的 id，调用 ProductDao.java 中的方法 deleteProduct()来完成删除的操作。

```java
public String deleteProductById() {
    dao.deleteProduct(Integer.valueOf(id));
    result="删除商品信息成功";
    return SUCCESS;
}
```

3. 修改 productDao.java 类

为数据库操作类 ProductDao.java 中增加方法 deleteProduct()，该方法将根据传入的 id 值删除选中的商品。

```java
//以商品编号为条件删除信息
public void deleteProduct(int id) {
    try {
        ps = connection
                .prepareStatement("delete from tb_product where id=?");
        ps.setInt(1, id);
        ps.executeUpdate();
        ps.close();
    } catch (SQLException ex) {
    }
}
```

4. 修改配置文件 struts.xml

```xml
<action name="deleteProductById" class="cn.estore.struts.aciton.roductAction" method="deleteProductById">
    <result name="success">/pages/admin/product/productResult.jsp</result>
</action>
```

在配置文件 struts.xml 定义商品相关的 Action 组件。删除操作对应的 Action 组件名称为"deleteProductById"，组件对应的实现类的完整路径为：cn.E-STORE.struts.aciton.ProductAction，对应的方法名为 deleteProductById，当返回"success"时，对应的 JSP 文件为/pages/admin/product/productResult.jsp。

11.5 类别查询

11.5.1 功能说明

为了便于商品管理，系统将商品分成若干个大类别和若干个小类别。例如商品可以分为家用电器、古玩类、交通工具和计算机等。家用电器大类别又包含电视机、洗衣机等小类别。在商品查询结果页面中可以查看某个大类别和小类别的所有商品信息。在后台主页面右上角有关于类别的管理入口：

大类别查询 与 小类别查询

单击"大类别查询",其显示页面如图 11.11 所示。

商品类别查询			
数据编号	类别名称	创建时间	操作
28	食品	2013-08-25 11:36:00.0	删除
27	办公家俱	2013-08-25 11:35:00.0	删除
22	收藏	2008-09-14 08:00:00.0	删除
21	玩具	2008-09-14 08:00:00.0	删除
20	日用	2008-09-14 08:00:00.0	删除
19	交通工具	2008-09-14 08:00:00.0	删除
共为2页 共有9条记录 当前为第1页	上一页	下一页	□添加类别

图 11.11　大类别查询页面

大类别查询页面分页显示所有大类别信息,可以添加和删除大类别。单击"小类别查询",其页面如图 11.12 所示。小类别查询页面分页显示所有小类别信息,可以添加和删除小类别。

商品小类别查询				
数据编号	大类别编号	类别名称	创建时间	操作
66	21	小饰物	2009-08-18 15:43:00.0	删除
65	20	水壶	2009-05-23 21:12:00.0	删除
64	20	刀具	2009-05-23 21:12:00.0	删除
63	20	锅	2009-05-23 21:12:00.0	删除
62	17	鞋子	2009-05-13 12:24:00.0	删除
61	17	裤子	2009-05-12 22:12:00.0	删除
共为3页 共有13条记录 当前为第1页	上一页		下一页	□添加小类别

图 11.12　小类别查询页面

11.5.2　流程分析与设计

功能实现流程设计

管理员用户登录后,在后台主页面 main.jsp 中单击超级链接"大类别查询"。

```
<a href="<%=path %>/product/ListBig.action"class="a2">大类别查询</a>
```

(1) 为 ProductAction 添加 ListBig()方法。

(2) 为数据库操作类 CategoryMainDao 添加 selectBig()和 Rs2List()方法,selectBig()方法调用 Rs2List()方法完成数据库查询操作,Rs2List()方法是从数据库中查询出商品大类别的数据结果集。

(3) 创建页面 ListBig.jsp 显示所有商品大类别信息。

(4) 为 structs.xml 添加 Action 组件 ListBig。

大类别查询功能流程图如图 11.13 所示。

图 11.13　大类别查询功能流程图

11.5.3 编程详解

1. 修改 ProductAction.java 方法

为 ProductAction 添加 ListBig()方法，方法调用 CategoryMainDao 中的 selectBig()方法获得大类别信息列表。方法的具体实现与 11.1 的特价商品查看功能类似，在此不再赘述。

```java
//查询大类种类
public String ListBig() {
    List list = null;
    list = bigDao.selectBig();
    int pageNumber = list.size();      // 计算出有多少条记录
    int maxPage = pageNumber;          // 计算有多少页数
    String number = i;
    if (maxPage % 6 == 0) {
        maxPage = maxPage / 6;
    } else {
        maxPage = maxPage / 6 + 1;
    }
    if (number == null) {
        number = "0";
    }
    this.number=number;
    this.maxPage=String.valueOf(maxPage);
    this.pageNumber = String.valueOf(pageNumber);
    this.list=list;
    return SUCCESS;
}
```

2. 修改数据库操作类 CategoryMainDao.java

为数据库操作类 CategoryMainDao 添加 selectBig()和 Rs2List()方法

selectBig()方法是以降序的方式从数据库的 tb_category_main 表中查询商品大类别信息，该方法调用 Rs2List()方法实现数据库查询。

```java
// 全部查询的操作
public List selectBig() {
    String sql="select * from tb_category_main order by id DESC";
    return Rs2List(sql);
}
```

Rs2List()方法从数据库中查询出商品大类别的信息。

```java
public List Rs2List(String sql) {
    List list = new ArrayList();
    CategoryMainEntity e = null;
    try {
        this.ps = connection.prepareStatement(sql);
        ResultSet rs = ps.executeQuery();
        while (rs.next()) {
            e = new CategoryMainEntity();
            e.setId(rs.getInt(1));
            e.setName(rs.getString(2));
            e.setCreateTime(rs.getString(3));
            list.add(e);
        }
    } catch (SQLException ex) {
    }
    return list;
}
```

3. 创建大类别信息查询页面 ListBig.jsp

创建页面 ListBig.jsp 用来显示所有大类别信息，包括的项目有数据编号、类别名称、创建时间和操作，其中每个类别的"操作"是一个删除链接。

ListBig.jsp 需要分页显示所有的商品大类别信息。为了实现分页需要得到以下几个数据：总记录数、总页数、当前页数、每页显示的记录数以及结果集的对象列表。这些数据已经在 CategoryMainAction.java 的方法 ListBig() 中获取。在 ListBig.jsp 中可以通过 request 对象直接获取。

```
List list=(List)request.getAttribute("list");
int number=Integer.parseInt((String)request.getAttribute("number"));
int maxPage=Integer.parseInt((String)request.getAttribute("maxPage"));
int pageNumber=Integer.parseInt((String)request.getAttribute("pageNumber"));
```

利用当前记录数和最大记录数确定当前需要显示的记录范围：

```
int start=number*6;           //开始条数
int over=(number+1)*6;        //结束条数
int count=pageNumber-over;    //还剩多少条记录
if(count<=0){
  over=pageNumber;
}
```

得到显示的记录范围后就可以通过循环将对象列表显示出来。

4. 修改 struts.xml

```
<action name="ListBig" class="cn.estore.struts.aciton.ProductAction"
        method="ListBig">
  <result name="success" >/pages/admin/ListBig.jsp</result>
</action>
```

在配置文件 struts.xml 定义大类别的 Action 组件。为了显示商品大类别信息，定义了名为"ListBig"的 Action 组件，组件对应的实现类的完整路径为：cn.E-STORE.struts.aciton.ProductAction，对应的方法名为 ListBig，当返回"success"时，对应的 JSP 文件为/pages/admin/product/ListBig.jsp。

小类别查询的开发过程与大类别相似，流程如下：

◆ 为 ProductAction 添加 ListSmall() 方法；
◆ 为数据库操作类 CategoryMainDao 添加方法 selectSmall()、Rs2List()；
◆ 创建页面 ListSmall.jsp 用来显示所有商品小类别信息；
◆ 为 Structs.xml 添加一个 Action 控件 ListSmall。

11.6 类别添加

11.6.1 功能说明

类别添加包括大类别添加和小类别添加，以大类别添加为例讲解开发过程。
大类别查询页面 ListBig.jsp 中具有大类别添加的入口 添加大类别，可以通过这个链接访问添加大类别的入口文件。单击"添加大类别"链接显示如图11.14所示页面。

图 11.14　添加大类别入口页面

添加成功后页面跳转至大类别查询页面。

11.6.2　流程分析与设计

功能实现流程设计

管理员用户登录后，在后台主页面中单击超级链接"添加类别"。

```
<a href="<%=path %>/pages/admin/categoryMainInsert.jsp">添加类别</a>
```

（1）为 ProductAction 添加 insertcategoryMain()方法。

（2）为数据库操作类 CategoryMainDao 添加方法 insertBig()，执行向数据库中添加一个新商品的大类类别。

（3）创建大类别信息添加页面 categoryMainInsert.jsp，该页面是利用 form 表单来提交需要添加的商品大类类别。

（4）修改 struct.xml，添加 Action 组件 insertcategoryMain，当 ProductAction 成功返回结果"success"，则流程转向另一个 Action 组件 ListBig。

大类别添加功能流程图如图 11.15 所示。

图 11.15　类别添加功能流程图

11.6.3　编程详解

（1）修改 ProductAction.java。

创建一个 CategorymainDao 对象 bigdao。

```
private CategoryMainDao bigDao = new CategoryMainDao();
```

为 ProductAction 添加 insertcategoryMain()方法,该方法调用 CategoryMainDao 中的 insertBig()方法把新增的商品大类别插入到数据库。

```
//添加大类类别
public String insertcategoryMain(){
    bigDao.insertBig(main.getName().toString());
    return "success";
}
```

(2) 修改数据库操作类 CategoryMainDao.java。

为数据库操作类 CategoryMainDao 添加方法 insertBig(),执行向 tb_category_main 表中添加一条记录的操作,记录中的数据编号自动生成。

```
// 添加操作
public void insertBig(String name) {
    try {
        ps = connection.prepareStatement(
            "insert into tb_category_main values (?,getDate())");
        ps.setString(1, name);
        ps.executeUpdate();
        ps.close();
    } catch (SQLException ex) {
    }
}
```

(3) 创建大类别信息添加页面 categoryMainInsert.jsp。

categoryMainInsert.jsp 开发过程比较简单,需要一个提交表框,提交表框中输入创建的大类别名称。categoryMainInsert.jsp 的完整代码如下:

```
<%@ page language="java" import="java.util.*" pageEncoding="utf-8"%>
<%
String path = request.getContextPath();
String basePath = request.getScheme()+"://"+request.getServerName()+
                  ":"+request.getServerPort()+path+"/";
%>
<!DOCTYPE HTML PUBLIC "-//W3C//DTD HTML 4.01 Transitional//EN">
<html>
  <head>
    <base href="<%=basePath%>">
    <title>My JSP 'categoryMainInsert.jsp' starting page</title>
  </head>
  <body>
   <jsp:include page="top.jsp" flush="true" />
  <table width="100%" border="1" align="center" cellpadding="0"
      cellspacing="0">
      <tr>
          <td width="300" valign="top"><jsp:include page="left.jsp"
              flush="true" /></td>
          <td  width="724"  align="center"  valign="top"  bgcolor="#FFFFFF"><br>
              <table width="723" height="25" border="0" cellpadding="0"
                  cellspacing="0" background="image/bg_02.jpg">
                  <tr>
                      <td><div align="center">
                          <strong>添加类别信息</strong>
                          </div></td>
                  </tr>
```

```html
            </table> <br>
            <form action="<%=path%>/product/insertcategoryMain.action"
                 method="post"
                enctype="multipart/form-data" name="form"
                onSubmit="return checkEmpty(form)">
                <table width="90%" border="1" cellpadding="1"
                    cellspacing="1"
                    bordercolor="#FFFFFF" bgcolor="#CCCCCC">
                    <tr>
                    <tr>
                        <td height="25">  类别名称</td>
                        <td bgcolor="#FFFFFF">   <input
                            name="main.name" type="text" size="20">
                            </td>
                    </tr>
                </table>
                <br> <input type="image" class="input1"
                    src="../../image/save.jpg" width="51" height="20">
                   <a href="#" onClick="javascript:form.reset()">
                <img src="../../image/clear.gif"></a>   
                <a href="#"onClick="javasrcipt:history.go(-1)">
                 <img src="../../image/back.gif"></a>
            </form></td>
        </tr>
    </table>
    <jsp:include page="statusBarNavigation.jsp" flush="true" />
    </body>
    </html>
```

（4）修改 struct.xml。

```
    <action name="insertcategoryMain"
    class="cn.estore.struts.aciton.ProductAction"method="insertcategoryMain">
        <result name="success" type="redirectAction">ListBig</result>
    </action>
```

在配置文件 struts.xml 定义商品相关的 Action 组件。为了添加商品大类别信息，定义名为"insertcategoryMain"的 Action 组件，组件对应的实现类的完整路径为：cn.E-STORE.struts.aciton.ProductAction，对应的方法名为 insertcategoryMain，当返回"success"时，跳转到另一个名为 ListBig 的 Action 组件。

小类别添加的开发流程与大类别添加相似，步骤如下：

◆ 修改 SmallTypeAction.java
◆ 修改 CategoryBranchDao.java，增加方法 insertSmall()
◆ 创建 categoryBranchInsert.jsp 页面
◆ 修改 struts.xml

小类别添加的具体开发流程简略。

11.7 类别删除

11.7.1 功能说明

类别删除包括大类别删除和小类别删除，本节以大类别删除为例。大类别查询页面

bigTypeSelect.jsp 中有删除某个类别的链接"删除",单击类别的"删除"链接则删除选中的类别信息,如图 11.16 所示。

图 11.16 大类别删除页面

单击"确定"按钮完成删除操作,返回大类别查询页面。

11.7.2 流程分析与设计

功能实现流程设计

管理员在大类别查询页面单击"删除"链接:

```
<a href="javascript:deleteType('<%=form.getId()%>')">删除</a>
```

(1)为 ProductAction 添加的 deletecategoryMain()方法。
(2)为数据库操作类 CategoryMainDao 添加方法 deleteBig(),执行数据库删除操作。
(3)修改 struct.xml,添加一个 Action 组件 deletecategoryMain,当操作成功后将返回 "success",流程将转到另一个名为 ListBig 的 Action 组件。
大类别删除功能流程图如图 11.17 所示。

图 11.17 大类别删除功能流程图

11.7.3 编程详解

(1)修改 ProductAction.java。

为 ProductAction 添加的 deletecategoryMain()方法。该方法调用 CategoryMainDao 中的 deleteBig()方法删除指定的商品大类。

```java
//删除大类类别
public String deletecategoryMain(){
    bigDao.deleteBig(Integer.valueOf(id));
    return SUCCESS;
}
```

(2)修改数据库操作类 CategoryMainDao.java。

为数据库操作类 CategoryMainDao 添加方法 deleteBig(),该方法完成删除操作。

```java
// 删除操作
public boolean deleteBig(Integer id) {
    try {
        ps = connection.prepareStatement(
                "delete from tb_category_main where id=?");
        ps.setString(1, id.toString());
        ps.executeUpdate();
        ps.close();
        return true;
    } catch (SQLException ex) {
        return false;
    }
}
```

(3)修改 struct.xml。

```xml
<action name="deletecategoryMain" class=
    "cn.estore.struts.aciton.ProductAction" method=" deletecategoryMain">
    <result name="success" type="redirectAction">ListBig</result>
</action>
```

在配置文件 struts.xml 定义相关的 Action 组件。为了实现删除功能，定义了名为"deletecategoryMain"的 Action 组件,组件对应的实现类的完整路径为: cn.E-STORE.struts.aciton.ProductAction,对应的方法名为 deletecategoryMain,当返回"success"时,跳转到另一个名为 ListBig 的 Action 组件。

删除大类别时，如果小类别还存在此信息，则需要先删除小类别信息（这是因为数据表之间存在依赖关系）。

11.8　SSH 框架技术

从第 9 章开始，我们学习了 Struts 框架的开发技术。在 Web 应用开发领域，框架技术的应用已经成为潮流，本节将重点介绍 Struts、Spring 和 Hibernate 框架技术，在具体展开之前，我们先了解应用框架的背景。随着项目规模和复杂性的提高，企业面临着很多的挑战。这些挑战主要包括可靠性、开发成本、安全性、可维护性、可扩展性等方面。如果解决这些问题成了软件开发领域的核心问题，因此需要采用通用的、灵活的、开放的、可扩展的软件框架来帮助人们解决这些挑战，在框架基础之上开发具体的应用系统。我们在应用 Struts 进行开发后可以发现，Struts 框架为我们提供了很好的支撑，使得我们的开发变得简单，从原先的从零开始构建系统到"填空"式的编写代码，开发的难度和工作量大大降低。关于框架我们可以从以下几个角度去理解：

- 框架是应用系统的骨架，将软件开发中共性元素抽取出来并标准化，便于复用；

- 框架是可以执行的具体的代码，可以帮助我们快速构建系统；
- 框架的应用可以大大减少代码量，缩短开发周期，并且容易测试。

一个好的框架定义了开发和集成组件的标准。为了利用、订制或扩展框架服务，通常需要框架的使用者从已有框架继承相应的子类，以及通过执行子类的重载方法，用户定义的类将会从预定义的框架类获得需要的消息。这会带来很多好处，包括代码重用性和一致性，对变化的适应性，特别是它能够让开发人员专注于业务逻辑，从而大大减少了开发时间。

对于没有使用框架的项目而言，开发所需工作量(以人月(man days)来衡量)会随着项目的复杂性的提高（以业务功能（business function）来衡量）以几何数递增。例如，假定开发团队人数一样，一个没有能够使用框架的项目所需周期为 6～9 个月，那么同样的项目如果能够使用框架则只需要 3～5 个月。

下面将讨论如何使用 Struts、Spring 和 Hibernate 三种著名的框架来使应用程序在保证质量的前提下得以快速开发。在软件架构设计中，我们往往建立软件系统的高层结构，常常用到分层架构模式。分层模式是一种将系统的行为或功能以层为首要的组织单位来进行分配（划分）的结构模式。通常在逻辑上进行垂直的层次 Layer 划分，在物理上发明则进行水平的层级 Tier 划分。分层要求是层内的元素只信赖于当前层和之下的相邻层中的其他元素。注意这并非绝对的要求。

大部分的 Web 应用在职责上至少能被分成 4 层：表示层（Presentation Layer）、持久层（Persistence Layer）、业务层（Business Layer）。每个层在功能上都是十分明确的，而不应该与其他层混合。每个层要相互独立，通过一个通信接口相互联系。下面将分别详细地介绍这 3 个层，讨论这些层应该提供什么以及不应该提供什么。

这里讨论一个使用三种开源框架的策略：表示层用 Struts，业务层用 Spring，而持久层用 Hibernate。

11.8.1 表示层（Struts）

Struts 我们不陌生了，E-STORE 项目的后台管理是应用 Struts 框架来构建的。通过前面的学习，我们基本理解了 Struts 框架的应用流程。一般来讲，一个典型的 Web 应用的前端应该是表示层，例如使用 Struts 框架。下面是 Struts 所负责的：

- 管理用户的请求，做出相应的响应。
- 提供一个流程控制器，委派调用业务逻辑和其他上层处理。
- 处理异常。
- 为显示提供一个数据模型。
- 用户界面的验证。
- 与数据库直接通信。
- 与应用程序相关联的业务逻辑及校验。
- 事务处理。

11.8.2 持久层（Hibernate）

典型的 Web 应用的后端是持久层。开发者总是低估构建他们自己的持久层框架的挑战性。系统内部的持久层不但需要大量的调试时间，而且还经常因为缺少功能使之变的难以控制。而对象关系映射（Object/Relation Mapping, ORM）开源框架很好地解决了这类问题，尤其是 Hibernate。Hibernate 为 Java 提供了持久化机制和查询服务，它还给已经熟悉 SQL 和 JDBC API

的 Java 开发者创造了一个学习桥梁，使他们学习起来很方便。Hibernate 的持久对象是基于 POJO（Plain Old Java Object）和 Java 集合（collections）的。下面是 Hibernate 所负责的：

◆ 如何查询对象的相关信息。Hibernate 是通过一个面向对象的查询语言(HQL)或者正则表达式的 API 来完成查询的。HQL 非常类似于 SQL，只是把 SQL 里面的 table 和 columns 用 Object 和 fields 代替。HQL 语言容易理解，是一种面向对象查询的自然语言，很容易学会。

◆ 如何存储、更新、删除数据库记录。

◆ 如 Hibernate 这类的高级 ORM 框架支持大部分主流数据库，并且支持父表/子表关系、事务处理、继承和多态。

11.8.3 业务层（Spring）

一个典型 Web 应用的中间部分是业务层或者服务层。从编码的视角来看，这是最容易被忽视的一层。我们往往在用户界面层或者持久层周围看到这些业务处理的代码，这其实是不正确的。因为它会造成程序代码的高耦合，随着时间的推移，这些代码将很难维护。幸好，针对这一问题有多种框架存在。最受欢迎的两个框架是 Spring 和 PicoContainer。这些也被称为轻量级容器（Mirco Container），他们能让你很好地把对象搭建起来。这两个框架都着手于"依赖注射"（还有"控制反转"）这样的简单概念。这里我们将关注于 Spring 的依赖注射和面向对象编程。另外，Spring 把程序中所涉及的包含业务逻辑和数据存储对象的 Objects,如 transaction management handler(事务管理控制)、object factoris(对象工厂)、sever objects(服务组件),通过 XML 配置联系起来。

下面是业务层所负责的：

◆ 处理应用程序的业务逻辑和业务校验。

◆ 管理事务。

◆ 提供与其他层相互作用的接口。

◆ 管理业务层级别的对象依赖。

◆ 在表示层和持久层之间增加了一个灵活的机制，使得它们不直接联系在一起。

◆ 通过揭示从表示层到业务层之间上下文来得到业务逻辑。管理程序的执行（从业务层到持久层）。

既然我们致力的是一个 Web 的应用，那么就需要一个对象集合，让它在不同层之间移动。域模块层由实际需求中的业务对象组成，例如订单明细、产品等。开发者在这层不用管那些数据传输对象，仅关注实体对象即可。例如，Hibernate 允许将数据库中的信息存入域对象，这样可以在连接断开的情况下把这些数据显示到用户界面层。这个模型使得 Java 开发者能很自然地运用面向对象编程（object-oriented programming），而不需要附加的编码。

由于篇幅所限，本书对 SSH 相关的知识不再展开论述，读者可以查阅相关资料。

练习题

操作题

1. 查阅相关资料，应用 Myeclipse 搭建 SSH 开发环境。
2. 查阅相关资料，应用 SSH 框架技术开发 11.2 节的商品添加模块。

参 考 文 献

[1] 鲁晓东，李育龙，杨健. JSP 软件工程案例精解[M]. 北京：电子工业出版社，2005.
[2] 杨学全，程茂，吕橙. JSP 编程技术[M]. 北京：清华大学出版社，2009.
[3] 孙卫琴. Tomcat 与 Java Web 开发技术详解（第 2 版）[M]. 北京：电子工业出版社，2009.
[4] 张志峰等. Web 框架技术（Struts2+Hibernate+Spring3）教程[M]. 北京：清华大学出版社，2013.
[5] 白灵等. Java Web 应用开发给力起飞[M]. 北京：电子工业出版社，2011.
[6] 王国辉等. Java Web 入门经典[M]. 北京：机械工业出版社，2013.
[7] 王永贵等. Java 高级框架应用开发案例教程：Struts2+Spring+Hibernate[M]. 北京：清华大学出版社，2005.
[8] 杨易. JSP 网络编程技术与实例[M]. 北京：人民邮电出版社，2005.
[9] 耿祥义. JSP 实用教程（第 2 版）[M]. 北京：清华大学出版社，2009.
[10] 聂哲. JSP 动态 Web 技术实例教程[M]. 北京：高等教育出版社，2009.
[11] 周桓，王殊语. JSP 项目开发全程实录[M]. 北京：清华大学出版社，2009.
[12] 孙卫琴. 精通 Struts：基于 MVC 的 Java Web 设计与开发[M]. 北京：电子工业出版社，2006.
[13] 杨少波等. J2EE 项目实训—Struts 框架技术[M]. 北京：清华大学出版社，2008.
[14] 吴其庆. Java 综合实例经典[M]. 北京：冶金工业出版社，2004.

反侵权盗版声明

电子工业出版社依法对本作品享有专有出版权。任何未经权利人书面许可，复制、销售或通过信息网络传播本作品的行为；歪曲、篡改、剽窃本作品的行为，均违反《中华人民共和国著作权法》，其行为人应承担相应的民事责任和行政责任，构成犯罪的，将被依法追究刑事责任。

为了维护市场秩序，保护权利人的合法权益，我社将依法查处和打击侵权盗版的单位和个人。欢迎社会各界人士积极举报侵权盗版行为，本社将奖励举报有功人员，并保证举报人的信息不被泄露。

举报电话：（010）88254396；（010）88258888
传　　真：（010）88254397
E-mail：　dbqq@phei.com.cn
通信地址：北京市万寿路 173 信箱
　　　　　电子工业出版社总编办公室
邮　　编：100036